环境资源会计

HUANJING ZIYUAN KUAIJI

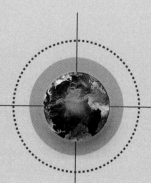

- 主 编 朱 靖 林祥友
- 副主编 陈 瑶 侯淇哲 轩 璇

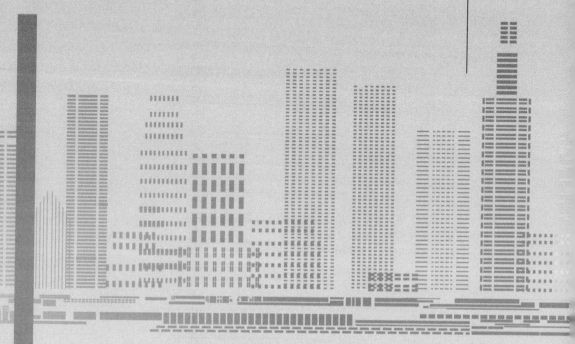

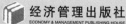
经济管理出版社
ECONOMY & MANAGEMENT PUBLISHING HOUSE

图书在版编目（CIP）数据

环境资源会计 / 朱靖，林祥友主编 . -- 北京：经
济管理出版社，2025.5 -- ISBN 978-7-5243-0060-1

I. X196

中国国家版本馆 CIP 数据核字第 2025K8L097 号

组稿编辑：杨国强
责任编辑：赵天宇
责任印制：张莉琼
责任校对：王淑卿

出版发行：经济管理出版社
　　　　　（北京市海淀区北蜂窝 8 号中雅大厦 A 座 11 层　100038）
网　　址：www.E-mp.com.cn
电　　话：（010）51915602
印　　刷：唐山昊达印刷有限公司
经　　销：新华书店
开　　本：710mm×1000mm/16
印　　张：22
字　　数：431 千字
版　　次：2025 年 5 月第 1 版　　2025 年 5 月第 1 次印刷
书　　号：ISBN 978-7-5243-0060-1
定　　价：49.90 元

· 版权所有　翻印必究 ·

凡购本社图书，如有印装错误，由本社发行部负责调换。

联系地址：北京市海淀区北蜂窝 8 号中雅大厦 11 层

电话：（010）68022974　　邮编：100038

前　言

随着人类的科技进步和经济的快速增长，全球的生态环境呈现不断恶化的趋势，人类的可持续发展受到很大挑战。在这种情况下，仍然按照"高投入、高消耗、高污染、低效率"的"以资源换增长"的传统发展模式，已经不能适应人与自然和谐共存的可持续发展要求。

党的十八大将生态文明建设作为我国经济社会发展的战略纳入中国特色社会主义建设的"五位一体"总体布局；党的十九大强调生态文明建设的重要任务和具体措施，明确提出到 2035 年基本实现"美丽中国"目标，到 2050 年生态文明全面提升；党的二十大提出要"推动绿色发展，促进人与自然和谐共生"，"深入推进环境污染防治"，"持续深入打好蓝天、碧水、净土保卫战"，积极稳妥推进"碳达峰碳中和"等。期间，我国政府采取了一系列强有力的措施，包括持续实施大气污染防治行动，突出精准治霾；全面推行"河长制"，对流域环境和近岸海域实施综合治理；强化土壤污染和农村面源污染防治，开展农村人居环境整治行动；加强城市固体废弃物和垃圾处置，实施生活垃圾强制分类；提高企业排污标准、强制信息披露和严惩重罚等一系列环境治理制度；积极参与全球应对气候变化协议，全面落实减排承诺，取得了一定的治理效果。

在这样的大背景下，企业作为污染排放的主体，其面对的外部环境压力越来越大，更应主动承担起保护环境的责任，切实采取减排降碳行动，加强环境管理，提高资源利用率，降低对环境的污染，积极推进可持续发展方式的转变。因此，社会的需求推动了环境资源会计理论与实践的发展。

我国自 20 世纪 80 年代末引入环境资源会计概念以来，国内迅速掀起了研究环境资源会计的热潮，内容涵盖绿色 GDP 核算、环境资源会计理论体系、环境资源会计制度、社会责任报告等领域。随着研究的深入，环境资源会计进一步分化为环境财务会计和环境管理会计。环境财务会计重点研究环境资产、环境负债、环境成本、环境收益及环境资源会计信息披露等与环境相关的传统财务会计领域；环境管理会计除环境成本管理、环境运营管理、环境投融资管理、环境风险管理、环境绩效评价等与环境问题相关的传统管理会计领域外，还延伸出物质流成本会计、资源价值流会计、"碳素流—价值流"会计、碳排放权交易会计、ESG 报告等新的研究领域，极大地丰富了相关领域的研究成果。

但学术界对环境财务会计与环境管理会计的研究领域存在不同观点，有的学者认为，环境管理会计包括除环境财务会计以外的所有内容，如排污权交易会计、绿色 GDP 核算、自然资源资产负债表、环境审计等；有的学者认为，环境管理会计只应包括传统管理会计的领域，如环境成本管理、环境运营管理、环境投融资管理、环境风险管理和环境绩效评价，其他的都应作为拓展领域。本教材为规避这一问题，按具体研究内容分章节，不再区分环境财务会计与环境管理会计大类。因为随着研究的不断深入，学术界一定会产生更多的研究领域和更丰富的研究成果，开放式的体系更具有灵活性和包容性。

本教材借鉴国内外环境资源会计最新研究成果与实践，基于长期教学和科研的积累编撰而成，适合本科高年级和研究生低年级学生使用。全书共分为 8 章，第 1 章环境资源会计总论，内容包括环境资源会计的产生与发展、理论基础、概念框架及环境资源会计制度；第 2 章环境资源会计核算，内容包括环境资产、环境负债、环境成本和环境收益等环境资源会计要素的概念、分类、确认、计量与账务处理；第 3 章环境资源会计信息披露，内容包括环境资源会计信息披露模式、报告设计、信息披露内容与发展现状；第 4 章环境投资决策、第 5 章环境绩效评价，主要是对考虑环境因素的传统管理会计内容的延伸；第 6 章物质流、资源价值流、"碳素流—价值流"会计，包括物质流成本会计、资源价值流会计、"碳素流—价值流"会计；第 7 章碳排放权交易会计，第 8 章 ESG 报告，都是对环境资源会计相关领域的拓展。为提高教材的可读性和延展性，本教材还添加了数字资源，以二维码的形式展示在教材相应位置，以便读者扫码后观看视频和阅读相关文献资料。

全书由成都理工大学商学院会计系教师担任主编和副主编，其中朱靖副教授负责前言、第 6 章、第 7 章、第 8 章，林祥友教授负责第 1 章，侯淇哲讲师负责第 2 章，轩璇讲师负责第 3 章，陈瑶副研究员负责第 4 章、第 5 章，全书由朱靖副教授负责统稿。其中，在读研究生徐一鑫、成清科、李佳怡、张怡宁、张晨旭、汪玺文、邹涵宇、朱佳洱、朱巧芸、王昌成、李奕萌、曾雨薇、刘佳宜、卢奕璇等同学，配合各部分负责老师进行了积极的资料收集、文字编辑、校对等工作，在此一并对各位老师和同学的辛勤付出表示衷心的感谢。当然，由于水平有限，不足之处还请读者不吝赐教。

目　录

第1章
环境资源会计总论

🎯 学习目标

（1）了解环境资源会计的产生与发展历程。

（2）了解造成生态环境问题的经济学原理，掌握环境资源会计的理论基础。

（3）掌握环境资源会计的概念框架，以及环境资源会计的核心问题。

（4）理解环境资源会计信息质量特征的特殊性。

（5）理解环境资源会计制度的内容。

💬 案例引导

18世纪60年代，工业革命在英国兴起，人类实现从手工劳动向机器大生产的重大转变，经济得到了迅猛发展。特别是第二次世界大战后，西方发达资本主义国家进入经济高速增长阶段。20世纪60年代的美国被称为"繁荣的十年"。1950~1964年，联邦德国、意大利、法国的国民总产值增长率分别达到7.1%、5.6%、4.9%。日本经济也持续增长，经济实力进入全球前十。

经济的快速发展也带来了严重的环境问题，世界上先后发生了20世纪的十大环境污染事件，包括1930年的比利时马斯河谷烟雾事件，1943年的美国洛杉矶光化学烟雾事件，1948年的美国多诺拉烟雾事件，1952年的英国伦敦烟雾事件，1956年的日本熊本县水俣病事件，20世纪50~70年代的日本骨痛病事件，1968年的日本米糠油事件，1984年的印度博帕尔事件，1986年的苏联切尔诺贝利核泄漏事件，1986年的剧毒物污染莱茵河事件。

伴随经济高速发展的严重环境污染事件的频繁发生，给人类的生命财产带来巨大损失，引发了全球对环境污染的极大关注和思考，各国政府和环保组织均采取了环境治理的重大举措，推动了环境资源会计的产生和发展。

雾霾警示录："雾都"　　　日本水俣病　　　切尔诺贝利核电站　　　我国环境污染
伦敦如何治雾？　　　　　事件　　　　　　泄漏事件　　　　　　　事件回顾

1.1　环境资源会计的产生与发展

古典经济学曾主张空气为自由财产，工厂在排放废气方面不受约束，缺乏对环境责任的认知。企业在计算成本时，仅考虑内部生产成本，忽视外部成本。针对此弊端，福利经济学家庇古指出，政府需发挥关键作用，通过实施经济调控措施，增加企业税负等，以使企业承担环境污染的成本，并将其纳入企业产品定价，从而推动社会和企业的可持续发展。庇古的这一构想促进了环境资源会计理论的萌芽。

1.1.1　国际环境资源会计的萌芽与发展

20 世纪 70 年代，世界经济高速发展，带来了严重的环境污染问题。比蒙斯（F. A. Beams）的《控制污染的社会成本转换研究》和马林（J. J. Marlin）的《污染的会计问题》等文章发表，开启了环境保护和资源管理的研究，对解决环境污染问题和推动可持续发展具有重要意义。1972 年，联合国通过《人类环境宣言》，呼吁各国重视和改善人类生存的环境。20 世纪 70 年代，许多国家政府纷纷采取法律手段及经济手段对企业滥用资源和破坏环境的行为进行干预。自 1971 年起，企业逐渐公开社会责任信息，社会责任会计的议题受到学者们的关注。随着环境问题日益显著，环境资源会计在社会责任会计中的地位越来越突出，最后从社会责任会计中脱离出来，成为一门独立的学科。

1.1.1.1　国际组织对环境资源会计的助推

1987 年，世界环境与发展委员会发布《我们共同的未来》报告，明确阐述了可持续发展理念，揭示了发展与环境间紧密相连的关系。报告强调，发展必须以环境保护为基石，实现经济社会的和谐共进。环境保护依赖于发展所带来的资金与技术支撑，应形成良性循环。此报告深化了人们对环境与发展关系的认识，也为未来的可持续发展道路指明了方向。20 世纪 90 年代，联合国国际会计和报告标准政府间专家工作组颁布了《环境会计和报告的立场公告》，这是国际上第一份关于环境资源会计和报告的系统而完整的指南。其后又相继颁布了《环境成本与负债的会计与财务报告》《企业环境业绩与财务业绩指标的结合》等一系列指南，为企业规范披露环境资源会计信息提供了依据。

此外，国际会计师联合会（IFAC）提出从管理角度通过环境信息支持企业内部决策。国际标准化组织（ISO）陆续颁布 ISO14000 系列环境管理标准，为企业环境管理提供依据。全球报告倡议组织（GRI）发布了可持续发展报告指标（G3），将环境因素纳入报告中。世界银行（WB）建议修正现行会计体系，增设环境账户以反映企业的真实业绩。相关国际组织发布的一系列规范文件，为协调和促进各国构建环境资源会计制度做出了重要贡献。

1.1.1.2　发达国家对环境资源会计的实践

美国从 20 世纪 70 年代率先探讨环境资源会计信息披露。1970 年，美国成立环境保护局（EPA），负责制定环境资源会计制度和环境资源会计目标，提出利用经济手段加强环境保护的构想。美国注册会计师协会（AICPA）公布了《环境负债补偿状况报告》，为环境资源会计的确认、计量和披露提供了依据。美国财务会计标准委员会（FASB）制定了《环境污染费用的资本化》《环境负债会计》等相应规则，用于规范环境要素的确认与计量。美国证券交易委员会（SEC）发布了第 92 号会计公告，以解决环境会计信息披露问题。随着政府和组织的影响，环境资源会计信息披露已从企业社会责任报告，发展到作为公司年度报表的一部分，再到独立的环境年度报告。现在，美国大多数上市公司都主动披露环境资源会计信息，表明了美国环境资源会计制度的高速发展。

加拿大作为最早研究环境资源会计的国家之一，政府积极制定环保法规，探索环境资源统计与国家会计的融合，旨在精确核算环境污染的经济成本，对企业生产经营活动进行合理限制，实现了经济发展与环境保护的双赢。1993 年，加拿大特许会计师协会（CICA）可持续发展专门小组发布了一项报告，提出会计职业界在环境问题方面的努力方向和应当采取的行动。加拿大特许会计师协会正式出版《环境成本与负债：会计与财务报告问题》《环境审计与会计职业界的作用》《环境绩效报告》《基于环境视野的完全成本会计》《废弃物管理系统执行监督与报告准则》等研究报告，对指导公司环境资源会计实务及信息披露发挥了重要作用。越来越多的企业意识到环境资源会计对提高经济效益的好处，愿意进行环境资源会计核算和信息披露。

日本环境资源会计的发展在亚洲走在各国前列，也最具代表性。1993 年日本环境省发布了《关注环境的企业行动指南》，提出了环境报告书的概念。

1999 年颁布的《关于环保成本公示指南》，将环境资源会计核算问题提升到政府法规层次，日本的环境资源会计逐渐走上规范化发展的道路，1999 年被日本会计界称为环境资源会计元年。为推动环境资源会计制度化和实用化，日本政府发挥了自身的监督指导作用，21 世纪初出台了《环境会计指南手册》《环境保全成本公示指南》等。日本的行业协会全力促进环境报告制度的持续优化。伴随社会的深切期待，日本企业积极寻求环境报告书的权威认证，以此彰显其绿色形象，强化公众信赖。在良好氛围的推动下，日本已经构建了日趋成熟的环境资源会计体系。

1.1.2　国内环境资源会计的兴起与推进

1.1.2.1　国内环境资源会计研究的发展与现状

随着改革开放不断深入，我国学习和借鉴西方发达国家环境资源会计研究成果，环境资源会计理论研究和实务工作开始起步。

1992 年，李若山与葛家澍在《会计研究》上合作发表论文《九十年代西方会计理论的一个新思潮——绿色会计理论》，引发了我国国内对环境资源会计的讨论。1998 年 3 月，陈毓圭参加联合国《环境会计和报告的立场公告》的讨论和形成，并将其思想引入我国会计准则与审计准则的制定中。2001 年 11 月，我国会计学会环境资源会计专业委员会正式成立，环境资源会计专题研讨会在南京盛大召开，标志着我国环境资源会计领域开启了全新的篇章，具有里程碑意义。

我国在环境资源会计理论、环境资源会计成本核算、环境资源会计信息披露方面取得了一系列研究成果和实践经验。关于环境资源会计的核算原则，除了遵循一般会计核算原则，环境资源会计核算还遵循兼顾经济效益和环境效益原则、外部影响内部化原则、社会性原则、法规性原则、灵活性原则、强制性与自愿性相结合原则。关于环境资源会计假设，学者们指出，除了一般会计假设之外，环境资源会计的假设还包括可持续发展假设和多重计量假设。

对于环境资源成本，王立彦（1998）从时间、空间和功能角度界定了环境资源成本。环境成本包括环境污染的损失和环境治理的支出。

对于环境会计信息披露，我国取得了大量实践经验。1983 年，我国将环境保护提高到基本国策的重要地位。1994 年，我国确立可持续发展战略。1999 年，我国将"国家保护和改善生活环境和生态环境、防治污染和其他公害"写进《宪法》。2003 年，中央提出城乡发展、区域发展、经济社会发展、人与自然和谐发展、国内发展和对外开放五个统筹，环境资源保护占据重要战略地位。2008 年，上海证券交易所发布《上海证券交易所上市公司环境保护信息披露指引》。2010 年，环境保护部出台《上市公司环境信息披露指南（征求意见稿）》，对上市公司提出了披露环境信息的要求，16 类重污染行业上市公司每年都要发布环境报告。2021 年，生态环境部办公厅发布《企业环境信息依法披露格式准则》，进一步规范了企业环境信息披露的内容、格式和要求。

【2008– 上交所：《上市公司环境信息披露指引》】　　【2010– 环保部：关于《上市公司环境信息披露指南（征求意见稿）》公开征求意见的通知】　　【2021– 生态环境部：《企业环境信息依法披露格式准则》】

我国会计理论与实务工作者在环境资源会计领域取得了一系列研究成果。国内环境资源会计研究内容主要从环境资源会计基本常识、基本理论介绍，逐渐向环境信息披露、环境资源会计理论体系建立、环境资源会计在特定行业及特定地区的实际应用、环境资源会计的核算体系、环境管理会计、环境资源审计、碳排放权交易会计、物质流成本会计、资源价值流会计、ESG 报告、自然资源资产负债表编制等方向发展。研究方法从单纯理论分析向规范研究、实证研究、案例研究等综合研究方法转变。我国会计界权威期刊《会计研究》《审计研究》近年来发表的关于环境资源会计的学术论文呈现逐年上升的趋势。这些论文融合国际视角与中国特色，展现了许多新颖的环境资源会计与审计理念。这些思想观点的不断涌现，不仅拓宽了学术视野，也为我国环境资源管理和会计审计实践提供了有力支持，影响广泛而深远。

1.1.2.2　国内环境资源会计发展面临的问题

我国的经济发展取得了举世瞩目的成就，但没有处理好与环境的关系，以牺牲环境来换取经济增长。加之我国环境管理与环境资源会计的法律法规和制度建设还不够完善，环境资源会计理论和实践存在脱节，我国环境资源会计的发展面临很大的困难。

（1）社会环境保护意识薄弱。经济的繁荣发展，伴随严重的环境污染，我国普遍存在环境保护意识薄弱问题。首先，环保意识在政府层面较为欠缺，各级政府在追求政绩的过程中往往忽略了环境的保护。其次，企业经营管理者通常将利润最大化作为核心目标，他们忽视环境因素在生产经营中的重要性。最后，普通民众往往认为环境保护主要是国家和政府的职责，他们很少主动关注或监督那些破坏环境的行为。

（2）环境资源会计规范缺失。环境资源会计核算对象复杂，会计核算内容不确定，相关法律法规不健全，环境资源会计制度和准则缺失，环境资源会计实务缺乏统一的标准和规范的指导。一些企业开始关注环境资源会计并有意愿披露环境信息，但环境资源会计核算和信息披露难以全面推行，环境资源会计整体上仍停留在理论研究中。

（3）环境资源会计实务难以推行。

1）环境资源会计目标不明确。环境资源会计目标是优化资源配置，改善生态环境等，这需要全社会采取多种有效措施，如鼓励替代能源、改革管理体制、充分发挥市场的作用，仅依赖会计手段是难以实现环境资源会计目标的。

2）环境资源会计确认和计量难以实施。哪些事项属于环境资源会计核算的对象，何时将其纳入环境资源会计信息系统，应该将其归入何种会计要素，这些问题都使得企业对环境资源会计的确认有困难。对于环境资源会计计量，企业可利用多种方法和手段对环境资源进行计量，这些方法可能包含一定的主观判断，也导致环境资源会计计量问题难以解决。

3）环境资源会计信息披露质量参差不齐。我国企业在环境资源会计信息披露上努力探索，但还存在许多问题。比如，目前主要针对重污染上市企业和大型企业，要求其必须披露环境会计信息，而对非重污染企业和中小型企业则采取自愿的原则，导致企业环境资源会计信息的披露质量参差不齐。

（4）环境资源会计探讨偏重理论研究。当代会计研究理论框架丰富多元，主要包括规范研究、实证研究、演绎推理、描述性研究。这些研究方法的特性体现在：第一，通过对国内外学术成果的深入剖析和综合提炼，形成假设，总结实践经验。第二，广泛应用图表展示和数据分析等手段，揭示研究对象间的相互关系，实现定性与定量分析的融合。但是，这些研究方法还没有全面用于环境资源会计的研究中。

（5）环境资源会计专业人才培养滞后。环境资源会计是融合了会计学、环境学和经济学等学科的交叉学科，需要专业人才同时具备多门学科的知识。国内许多高校都沿袭传统会计人才的培养模式，开设"环境资源会计"课程的较少，即使有涉及环境资源会计的课程内容，也仅仅是用极短的篇幅进行了简单讲解，缺乏对环境资源会计理论与实务的系统学习，这是我国环境资源会计发展的一大重要制约因素。

1.2　环境资源会计的理论基础

1.2.1　可持续发展理论

环境问题威胁人类的生存和发展，传统的发展模式制约经济增长和社会进步。1987 年，世界环境与发展委员会的《我们共同的未来》报告指出"可持续发展意指不断提高人群生活质量和环境承载能力的、满足当代人需求又不损害子孙后代满足其需求能力的、满足一个地区或一个国家的人群需求又不损害其他地区或其他国家的人群满足其需求的发展"，自此，可持续发展理念在世界范围内得到了普遍的认同。

可持续发展涉及经济可持续、生态可持续和社会可持续的协调统一，要求经济效率、生态和谐和社会公平同步实现，最终达到人类社会的全面发展。

1.2.1.1　经济可持续发展

可持续发展鼓励经济增长，不以环境保护为名取消经济增长。可持续发展重视经济增长的数量，更追求经济发展的质量。可持续发展要求改变"高投入、高消耗、高污染"的生产模式和消费模式，实施清洁生产和文明消费，提高经济效益，节约资源和减少废物。

1.2.1.2　生态可持续发展

可持续发展要求在发展的同时保护和改善生态环境，以可持续的方式使用自然资源和生态环境，使人类的发展控制在地球承载力范围之内。生态可持续发展重视环境保护，强调改变发展模式，从根本上解决环境问题。

1.2.1.3　社会可持续发展

可持续发展强调社会公平，世界各国的发展阶段不同，发展的具体目标也有差异，发展的本质是改善人类生活质量，提高人类健康水平，创造保障人们平等、自由、教育、人权和免受暴力的社会环境。

在人类可持续发展系统中，经济可持续发展是基础，生态可持续发展是条件，社会可持续发展才是目的。可持续发展是一种全面的社会进步和社会变革，要求"经济—社会—环境"协调发展。这是可持续发展的完整内容和意义，也是环境资源会计的重要理论基础之一。

1.2.2　外部性理论

外部性理论是"福利经济学之父"庇古提出的。外部性指某个微观经济主体的经济活动对其他微观经济主体的利益或成本产生影响，这种影响没有通过市场价格机制反映出来。该理论揭示了在理想的或完全竞争市场条件下，环境经济行为没有实现资源的最优配置状态，即没有实现帕累托最优配置状态，是因为环境经济行为外部性的存在。

外部性影响的结果包括外部正效应（也称外部经济）和外部负效应（也称外部不经济）。外部经济是某个经济行为个体的活动使他人或社会受益，受益者无须付出代价。外部不经济是某个经济行为个体的活动使他人或社会受损，造成外部不经济的个体却没有为此承担成本。外部不经济造成了企业私人成本和社会成本的差异。在市场经济运行中，自然环境提供的服务不能在市场上进行交易，市场机制并不能有效地解决经济主体在生产、消费活动中所产生的副产品，即环境污染、生态破坏等问题。以危害自然资源与环境为表现形式的外部性成本（也称社会成本）发生在市场体系之外。

生产领域存在负的外部性，消费领域也可能存在负的外部性，即一种消费品在消费过程中对环境产生消极影响。随着全球经济一体化趋势，环境问题的外部效应展现出跨国界及跨代际的特点。一个国家所面临的环境污染问题可能通过多种途径影响到其他国家；一些看似能够减轻当前环境污染的措施，实则可能将外部成本转嫁给了后代。

为了解决负外部性带来的私人成本和社会成本之间的差异，政府应积极进行干预，内化污染者的外部成本。企业应对超过私人成本的边际外部成本进行补偿，以确保其面临的是真实的成本和收益，减少污染，实现资源的有效配置。

环境资源给人类带来许多外部经济，人类却总是将外部不经济反馈给自然环境。为了解决负外部性，需要采取办法将外部性内部化，包括三种思路，即明晰产权、实施征税和直接干预。

1.2.3 环境价值理论

企业作为环境资源的主要使用者，必须树立环境价值的观念，明确环境价值理论的内涵。①环境具有效用性，具有满足人类的生存和发展的效用。②环境具有稀缺性，存在合理有效地使用环境资源和用途上的选择问题。由于对环境资源的需求和排放物超出了自然环境所能承受的阈值，良好的自然资源与生态环境随着人口、经济和社会的发展而成为经济学意义上的稀缺资源。当稀缺的环境资源成为经济资源时，使用环境资源就必须付出相应的费用，环境资产、环境成本、环境负债、环境损失等概念应运而生。③环境包含一般人类劳动。当废物排放超过环境自净能力，造成了环境污染时，则必然要消耗一定的人力、物力来治理环境，这一环境治理过程凝结着一般人类劳动。

为了度量环境价值，需加强生态环境经济评价和资源资产化研究，确保环境资源价值得到精准评估，并纳入企业的市场定价体系。建立全面的企业环境资源会计体系，记录企业环境活动及其影响，为企业定价提供有力参考。这不仅能促进企业定价决策的合理性，还有助于公开环境信息，使受污染影响者获得必要信息，强化对企业环境行为的监督与评估。

环境价值理论是企业进行环境核算的理论基础，为企业正确进行环境资源的计量和计价提供指导。环境资源价值包括两个部分：一是自然资源价值；二是生态价值。自然资源的价值划分为两个部分：一是自然资源自身的固有价值，这部分价值由其稀缺性所决定，且不涉及人类劳动的参与；二是人类在开发自然资源过程中投入劳动所创造的价值，其大小可以通过生产价格理论确定。

1.2.4　机会成本理论

在可持续发展领域，产品总成本是指在自然资源的循环利用和环境系统影响的基础上，综合考虑物质成本、劳动力成本和环境成本后的全生命周期成本。即：

产品总成本 = 物质成本 + 劳动力成本 + 环境成本

其中，物质成本是产品生产过程中耗费物化劳动的货币表现，应按财务会计的成本核算方法进行确认、计量；劳动力成本是产品生产过程中耗费活劳动的货币表现；环境成本是产品生产过程中自然资源的耗费和生态资源价值减少的货币表现，是外部的环境成本内部化的结果。

机会成本是利用一定的资源生产一种商品时，失去的利用这些资源生产其他最佳替代品时能获得的最大潜在收益。

边际机会成本由边际生产成本、边际使用成本、边际外部成本组成。

边际生产成本指经济活动生产过程直接支付的生产费用；边际使用成本指经济活动中对资源的使用，由于当前的使用，未来使用者无法再使用而造成的损失；边际外部成本指经济活动造成的生态环境方面的损失。

对于不同的自然资源，三种类型的边际成本的含义不完全相同。随着社会发展和价值判断标准的变化，各部分内涵可能随之变化，有关环境成本计量从具体资源的主要方面来确定。

1.2.5　边际效用理论

传统会计的确认和计量是建立在劳动价值论基础之上。凡是人类劳动的产物,都能够通过劳动价值的货币计量,将其作为会计要素纳入会计核算系统。环境资源要素为非商品,难以通过其价格体现价值。环境资源具有非交易性、效用性、稀缺性和替代性特点。其中,效用性构成了环境资源的价值源泉,稀缺性决定了环境资源的价格,替代性意味着需要引入边际概念,非交易性要求采用数学方法确定环境资源的价格。

效用是环境资源给消费者带来的满足程度,价值是人们对环境资源效用的主观心理评价,环境资源的效用决定了环境资源的价值。如果环境资源不具有稀缺性,能够无限供给,人们不付任何代价就可取得,则环境资源不具有价值。从这个意义上讲,效用和稀缺性构成了环境资源价值的充分条件。

1.3 环境资源会计的概念框架

1.3.1 环境资源会计的含义

1.3.1.1 环境与资源

资源是一国或地区拥有的人力、物力和财力等各种物质要素的总称。资源包括自然资源和社会资源。自然资源包括阳光、空气、水、土地、森林、草原、动物、矿藏资源等;社会资源包括人力资源、信息资源、人类劳动创造的物质财富。

环境由广义的自然资源构成,自然资源存在于环境之中。环境要素是一定区域内具有生态联系的一切能为人类所利用的天然的或经过人工改造的物质和能量。

环境资源会计中所指的环境资源,是人群空间及其可以直接或间接影响人类活动的各种自然资源和社会因素的总和。凡能够被人类生产和生活利用的一切自然资源和生态资源集合体,都是环境资源会计中的环境与资源。

1.3.1.2 环境资源会计

环境资源会计,观点之一认为环境资源会计是将与环境资源有关的信息进行确认和计量,向利益相关者报告的一系列工作。观点之二认为环境资源会计是企业以可持续发展、与社会保持和谐关系、有效开展环境保护工作为目标,将环境保护成本和环境保护效果尽可能以货币单位或实物单位进行计量、分析、报告的工作。

本书所指的环境资源会计,是以可持续发展战略目标为导向,运用现代会计学的基本原理与方法,采用多元化的计量手段,对企业组织影响环境资源的经济活动的过程及结果进行连续、系统、分类和序时的核算与监督，为相关会计信息使用者提供货币性和非货币性信息的一种管理信息系统。

　　环境资源会计包含环境财务会计与环境管理会计两个部分。环境财务会计反映和监督企业环境污染及环境治理情况，向相关信息使用者提供企业环境政策、环境治理成本和环境保护业绩方面的财务信息。环境管理会计利用环境资源会计提供的信息，对企业的经济活动进行预测、决策、控制和评价。它利用管理会计的方法，对环境风险进行评估，对投资项目所涉及的环境问题进行分析，向企业管理者提供与环境有关的管理决策信息。

1.3.2　环境资源会计的特点

1.3.2.1　突出环境资源要素

　　环境资源会计是会计学的一个分支，以货币为主要计量方法，辅以非货币计量方法，在环境保护法规、规章和标准的基础上，运用现代化的管理理论与技术，对经济、社会发展与环境的相互关系进行研究，对环境污染、环境治理、环境资源开发、利用与补偿、环境保护过程进行确认、计量、记录和报告。环境资源会计能反映环境经济活动与环境管理活动的价值状况和经济效益信息，环境资源会计应突出环境资源要素。

1.3.2.2　体现学科交叉内容

　　从学科上看，环境资源会计属于管理学科中的会计学科，它具有所有的会计学科特征。其由于具有经济学与环境科学等学科的支撑，在技术层面上采用化学、工程、数量统计、模糊数学等作为计量方法，具有工科和理科的双重特性。环境资源会计应定位于文理交叉的现代工商管理学科，其本质属性是环境经济管理活动、环境管理方法和环境管理工作。

1.3.2.3　融合宏观微观视角

　　环境资源具有公共性，每个单位都是环境资源的消耗者或环境污染的排放者，所以环境资源会计宏观和微观并重。从发展的观点看，环境资源会计的会计主体包括：宏观层面的政府，如宏观的绿色 GDP 核算、自然资源资产负债表的编制；微观层面的企业，如企业环境资源会计核算与信息披露；微观层面的其他单位或组织。

1.3.2.4　披露对内对外信息

　　环境资源会计包括对内的环境资源管理会计和对外的环境资源财务会计。环境资源管理会计利用管理会计的方法，对环境风险进行分析，对投资项目的环境可行性进行评价，为企业管理人员提供环境相关管理决策信息。环境资源财务会计利用财务会计的方法，设置账户和编制报表，对与企业有关的环境资源信息进行计量记录和汇总，向利益相关者和社会公众进行报送，使其了解企业环境政策和环境业绩信息。综上所述，环境资源会计需要提供对内和对外的环境资源会计信息。

1.3.3 环境资源会计信息的使用者

1.3.3.1 环境资源会计信息的外部使用者

企业环境资源会计信息的外部使用者包括投资者、债权人、政府部门、消费者、社会公众等。

投资者是环境资源会计信息主要使用者。首先，出于投资风险和收益考虑，投资者会关心企业的环境活动，以及环境活动对财务状况和经营成果的影响，评价环境业绩，以降低投资风险，获得稳定回报。其次，随着环保意识的普遍提高，投资者开始接受绿色投资观念，关注企业环境保护态度，选择投资对象时既考虑经济效益又考虑环境效益，因此，投资者会对环境资源会计信息产生需求。

债权人主要指长期债权人，商业银行和企业债券持有人。长期债权人关心能否按期收回本金和利息，长期偿债能力主要取决于企业获利能力，如果企业生产经营活动对环境危害严重，导致企业的环境治理负担，减少企业的净利润，影响企业偿债能力，债权人的风险将会增加。长期债权人关注企业的环境资源会计信息，通过评价企业的环境业绩来评估其债务风险。

政府部门作为管理机构，承担着对环境资源的管理责任。在我国，政府部门拥有自然资源的支配权，无偿或有偿交付给企业使用。政府有权要求企业管好和用好环境资源，监督企业的环境行为。政府部门有责任保护自然资源，以保证国民经济持续稳定发展，因此需要关注企业环境资源会计信息。

绿色消费主义者注重企业的环境业绩和环保形象，关注企业产品和劳务在生产、使用过程中以及使用后对环境所产生的影响，提出环境信息披露的要求，关注自身的消费行为是否会损害他人利益和地球生态环境。

社会公众关心企业的环境绩效，尤其是生活在重污染企业周边的居民。他们关心企业生产排污对社区环境的影响，企业是否采取相应的补救措施。此外，企业在社会公众中的形象对企业未来的生存发展极为重要。

1.3.3.2 环境资源会计信息的内部使用者

企业环境资源会计信息的内部使用者包括管理层、职工和工会组织等。

企业管理层依据环境资源会计信息进行环境管理，履行环境责任。任何企业不可能脱离社会环境独立存在，迫于法律约束和舆论压力，为了企业的生存和发展，企业管理者应了解企业生产经营活动对环境的影响，关心企业的环境污染和环境保护。在环境资源会计信息中，管理层最关心企业的环境支出和环境风险，以及环境支出对企业经济效益和社会效益的影响，并据此进行管理决策。

职工和工会组织处于生产经营的最前线，是环境污染的直接受害者，也是环境保护最大的受益者。职工在择业和就业过程中，除考虑企业的薪酬福利外，还会考虑企业的环保意识、工作场所的环境安全、环境政策和环境管理水平，企业的环境治理绩效直接影响雇员的身体健康，对环境负责任的企业形象和可持续获利能力会影响职工的工作稳定性。

1.3.4　环境资源会计的职能

1.3.4.1　核算职能

会计的核算职能是以货币为主要计量单位，从价值的角度反映经济活动的过程及结果。环境资源会计确认和计量会计主体在一定时期的环境资源会计要素，通过计算、分析、汇总，全面系统地反映企业的环境成本效益和资源利用情况，为控制资源的合理利用以及评价环境保护效果提供依据。

1.3.4.2　监督职能

环境资源会计的监督职能是通过确认和计量、反映和控制，监督企业的环境保护和资源利用，引导企业的经营活动和环境活动按照环境资源会计预定的目标和要求进行，实现保护和改善环境，节约和利用资源，确保企业实现持续经营和可持续发展。

1.3.4.3　评价职能

会计的评价职能是通过对会计报表的分析和对经济活动的评价而实现的。环境资源会计要求报告企业资源利用与控制和资源成本计算、生态效益等环境资源会计信息，通过分析，从环境资源会计的角度评价企业经营活动的成败得失，促进企业取得经济效益的同时，努力提高生态效益和社会效益。

1.3.4.4　预测职能

环境资源会计利用具有预测价值的环境信息去预测企业的经营前景与环境的关系。环境资源会计发挥预测职能，按照国家的环境资源法规、制度，以及企业的总目标和经营方针，考虑经济规律的作用和环境资源的约束，预计和推测环境成本及环境收益的变动趋势，为企业的经营决策提供服务。

1.3.4.5　决策职能

现代会计能为决策提供有用的信息。决策是从收集数据、提供信息到讨论各种备选方案，直至确定最佳方案的过程。在这个过程中，环境资源会计提供信息的活动是重要组成部分，利用环境资源会计信息，提供决策支持，做出环境资源管理决策。

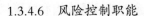

1.3.4.6 风险控制职能

企业经营过程遇到的各种风险，可以通过财务及非财务信息及时识别和发现，并采取措施予以管控。环境风险控制可根据环境风险评价结果，按照环保法律、政策和方法，选用有效的环境管理技术来降低或消除环境风险，确保人类健康和生态系统安全。

1.3.5 环境资源会计的原则

会计原则是会计理论体系的重要组成部分，是会计实务工作的规范和准绳，是会计工作质量的衡量标准，是社会对会计核算的基本要求。环境资源会计的原则包括共有原则和特有原则。

1.3.5.1 会计的共有原则

会计的共有原则包括三类：第一类，用于指导会计信息质量的原则，包括相关性、可靠性、可比性、可理解性、重要性。第二类，用于指导会计要素的确认、计量和报告的原则，包括充分披露原则、权责发生制原则、配比原则、历史成本原则、划分资本支出和收益支出原则、稳健原则。第三类，作为一般原则应用中的约束条件的修订性管理原则，包括成本效益原则、实质重于形式原则。环境资源会计是会计的一个分支，应继承并全面贯彻这些共有原则。

1.3.5.2 环境资源会计的特有原则

环境资源会计除遵循财务会计的共有原则，还需要遵循自身的特有原则。

（1）经济与环境效益相协调的原则。现代企业不能只关注经济效益而忽视环境效益，它们在追求盈利的同时，也必须遵守环境法规，合理利用环境资源，将环境保护和经济效益相结合。环境资源会计在确认、计量和报告经济和环境效益的信息时，需要关注经济效益与环境效益的协调，以及环境污染对公司财务状况和经营成果的影响。

（2）外部效应内部化处理的原则。企业在生产经营活动中会产生外部经济和外部不经济，传统会计在考察效益时会忽略外部性。环境资源会计在考察效益时理应考虑外部性影响，以企业环境责任、义务的履行为主，要求采取一定方法，对产品生产和使用过程中的排放废物造成的环境损害赔偿、废弃物的回收处理成本费用等外部影响予以确认和计量，并将外部影响纳入环境资源会计信息披露，完整对待企业的经济效益和环境效益。

（3）强制与自愿披露相结合的原则。强制披露是企业按照法律法规统一规定的要求进行会计信息披露。自愿披露是企业自愿主动对社会责任标准和环境责任履行情况进行信息披露。传统会计基本成熟和定型，倾向于采用强制性信息披露模式；环境资源会计尚处于构建初期，环境资源会计信息披露存在复杂性和多样性，倾向于采用强制性与自愿性相结合的信息披露模式。

1.3.6　环境资源会计的假设

1.3.6.1　会计主体假设

会计主体是单独进行生产经营或业务活动，在经济上独立或相对独立的企业、事业、机关、团体等组织。会计主体假设明确会计工作的空间范围，会计主体以自己单独进行的生产经营或业务活动为范围，确认、计量、记录和报告本单位的会计要素的情况。

环境资源会计主体既具有会计主体的一般含义，又被赋予了新的内容。环境资源会计注重核算会计主体生产经营活动对环境的不利影响，兼顾经济效益、社会效益和环境效益。环境资源会计主体在成本核算时，既要考虑人造资源的消耗，又要考虑自然资源的消耗。

企业将生产经营行为所产生的外部不经济纳入环境资源会计核算体系，环境资源会计的主体假设突破了由所有权特性确定的会计核算范围，更注重会计主体的行为特性，而不是会计主体的所有权特性。

1.3.6.2　持续经营假设

持续经营假设认为，一个经营主体的经营活动在可以预见的未来会一直持续下去，不会终止经营或破产清算。

环境资源会计的持续经营假设也具有上述含义，对环境造成更严重破坏的企业，其未来面临更大的经营不确定性。只有持续经营的主体，才能承担社会责任和环境支出。此外，应强调持续经营与可持续发展相匹配，合理利用环境资源，维持生态平衡，讲求生态效益。只有环境资源和生态资源持续存在，才谈得上企业的持续经营和经济的可持续发展。

1.3.6.3　会计分期假设

会计分期指将会计主体持续不断的生产经营过程划分成若干个较短的、间隔相等的期间，以便定期结算账目，编制会计报表，反映会计主体的财务状况、经营成果及现金流量，向会计信息使用者提供会计信息。会计分期限定了会计工作的时间范围。

为了使环境信息得到及时反映，需要把会计主体的环境活动划分为较短的期间，定期对会计主体日常生产经营活动对自然资源和生态资源的消耗、补偿及治理，以及与环境相关的收入、支出等进行分类、确认、计量、记录和报告，以考核和评价会计主体对环境责任的履行情况，满足信息使用者的需求。

1.3.6.4　多重计量假设

由于环境资源会计的特殊性，环境资源会计应该同时采取货币和非货币两类计量形式，非货币计量形式包括实物计量、劳动计量、技术经济混合计量等多种计量形式。多重计量是因为在披露环境信息时，单一货币单位的计量方法难以全面地展示会计主体的环境状况。采用非货币的计量方式可以提供更加直观、形象、易于理解的信息，加深对货币计量指标的认识。此外，多重计量假设也意味着在计量形式的选择上，应采用多种计量属性，以确保信息的多维度和全面性。

在现行会计惯例中，使用货币计量形式时，主要有历史成本、现行成本、现行市价、可变现净值和未来现金流量净现值等计量属性，这些货币计量属性对于环境资源会计计量而言，可以交叉使用。

1.3.6.5 可持续发展假设

可持续发展假设是环境资源会计核算以会计主体在自然资源不枯竭、生态资源不降级、社会经济可持续发展的基础上，追求特定会计主体自身的发展。如果自然资源开发过度、生态资源降级明显，会计主体的经济活动可能停止；如果环境资源得到有效保护，会计主体的经营活动才可持续。

可持续发展包括经济可持续发展、环境资源可持续发展、社会可持续发展的统一和协调。社会总资本包括物质资本、人力资本和环境资本。一般认为，社会总资本的保值和增值是可持续发展的必要条件，环境资本的保值和增值是可持续发展的充分条件。

1.3.7 环境资源会计的对象

会计对象是会计核算和监督的内容，即会计所涉及的范围。环境资源会计除关注传统会计关注的资金运动和与资金运动有关的经济事项外，还需考虑自然资源与环境的内容。因此，相对于传统会计对象，环境资源会计对象还包括如下内容：

资金运动和非资金运动。环境资源会计的对象涵盖资金运动和非资金运动。环境资源会计需考虑整个资源环境、社会生产消费以及生态循环的价值，提供一种追踪、计量环境资源成本计算方法，为利益相关者提供所需的环境信息，包括企业生产经营活动产生的废弃物对生态环境的破坏、对自然资源的消耗、企业对污染的综合治理、环境法律法规的执行情况等信息。

价值计量和非价值计量。资源存在生态和经济上的循环，环境资源的生态循环可分为形成、开发、配置、应用、储存、保护、综合利用和再生，环境资源的经济循环需经过投资、生成、使用、耗费、收回、补偿、分配具体环节的经济活动，以及对这些环节的经济活动的核算和管理，是现代环境管理会计的主要内容。环境资源的存量统计核算和环境资源的经济价值核算构成了环境资源会计的两大内容。环境资源会计应从价值和管理方面去解决环境资源耗竭、污染排放、损害成本等环境问题，以及替代、利用、补偿、保护、控制环境资源的办法与措施。

环境治理活动和保护活动。环境资源会计所要反映的包括环境损害事项和环境保护事项引起的资金运动。环境资源会计通过自己的活动来促进资源的合理开发、合理利用、保护资源和生态环境免遭破坏，使环境与经济、社会发展相协调，最终实现经济与社会的可持续发展。因此，对污染治理成本与环境保护支出的核算也是环境资源会计核算的内容。

1.3.8　环境资源会计的要素

会计要素是会计处理对象的具体化。环境资源会计要素基于环境资源会计的存在又服从于环境资源会计目标的需要。环境资源会计要素由经济因素、自然资源因素和环境管理的内容决定。环境资源会计要素可分为 5 种，即环境资产、环境负债、环境权益、环境成本、环境收益。

1.3.8.1　环境资产

环境资产指由企业过去的、与环境相关的交易或事项形成的，能够用货币计量的，企业拥有或控制的资源，该资源能够为企业带来经济利益或社会利益。环境资产为企业带来利益的形式是不确定的，可能是经济利益，也可能是社会利益；可能是直接利益，也可能是间接利益。狭义的环境资产指对企业生产经营活动和环境活动发挥有效作用的环境资产。广义的环境资产既包括对企业生产经营活动和环境活动发挥有效作用的环境资产，也包括不构成特别影响的其他环境优势，如水资源供应优势、空气质量优势等。

1.3.8.2　环境负债

环境负债是由企业过去的、与环境相关的交易、事项形成的现时义务或推定义务，履行该义务会导致经济利益流出企业。环境负债具有以下特征：①环境负债是与环境费用相关的义务，是未来的环境费用；②环境负债的产生与企业经营活动对环境的破坏具有直接或间接的关系；③环境负债是由环境保护法律法规强制实施的义务引发的；④大多数环境负债难以准确计量，但可以进行合理估计；⑤环境负债具有较强的可追溯性，国家的法律法规对环境污染的责任采用追溯原则。

1.3.8.3　环境权益

环境权益是环境资源会计主体享有的对环境资源的所有权、使用权和管理权，包括环境资源的所有权和环境收益、环境基金的所有权，以及环境资源所有者赋予环境管理者对环境资产的使用权和管理权。环境资源会计中的环境资源、环境资产会计确认和计量离不开产权归属，它是环境资源会计对资源环境价值分类和性质界定的核心，是衡量环境资源、资产使用者对环境资源、资产的环境保护贡献率的尺度。

1.3.8.4 环境成本

费用指归属于特定会计期间的支出，成本是归集到某一产品或服务上的对象化的费用。在西方会计中，成本和费用泛指企业在生产经营活动中所发生的全部实物和劳动的消耗。本书对成本与费用不做特别区分，但侧重于将与会计期间相关的环境支出列为环境费用，将对象化的环境支出列为环境成本。

环境成本与费用指企业因预防和治理环境污染而发生的各种费用和已消耗的环境资产价值，以及由此承担的各种损失，是企业在环境活动中发生的经济利益的流出。某项支出在未来会计期间会为企业带来效用，应计入资产并进行分期摊销；若不产生未来效用则应确认为环境成本与费用，直接计入当期损益。

1.3.8.5 环境收益

环境收益指在一定时期内企业进行环境保护和环境治理形成的经济利益。环境收入是采取环境保护措施所得到的经济利益，环境收入减去环境支出为环境利润，即环境净收益。环境效用指在一定时期内，环境资产给人类带来的已经实现或即将实现的、能够用货币计量的效用，以及企业环保行为获得的收益。环境效用确认为环境收益应符合以下标准：符合环境收益的定义、计量结果的准确性、可靠性和相关性、未来经济利益流入企业的现实性。否则，环境效用不能确认为环境收益。

1.3.9 环境资源会计信息质量

企业提供的环境资源会计信息必须具备一定的质量要求，体现为环境资源会计信息应具备的基本特征。将一般会计信息质量特征修订应用于环境资源会计信息的披露，可以提升环境资源会计信息的质量，也符合信息披露质量的成本效益原则。环境资源会计信息的质量特征界定为以下几个方面：

1.3.9.1 相关性

相关性指环境资源会计信息要与信息使用者的决策和需要相关。环境资源会计信息使用者的需要体现为通过了解企业的环境绩效和与环境有关的财务信息，做出与企业有关的决策。相关性具备三个要素：第一，信息具有反馈价值，能够反映企业过去与环境有关的各种业绩，有助于理解和判断过去决策的正误；第二，信息具有预测价值，能够对企业未来的环境资源情况做出推断和预测，以帮助企业未来的决策；第三，信息具有及时性，在信息失去有效价值前到达信息使用者手中。

1.3.9.2 可靠性

可靠性指企业应以实际发生的交易或事项为依据进行确认、计量和报告，如实反映各项会计要素及相关信息，保证会计信息真实可靠，内容完整。在环境资源会计中，可靠性的要求与传统会计可能不一致。在环境资源会计的核算过程中，一些交易或事项的金额可能无法用交易价格确定，甚至无法用货币计量。环境资源会计信息的可靠性，强调的是事实和有法律支持的逻辑推断，对高度精确性可以不做严格要求。无论是收集和提供信息的会计人员，还是审核验证的审计人员，都应按照这样的思路行事。

1.3.9.3 可比性

可比性指在同样的时间和情况下，会计信息的反映与披露应当一致。环境资源会计信息的使用者想准确地预测企业的未来发展趋势，就应了解过去的环境绩效并将其进行比较。同一企业应在不同时期采用相同的方法报告统一的环境资源会计信息，以确保纵向可比性。不同企业，特别是同一行业的不同企业之间，要确保环境资源会计信息的横向可比性，以评价不同企业的环境活动和环境绩效的差异。

1.3.9.4 可理解性

可理解性指企业披露的环境资源会计信息应该让使用者容易理解，保证信息可以被使用者充分使用。美国著名会计学家 A. C. 利特尔顿认为："信息的报告只有通过通俗易懂的方式来列示会计数据，才能最有效地实现其沟通职能。"信息能否对使用者有用，取决于使用者能否理解所获得的信息以及信息本身是否易于理解。在环境资源会计信息披露中，可理解性扮演着比传统会计更为关键的角色。在披露环境绩效信息时，应针对一些生涩的概念术语进行适当的补充与解释，以增强可理解性。

1.3.9.5 可验证性

可验证性指由独立的第三方采用相同的标准和方法对环境资源会计信息做出的评价是相同或相近的。为了使环境资源会计信息披露具有可靠性，有必要由独立的第三方对其进行验证和核实。环境资源会计披露的信息以及独立的第三方对该报告的意见必须具有可验证性。目前，审计财务报表披露的内容集中在财务性定量化且客观的数据，这种数据比非财务的信息更具可验证性。随着环境测定技术的进步和标准的规范，加上独立审计师出具的环境资源审计报告，环境资源会计信息的可验证必然得到很大程度的提高。

1.3.9.6 谨慎性

谨慎性指企业披露环境资源会计信息时，应不高估环境资产和环境收益，不低估环境负债和环境成本。企业应认识到许多环境事项具有不确定性，例如，环境事故和非控制性污染物排放的可能性或潜在后果具有不确定性，要求在存在不确定的条件下进行估计和决策时必须考虑"谨慎度"。企业应在披露环境资源会计信息的同时，披露不确定性的性质和程度。企业在环境资源会计信息披露方面的"谨慎度"，可以保证不利的环境影响不被淡化，避免过早报告不确定的环境影响和误报有利的环境因素，从而确保环境资源会计信息的稳健性。

1.4 环境资源会计制度

1.4.1 环境资源会计制度的概念

为了帮助各国建立和完善环境资源会计制度，1998 年，联合国国际会计和报告标准政府间专家工作组（ISAR）颁布的《环境会计和报告的立场公告》指出，环境资源会计制度是一种对用于环境保护的投资和由此获得的经济效益做定量的测定、分析和公布的制度。

环境资源会计制度有广义和狭义之分。狭义的环境资源会计制度，指环境资源会计核算制度，是对企业环境保护的投资或支出和由此获得的经济效益进行确认、计量、记录和报告的制度。广义的环境资源会计制度，除环境资源会计核算制度外，还包括环境资源会计管理制度，如环境绩效管理；也包括宏观环境核算体系，如绿色 GDP 核算制度。

1.4.2 建立环境资源会计制度的必要性

1.4.2.1 环境保护的客观要求

企业为了追求利益最大化，会以资源环境为代价而实现短期利益，导致社会经济高速发展的同时，环境问题日益严峻。环境资源会计制度安排上，企业将环境成本纳入内部成本，能够促使企业治理污染和保护环境。设计合理的环境资源会计体系能够为企业带来正面的激励效果，促使它们优化生产流程，减少对环境的负面影响，实现经济活动与环境保护的和谐共生。

1.4.2.2 可持续发展战略的要求

可持续发展战略将环境保护纳入国民经济和社会发展进程，从而实现经济、社会与生态环境的协调发展。根据可持续发展战略的要求，企业应该确立环境管理理念和系统，建立环境成本核算和控制机制。国家的宏观调控和环境管理都需要企业建立完善的环境资源会计制度，以提供真实、完整的环境资源会计信息。

在环境资源有限的条件下，建立环境资源会计体系，提供环境保护、公害防治与消除等方面的信息，找到经济效益、社会效益和生态效益的最佳结合点，促进资源优化配置与社会和谐发展，才能实现"既满足当代人的需要而又不影响子孙后代利益"的可持续发展目标。

1.4.2.3　科学衡量成本效益的需要

在传统会计核算方法体系下，环境资源未被列入资产加以核算，各项经济增长指标不能如实反映经济发展水平和增长速度，虚增国家富有程度，夸大人均收入和经济福利。传统会计核算只关注人造成本，没有计算企业对环境资源的无度索取和破坏，夸大企业自身利润。而环境资源会计核算考虑社会资源成本，在产品生产成本中加入环境资源成本，准确地核算宏观的国内生产总值和微观的企业生产成本，促使企业挖掘内部潜力、降低生产成本、保护社会资源环境。

1.4.2.4　突破传统会计制度局限的需要

传统会计制度对人类社会的健康发展和经济的良性运行做出了贡献，但面对日益尖锐的人类与自然、经济与生态的矛盾，传统会计制度无能为力。环境资源会计制度着眼于高效利用资源，从人类的全部活动过程和整个生态环境资源出发，围绕自然资源的耗费补偿，对环境管理中的职责履行做出确认、计量和报告，突破了传统会计制度的局限，能更好地发挥现代会计的职能。

1.4.2.5　企业自身发展的需要

企业与环境间的联系极为紧密，优质的环境是企业稳健发展的基础和先决条件。资源枯竭、环境污染、气候改变、废弃物处理、产品安全等环境问题直接影响企业的生产组织、管理决策、盈利发展。企业只有建立完善的环境资源会计体系，积极协调与环境资源的关系，创造良好的环境条件，才能求得更广阔的生存和发展空间。

1.4.2.6　保证会计信息真实完整的需要

会计的目标是提供信息，环境资源会计制度应以企业为中心，满足各类会计信息使用者的需求。建立环境资源会计制度，有助于提供真实、完整的环境资源会计信息。环境资源会计信息既反映财务方面的绩效，也应该反映非财务方面的环境绩效。财务绩效用货币为衡量单位，非财务绩效则用实物为衡量单位，二者结合，使环境资源会计信息的使用者能对环境活动的结果有更完整的了解。环境资源会计信息可被公司内部人员及部门使用，也应被社会利害关系人使用，为更多的信息使用者提供决策参考。

1.4.3 建立环境资源会计制度的可行性

1.4.3.1 政府高度重视为环境资源会计制度指明方向

保护环境是我国的基本国策。随着社会经济的发展和环境问题的凸显，政府越来越重视环境和资源的保护，以实现可持续发展。我国国民经济和社会发展"十一五"规划强调，把控制人口、节约资源、保护环境放到重要位置，使人口增长与社会生产力的发展相适应，使经济建设与资源环境相协调。党的十八大报告中将生态文明建设纳入社会主义现代化建设"五位一体"的总体布局，为经济发展的生态化方向提供了总指引。党的二十大报告进一步提出"推动绿色发展，促进人与自然和谐共生"的具体要求。政府部门对生态环境和自然资源的高度重视，为环境资源会计制度的建设指明了方向。

1.4.3.2 深化改革开放为环境资源会计制度创造条件

在深化改革开放的背景下，我国会计基础规范工作逐渐完善，《企业会计准则》更能反映新经济形势的特点，为环境资源会计的发展提供良好内部条件。环境资源方面的问题是全球问题，深化改革开放，会计准则国际趋同，会计制度向国际惯例靠拢，也为我国环境资源会计的发展提供了良好的外部条件。

1.4.3.3 相关学科交叉为环境资源会计制度奠定基础

环境资源会计是环境科学与会计学交叉形成的应用型学科，它应用会计学和环境科学的理论与方法，对经济发展与环境保护进行协调。环境资源会计的具体应用涉及会计学、经济学、管理学、环境科学、数学、生物学、技术科学等学科内容和研究领域，这些学科现在已发展得比较成熟，为环境资源会计制度的发展奠定了坚实的学科基础。

1.4.3.4 绿色技术创新为环境资源会计制度提供动力

绿色技术创新形成良好趋势，取得重要成果。企业追求绿色发展和履行社会责任，提倡清洁生产过程，引入环境资源会计，反映和控制企业生产经营与生态环境之间的关系，确认、计量、记录、报告环境成本和环境效益，对外提供绿色创新和社会责任的信息，有利于企业实现健康可持续发展。可见，绿色技术创新及其取得的成果，为企业环境资源会计制度的发展提供了不竭动力。

1.4.4 环境资源会计制度的内容

环境资源会计制度包括环境资源会计核算制度和环境资源会计管理制度。环境资源会计核算制度包括环境资源会计核算组织系统、环境资源会计核算信息系统、环境资源会计核算业务系统；环境资源会计管理制度包括环境资源会计法律法规和政策、环境资源会计准则、标准和实施办法。

1.4.4.1　环境资源会计核算制度

（1）环境资源会计核算组织系统。组织指由诸多要素按照一定方式相互联系的系统。对企业而言，组织是其下属的不同部门，是企业的基本单元，是其运行的基础。对于环境资源会计来说，既需要基本理论作指导，还需要企业组织的支持，才能保证环境资源会计顺利的运行。

首先，实施环境资源会计前要确保企业管理层充分认识到环境资源会计给企业带来的好处，包括：改善资源使用效率、降低成本、增加利润；帮助企业取得环境认证；确立企业形象、增大产品市场份额；识别和降低企业的环境风险，满足对外披露环境信息的需求。

其次，强化企业会计部门与其他部门的协同，尤其是生产部门和环境部门的联系与沟通。生产部门的员工熟知资源的使用，环境部门的员工了解企业对环境的影响，由于技术语言的隔阂，这些信息难以在会计记录中体现。只有企业的会计、生产与环境等部门紧密合作，才能确保环境资源会计的顺畅实施。

最后，建立环境资源会计机构并配备适当的会计人员是必要的。环境资源会计机构，是专门主管环境资源会计工作、组织环境资源会计核算、办理环境资源会计业务的机构，是企业内部组织和从事环境资源会计工作的职能部门，是环境资源会计制度的主要执行机构。

环境资源会计核算组织系统设计的任务包括设置环境资源会计机构、划分环境资源会计岗位、建立岗位责任制、实行内部控制、配备环境资源会计人员、制定环境资源会计管理制度等。

（2）环境资源会计核算信息系统。环境资源会计核算组织系统是核算系统的前提，环境资源会计核算信息系统是核算系统的基础。环境资源会计核算信息系统包含以下内容：

1）环境资源会计账户。环境资源会计账户设置，通常是在传统会计核算体系中设置环境资源会计要素账户，可以增设一级环境资源会计账户，或在原有会计账户下增设明细账户。环境资源主要会计账户如表 1-1 所示。

表 1-1　环境资源主要会计账户

一级账户	二级账户	三级账户
环境资产	资源资产	自然资源资产
		生态资源资产
	环境流动资产	
	环保证券性投资	
	环境固定资产	

续表

一级账户	二级账户	三级账户
环境资产	环境无形资产	排污权、环境专有技术
	在建环境工程	自营环保工程
		出包环保工程
	环境递延资产	
	其他环境资产	环境工程物资
	资源资产累计折耗	自然资源资产折耗、生态资源资产折耗
	环境资产累计折旧折耗	环境固定资产累计折旧
		环境无形资产累计折耗
环境负债	应交资源补偿费	矿产资源补偿费
	应付生态补偿款	
	应交环境税费	应交环境税费、应交环保债务基金
	应交排污费	
	应付环境赔款	
	应付环境罚款	
	应付环境资产租赁款	
	预计环境负债	计提环境保险基金、预计环境损失准备金
	环保专项贷款	
	其他环境负债	
环境权益	环境资本	
	环境利润	
	环保专用基金	政府环保补助基金
		无偿获取排污权交易收益基金
		指定用途环保捐赠基金
		环境退税
		生态环境受损补偿基金结余
		税后提留环保基金
	其他环境权益	

续表

一级账户	二级账户	三级账户
环境成本	资源耗减成本	
	资源降级成本	
	资源维护成本	
	环境保护成本	环境监测成本
		环境管理成本
		污染治理成本
		预防"三废"成本
		环境修复成本
		环保研发成本
		环境补偿成本
		环境支援成本
		环境事故损失成本
		其他环境成本
		环境费用转入成本
环境费用	环境管理费用	专职环保行政机构费用
	其他环境费用	零星处罚支出、环境诉讼费用
	环境营业外支出	环境捐赠支出
	环境资产减值损失	环境流动资产减值、环境长期资产减值
环境收益	资源收益	自然资源收益
		生态资源收益
	环境保护收入	政府环保补助收入
		环境受损补偿收入
		排污权交易收入
		环境退税收入
	资源和"三废"产品销售收入	废气、废渣、废水利用形成的产品及资源产品
	其他环境收入	环保咨询服务收入、环保奖励收入
	环境营业外收入	环境捐赠收入

2）环境资源会计报表。

①环境资产负债表。它揭示企业在一定日期环境保护和环境污染治理方面的资产、负债以及所有者权益的情况，如表1-2所示。

表1-2　环境资产负债表

编制单位：　　　　　　　　　　编制日期：　　年　月　　　　　　　　　单位：元

环境资产	年初数	期末数	环境负债和环境权益	年初数	期末数
环境流动资产			环境负债		
环境材料			短期环保贷款		
环保低值易耗品			应付生态补偿款		
环保产品			应交环境税费		
环保证券性投资现值			应交资源补偿费		
环境固定资产			应交排污费		
减：环境固定累计折旧			应付环境赔款		
环境固定资产净值			应付环境罚款		
减：环境固定资产减值			应付环境资产租赁款		
环境固定资产现值			预计环境保险基金		
环保工程物资			预计环境或有负债		
环保在建工程			长期环保贷款		
环境无形资产			其他环境负债		
减：环境无形资产累计摊销			环境负债合计		
减：环境无形资产减值			环境权益		
环境无形资产现值			环境资本		
资源资产			环境利润		
自然资源资产原值			环保专用基金		

续表

环境资产	年初数	期末数	环境负债和环境权益	年初数	期末数
减：自然资源资产累计折耗			其中：政府环保补助基金		
自然资源资产净值			环保捐赠收益基金		
生态资源资产原值			环境退税		
减：生态资源资产累计折耗			生态环境受损补偿基金结余		
生态资源资产净值			税后提留环保基金		
其他环境资产			环境权益合计		
环境资产总计			环境负债及权益总计		

②环境利润表。它揭示企业在环境保护和环境污染治理方面所取得的收益、发生的环境费用及对社会生态环境改善的贡献，如表1-3所示。

表1-3　环境利润表

编制单位：　　　　　　　　编制日期：　　年　　月　　　　　　单位：元

项目	本月数	本年累计数
一、环境收益、收入		
1. 资源收益		
自然资源资产收益		
生态资源资产收益		
2. 环境保护收入		
政府环境补助收入		
生态受损补偿收入		
排污权交易收入		
环境退税收入		
3. 资源和"三废"产品销售收入		
4. 其他环境收入		
5. 环境营业外收入		

续表

项目	本月数	本年累计数
环境收益收入小计		
二、环境成本、费用		
1. 环境成本		
资源耗减成本		
资源降级成本		
资源维护成本		
环境保护成本		
2. 环境费用		
环境管理费用		
其他环境费用		
3. 资源和"三废"产品销售成本		
4. 环境营业外支出		
5. 环境资产减值损失		
环境成本、费用小计		
三、环境利润总额		
减：转出环保专用基金利润		
其中：政府环境补助收入		
无偿获取的排污权交易收入		
有指定专门用途的捐赠收入		
债务性环境生态补偿基金结余		
环境退税收入		
四、税前环境利润		

除基本环境资源会计报表外，企业还可以编制附表对环境资源会计信息进行更详细、更全面的信息披露。环境成本汇总表和环境资产减值明细表两个附表，如表 1-4 和表 1-5 所示。

表 1–4　环境成本汇总表

编制单位：　　　　　　　　编制日期：　　年　月　　　　　　　单位：元

成本项目	本期发生额	累计发生额
环境保护运行成本		
环境管理成本		
环境研发成本		
采购和销售环境成本		
生态环境补偿成本		
其他环境成本		
合计		

表 1–5　环境资产减值明细表

编制单位：　　　　　　　　编制日期：　　年　月　　　　　　　单位：元

项目	期初余额	本期增加额	本期转回数	期末余额
一、存货跌价准备合计				
其中：环保产品				
环境材料				
二、环保固定资产减值准备合计				
其中：环保设备				
环保用房屋、建筑物				
三、环保无形资产减值准备				
其中：环保专利权				
环保非专利技术				
四、环保在建工程减值准备				
五、长期股权投资减值				

（3）环境资源会计核算业务系统。会计核算包括设置会计科目和账户、填制和审核凭证、复式记账、成本计算、登记账簿、财产清查、编制会计报表 7 个基本方法，它们相互联系、密切配合，构成了一个完整的方法体系。环境资源会计核算业务系统对环境资源会计要素进行确认、计量、记录、报告。环境资源会计核算业务系统如图 1–1 所示。

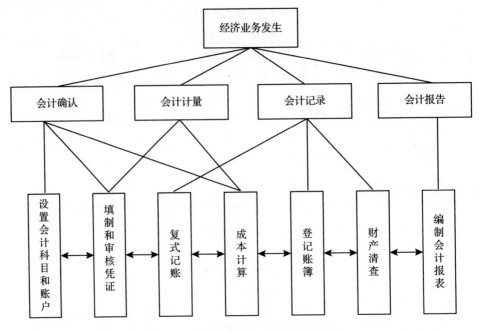

图 1-1 环境资源会计核算业务系统

1) 环境资源会计确认

①确认的核心问题是认定环境资源会计业务和事项。环境资源会计确认是对环境资源会计内容的认定。认定由三个要素组成：一是何种业务和事项属于环境资源会计要考察的对象；二是业务和事项何时发生，何时把它纳入环境资源会计信息系统；三是业务和事项归入何种环境资源会计要素。

②确认的最终目的是确定在会计报告中的列报内容。会计确认分为初步确认、再确认和最终确认。初步确认解决将与环境有关的财务事项在何时做何种记录；再确认是准确确定企业的环境财务收益和环境业绩，对资产、负债进行分摊和调整当期损益；最终确认是期末确定环境资源会计报告中列报的内容和方式。

③确认必须按照一定的标准执行。为确保环境资源会计信息的一致性和可比性，确认要以具体的会计准则或会计制度为依据。如果缺乏会计准则和制度，需要依靠会计人员对环境资源会计理论的深入理解和良好的职业判断。

2) 环境资源会计计量

①环境资源会计计量形式。环境资源会计计量的形式具有多重性，包括货币计量和非货币计量。对于环境事项和业务的财务影响，主要使用货币计量；对于衡量环境业绩，则采用货币计量和非货币计量并行。在采用货币计量时，计量属性是多样的，除历史成本计量属性外，重置成本、现行市价、可变现净

值、未来现金流量现值等计量属性也会广泛运用。

②环境资源会计计量方法。环境资源会计计量，除使用传统会计的计量方法外，还会用到环境经济学的计量方法。比如，防护费用法用为消除和减少环境污染的有害影响所愿意承担的费用来衡量环境污染的损失；恢复费用法用恢复或更新由环境污染而被破坏的生产性资产所需的费用来衡量环境污染的代价；影子工程法用某一环境资源被污染或破坏后，人工建造一个工程来代替原来的环境功能，未来所建工程的费用作为现在债务；政府机关采用的政府认定法；法院判定的法院裁决法；涉及较长时间支出形成的负债所采用的折现率法。这些环境经济学领域的计量方法都被广泛用于环境资源会计计量之中。

③环境资源会计计量的可靠性。因为环境问题的复杂性，环境资源会计的确认和计量存在相当大的主观性，但这不会影响环境资源会计信息的可靠性。与环境有关的会计信息的披露是有价值的，相关性是毋庸置疑的。只要措施和方法得当，环境资源会计的确认和计量的主观性会受到限制，使可靠性保持在人们可以接受的范围内。比如，为确保环境资源会计信息的可靠性，环境资源会计的确认和计量可设置配套的保证机制，由环境专家、技术专家、律师和会计人员联合组成的外部服务机构进行信息的确认和计量，也可以建立一种估价验证机制，由企业内部评估价值减损，最终的数据由会计师事务所或专门的环境中介机构、资产评估机构予以认定。

3）环境资源会计记录。环境资源会计记录指对经过确认、计量的业务或事项，采用一定方法记录的过程。环境资源会计要素记录中，对于经过确认而可以进入会计信息系统的数据，要运用预先设计的账户和文字及金额，按照复式记账规则，在账簿上加以登记。

4）环境资源会计报告

①环境资源会计报告的理论基础。第一，会计信息的内容包括货币信息和非货币信息。货币信息在财务报告体系中占据核心位置，但随着经济活动的复杂性增加、企业管理责任的扩展以及信息使用者的需求提高，货币信息的局限性逐渐显现，这需要用非货币信息对其进行补充。非货币信息的内容可以是多种多样的，可以是针对经营业绩的，如市场占有率、产品质量等，也可以是针对环境等专门领域的。非货币信息包括数量化的信息和以图形文字说明的信息。数量化的信息既可以是绝对数，也可以是相对数；既可以用实物、劳动计量，也可以是技术经济指标。

第二，货币信息具有多样性。现行会计货币计量属性包括历史成本、重置成本、市价、可变现净值、未来现金流量现值等。在披露环境绩效信息时，有些业务难以应用历史成本或非历史成本计量属性，有必要开发新的计量属性，或者对现有计量属性做出新的解释。

②环境资源会计报告的形式。环境资源会计信息披露的载体是各种各样的报告。披露环境资源会计信息的报告载体是多样化的，可以在现有财务报告的框架内进行，也可以独立编制专门的报告进行。从形式上看，可以是数量描述、文字描述，也可以是数量描述与文字描述相结合。

1.4.4.2 环境资源会计管理制度

（1）环境资源会计法律、法规和政策。环境资源会计的核心是将环境问题对外部的不经济性纳入企业会计核算体系。这些外部不经济的后果是否应该由企业承担以及怎样承担，不是会计能够完全解决的问题，还需要得到法律法规的支持配合。因此，制定环境资源会计法律法规至关重要，通过立法明确环境资源会计制度的地位和作用，确保环境资源会计制度有法可依。

我国《宪法》规定："国家保护和改善生活环境和生态环境，防治污染和其他公害。"这一规定要求任何单位都应该接受国家在环境保护方面的管理和监督。我国《中华人民共和国环境保护法》规定："一切单位和个人都有保护环境的义务。"我国修订后的《中华人民共和国刑法》（简称《刑法》）增加了破坏环境资源保护罪、环境保护监督渎职罪的规定。环境执法不断加强，各级人大和政协分别对各级人民政府环境执法进行了监督检查及视察，在全国范围内开展了关停"十五小""一控双达标"等执法行动。司法机关依照《刑法》打击环境犯罪活动，推动了环保工作法制化进程。此外，我国还存在多种环保经济手段，如由环保部门执行的排污收费制度，由产业部门执行的矿产资源补偿费等。现行《中华人民共和国会计法》（简称《会计法》）是会计工作的基本法，对企业的会计工作提供专业性的指导。所有这些都为环境资源会计制度的建立和发展奠定了法律法规基础。

（2）环境资源会计准则、标准和实施办法。我国环境资源会计发展多年，但仍不完善，很多企业在发展经济的同时忽视了环境治理问题，未在会计报表中披露环境资源会计信息，更未进行系统的环境资源会计核算。为了确保政府部门能够做出明智的决策，制定有效的环境保护政策，对企业在资源消耗和环境治理上的成本进行准确核算，并在财务报告中披露这些相关环境信息。通过这种方式，可以提高政策的透明度和实施效果，更好地维护公众利益。因此，需要在环境法律法规和会计法律法规的基础上，全面考虑环境资源会计的特殊性，制定环境资源会计准则。

首先，环境资源会计准则的制定必须以《会计法》为基础。《会计法》是会计工作的基本法，是指导会计工作，制定会计法规、规章的基本规范。在现行会计法律法规中增加环境资源会计的确认、计量、记录、报告等内容和条款，规范环境资源会计信息披露行为，强化对企业环境资源会计的实务指南，明确全面、及时的环境财务信息和非财务信息的披露责任。

其次，由财政部和生态环境部联合制定发布环境资源会计准则。以前我国企业会计准则一般是由财政部制定并发布的。由于环境资源会计的特殊性，可以考虑由财政部和生态环境部联合制定及发布环境资源会计准则。环境资源会计准则应对企业所直接耗用的自然资源和企业所造成的环境污染及治理的核算制定统一、可行的规范，并充分披露企业环境资源会计信息，督促企业严格遵守环境法律法规，从思想上和行动上积极应对现行的和潜在的环境法律法规可能带来的环境风险，从而实现企业环境资源会计的规范核算和信息披露。

 课后习题

一、思考题

（1）环境资源会计的理论基础主要包括哪些？

（2）环境资源会计的概念框架是什么？

（3）如何定义环境资源会计制度？

（4）环境资源会计核算制度和环境资源会计管理制度分别包含哪些内容？

（5）阐述环境资产、环境负债、环境权益、环境成本、环境收益的定义。

二、案例分析题

HF 公司环境资源会计制度

1. 公司简介

HF 公司 1989 年成立于江苏省。历经三十载的发展，HF 公司已转型为集研发、制造和贸易于一体的全国知名农药企业，2010 年 11 月 9 日在深圳证券交易所上市。HF 公司率先在业内获得 ISO9001 标准质量体系认证、ISO14001 环保管理体系认证和 OHSAS18001 职业健康安全管理体系认证，践行高质量和可持续发展的承诺。公司秉承坚守和创新的发展理念，积极响应国家供给侧结构性改革，构建 HF 生态共享平台，依托创新、产业、金融及信息技术的四大支柱，取得了显著的发展成效。

2. 公司财务状况分析

2018 年 4 月，HF 公司因严重的环保违法，包括非法处置危险废物等，受到行政处罚。同年，HF 公司披露的归属于上市公司股东的净亏损高达 5.47 亿元，业绩同比下降 234%，面临退市的危机。HF 公司因为信息披露违法违规、虚增收入等行为，已经连续三年净利润为负。

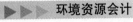

3. HF 公司环境信息披露现状

HF 公司在 2016~2020 年进行年度报告信息披露时，未单独编制社会责任报告。内部控制评价报告虽有所提及，但侧重于描述性分析，未能充分展现其履行社会责任的情况。2017 年，鉴于多个子公司因环保违规行为而受到罚款，公司发布了一份环境报告书。自 2018 年被生态环境部通报后，HF 公司发布临时公告，加强了环境会计信息的披露，采取相应的整改措施。

4. HF 公司环境会计信息披露存在的问题

（1）HF 公司采用年度报告、内部控制评价报告和临时公告等多种方式进行信息披露，分散的信息不利于数据使用者整体理解。HF 公司未独立发布社会责任报告，仅在年度报告的"重要事项"部分提及其社会责任情况，无疑削弱了其公信力。尽管《上市公司环境信息披露指南》要求 16 类重污染企业每年披露环境报告书，但 HF 公司只在 2017 年履行了这一披露义务。

（2）HF 公司环境会计信息披露内容逐年增加，但信息披露质量有待提高。HF 公司突发环境事件和环保违规处罚等信息披露明显滞后，在生态环境部通报后才公开。内部控制评价报告中的环境信息为文字性描述。此外，HF 公司披露的信息总体主要偏正面信息，对负面信息披露较少。2016 年 7 月至 2018 年 5 月，环保局向 HF 公司及其子公司出具了 15 份行政处罚书，公司在年报和半年报中宣称按环保要求生产，存在信息失真问题，违反了《中华人民共和国证券法》相关规定。

我国尚未健全与环境资源会计相关的法律法规体系，缺乏明确的环境会计标准和制度，未能充分发挥会计在环境保护方面的作用。HF 公司管理层对环境资源会计的重要性认识不足，未充分认识到其潜在的经济利益，未制定出一套完善的环境资源信息披露规范。此外，独立审计机构在规范性方面也有待改进，缺少在环境信息披露方面的专业人才，其在企业确保信息披露的完整性、精确性、真实性和合法性方面面临挑战。

根据案例资料，分析以下问题：

（1）结合 HF 公司的案例，分析我国环境资源会计应用中存在的问题有哪些？

（2）你认为完善我国环境资源会计制度可以从哪些方面入手？

第 2 章
环境资源会计核算

🎯 学习目标

（1）了解环境会计要素的定义和特征。

（2）理解环境会计要素的分类。

（3）掌握环境会计要素的确认和计量方式。

（4）掌握环境会计要素的账户设置与账务处理。

💬 案例引导

2010 年 7 月 3 日，紫金矿业集团在福建紫金山的铜矿湿法处理厂发生了严重的环境事故。这场灾难不仅对当地环境造成了严重影响，还引发了公众对环境保护的广泛关注。这一事件是由于连绵不断的雨水侵蚀了厂区内部的溶液池底，导致原本用于隔离的黏土层被冲刷掉，进而使污水池的防渗膜出现了多处裂缝。随着防渗膜的损坏，约有 9 100 立方米的有毒铜酸水通过排洪涵洞泄漏至汀江，造成了河流部分区域的严重污染。

此次泄漏不仅对汀江的水质造成了直接破坏，还导致了大规模的生态灾难，尤其是对当地渔民的生计产生了严重影响。据估计，大约 378 万斤（约 1 890 吨）的养殖鱼类因此丧生，按市场平均价每斤 6 元计算，仅渔业损失就高达 2 268 万元。这还不包括可能对当地居民健康影响的潜在赔偿费用，以及企业将面临的环保部门的严厉经济处罚。

这一事件的后续影响是深远的，紫金矿业的一位副总裁因此被警方拘留，企业也被迫限制了黄金产量，公司股票被迫暂停交易，并且面临着巨大的经济赔偿责任。这些后果凸显了环境保护与企业运营间不可忽视的紧密联系，以及企业在面对环境风险时应承担的社会责任。

紫金矿业的案例引发我们思考以下的问题：企业的环境资产有哪些？其产权属性如何？如何管理好企业的环境资产？企业的环境负债有哪些？如何避免企业产生大量环境负债？企业的环境成本有哪些？如何将企业污染环境的外部成本内部化？企业有没有可能取得环境收益？要获得环境收益，企业需要做出哪些努力？

本章将对环境资产、环境负债、环境成本、环境收益等环境会计要素的会计核算展开全面讨论。

紫金矿业污染事件

2.1 环境资产

2.1.1 环境资产的定义与特征

2.1.1.1 环境资产的定义与分类

（1）环境资产的定义。会计意义上的一般资产指由企业过去的交易或事项形成的，由企业拥有或控制的、预期会给企业带来经济利益流入的资源。

环境资产的概念与资产的定义保持一致，但也融入了其独特的环境属性。在界定环境资产时，必须确保其既满足资产的普遍标准，又体现环境领域的特定要求。环境资产源于过去的交易或事项，它们是企业实际拥有的，与环境保护紧密相关的资源，既包括人为创造的资源，也包括自然赋予的资源。此外，这些资产归企业所有或受企业控制，赋予企业自由支配资源以及从资源中获得经济利益的能力。对于大多数企业来说，环境资产通常指那些投资于环境保护或污染预防的资产，它们可能直接或间接为公司创造经济价值，或者主要体现为社会价值。

因此，环境资产可被重新界定为：一种源自过去与环境相关的交易或事项，可通过货币计量，并且为企业拥有或控制的资源，预期能够为公司带来经济上的收益或社会收益。

（2）环境资产的分类。环境资源种类丰富，环境资产依据环境资源的分类可进行多维度划分。从自然形态上，可以分为自然资源性资产和生态资源性资产；从资源的再生能力上，可以分为可再生资源性资产和不可再生资源性资产；从运用角度上，可以分为自由取用资源性资产和经济资源性资产；从物质形态上，可以分为有形环境资产和无形环境资产；从服务功能上，可以分为物质性资源资产、环境容量性资源资产、舒适性资源资产、自维持性资源资产；从形成条件上，可以分为人造环境资产和自然环境资产等。

企业核算其所拥有的环境资产主要是以该资产的所有权和使用权归属以及该资产的存在对企业的必要性出发。因而，本书仅针对以上两个特征将环境资产分为自然资源资产、生态环境资产和其他环境资产。

自然资源资产大致划分为人造资源资产与非人造资源资产两大类别。人造资源资产，即通过人类运用多种途径，针对自然资源实施复原及补偿行动，进而创造的资源财富，如人工造林、人工河道等；而非人造资源资产，则代表自然界直接赋予人类的资源性资产，关键组成部分涉及土地资源、地下资源、生物资源、水资源等。

生态环境资产是为特定区域内各类自然资源（含生物多样性）共同维系的生态平衡系统，其核心价值体现于通过自我维持的良性循环，向人类社会供应不可或缺的生态服务功能，关键构成要素涉及大气质量、水域状态、土壤条件以及生物圈（涵盖动物界、植物界与微生物界）等。

其他环境资产指人为加工制造的与环境保护与污染治理等相关的资产，如环保用原材料等环境流动资产、环保设备等环境固定资产、环保投资等环境长期资产、环保技术等环境无形资产等。

2.1.1.2　环境资产的特征

环境资产与一般资产在绝大多数性质上具有一致性，但也具有其独有特征，具体如下：

（1）天然与人工相结合。尽管自然资源本质上源于自然界的元素，并且保持着其自然状态，但随着人类对这些资源和生态环境的不断改造和开发，人类的劳动成果逐渐融入其中，使环境资源呈现一种自然与人工相结合的特性。这种特性反映了在人类活动与自然环境的互动中，合理开发和保护环境资源的必要性。

（2）有价值性。环境资源不仅承载使用价值，更蕴含经济价值。例如，太阳能资源在满足日常生活需求的同时，一旦转化为可储存的能量形式，便转化为具备市场价值的环境资产。这突出了自然资源的多重价值，及其在经济社会中的独特地位。

（3）稀缺性。自然资源的总量是有限的，这决定了其稀缺性。环境资产的开发与利用往往具有不可逆性，一旦自然资源的原始形态遭受破坏，其影响可能是永久性的，恢复原貌可能需要数百年乃至上千年时间；另外，受限于人类的认知与技术水平，对自然资源种类与总量的认识存在局限，这强调了资源保护与合理利用的必要性。

（4）变化要符合生态平衡机制。环境资源的演变应遵循生态平衡的原则，表明在生态系统的自我调节和恢复能力范围内，适度的资源消耗是可以得到补充的。然而，如果超出了这一平衡的界限，可能导致生态系统的退化和功能失调，进而凸显了生态平衡对于保持环境健康的关键作用。

（5）计量复杂性。环境资产是一类持续变动的资源，始终处于不断的转变与流动之中，具有高度的不确定性。比如，森林资源中的动植物群体每天都在经历生长、繁殖与消亡的循环，加之环境资产生产的分散性，给环境资产的精确计量带来了极大挑战。

（6）产权归属国有性与收益垄断性。环境资产多数为天然形成，所有权一般归国家所有，相关管理部门代表国家行使管理权，经营者通过有偿方式取得经营使用权。因此，环境资源的开发涉及两种产权收益：一是资源所有权收益，通常体现为税费，这是国家对资源的垄断性收益；二是经营权收益，即投资者因参与资源开发而获得的经济回报，展现了环境资产在产权与收益分配方面的独特性。

环境资产的产权界定问题

2.1.2　环境资产的确认与计量

2.1.2.1　环境资产的确认

（1）环境资产确认的基本条件。联合国国际会计和报告标准政府间专家工作组（ISAR）提出，环境成本若满足资产定义，并能通过以下方式为企业带来经济利益，则应将其计入环境资产：①单独或与其他资产结合，提升生产能力、效率或安全性；②减少未来经营活动可能造成的环境污染风险；③有助于环境保护。

我国理论界认为环境资产的确认条件为：①该项资产是由企业过去与环境相关的交易或事项形成的与环境有关的资源；②由企业拥有或控制或拥有管理

权的资源；③该资源能够为企业带来经济利益和社会利益；④环境资产能以货币或实物计量。

确认环境资产时，除了满足资产定义外，还需考虑 6 个独特条件：①现实性。环境资源必须是实际可观察的，并且是经济活动产生的结果，如已经开采的矿藏。②控制性。必须有明确的主体对环境资源拥有控制权，能够行使使用权和收益权。③有效性。环境资产应具备产生经济收益的潜力，这是其作为资产的基本自然属性。④稀缺性。环境资源的稀缺性不仅体现在经济层面，也是其社会价值的重要体现。⑤合法性。环境资源的所有权和使用权应得到法律的认可和保护，确保其合法利用。⑥地域性。环境资源的归属应根据地理位置来界定，会计主体只能将其所在地区内的环境资源纳入资产核算。对于那些跨多个主体产生效益的资源，其确认为资产的标准取决于该主体是否拥有或能够控制这部分资源。例如，一条河流虽为多个企业共享其利，但由于任一企业均无河流的所有权或控制权，故此河流无法被视为任何单一企业的环境资产。这种情况下，即使资源提供了广泛的经济效益，没有直接的拥有或控制权，则意味着它不能被计入企业资产。

根据上述六个方面的理解，环境资产指特定会计主体从已经发生的事项取得或控制的，能够以货币计量的，可能带来未来效用的环境资源。其中：①"可能带来未来效用"指它单独或与其他资产结合起来具有一种能力，能够直接或间接产生或有助于产生未来效用；②"已发生的事项"意味着个体通过特定行为获得环境资源的所有权或使用权，而控制指主体可能不具备所有权，但能行使使用权；③环境资源包括自然资源及其衍生的生态资源，如土地、草地、水域和矿产等，它们的数量和质量对经济活动具有显著影响。

（2）环境资产确认的主要标准。

1）未来效用的可能性。在确立评估标准时，将可能性这一概念引入，目的是揭示与项目相关的未来利益所伴随的不确定性。鉴于环境资产能否为企业的经营活动带来实际效益存在很大的不确定性，它们类似于无形资产，其真实价值需要在未来才能得到验证。

2）计量的可靠性。由于会计评估方法和报告技术的局限性，加之环境资产本身的特性和复杂性，实现对这些资产的精确计量既不可行也非现实。它们所呈现的信息具有一定程度的不确定性，但这并不意味着存在偏差，仍然可以认为它们是可靠的。因此，只要会计记录没有显著的错误或偏差，并且能够真实地反映其意图或应反映的情况，为会计信息的使用者提供决策依据，这些会计数据就具备了可信度。

3）环境资产的地域范围。环境资产属于人类的共同"财产"，在国家对地域进行划分的同时，也划分了环境资产的所有权和使用权，环境资源会计只对会计主体内的环境资源进行确认。

因此，一项环境资源要确认为环境资产，必须符合环境资产要素的定义和确认标准，并具有相关属性，且能够合理可靠地计量。

2.1.2.2 环境资产的计量

（1）环境资产的计量方法。根据环境资产的定义，环境资产按照自然形态可以分为自然资源资产、生态环境资产和其他环境资产。为维护环境和支持经济活动，人类需增加投资以保持自然资源和生态环境的状况，此时的环境资产已融入了人类劳动的元素，我们将其归入其他环境资产类别。这些资产中蕴含的价值仍可通过传统会计手段进行度量。然而，自然资源资产和生态环境资产中存在大量无法直接量化的部分，其评估需依赖于合理的估算方法，意味着这些资产的度量通常带有一定的不确定性。例如，对于未探明的资源储量，通常不被视为环境资产而进行确认。

1）自然资源资产的计量。自然资源可分为可再生自然资源和不可再生自然资源。不同的自然资源在属性上有很大差别，在计量时可区别情况，分别采用以下方法进行计量：

①市场法。这种方法基于自然资源在买卖和流转市场中确立的价格，通过将这些价格与特定资源的储量相乘，并扣除预期的开采成本，从而估算自然资源的价值。例如，若采用市场途径评定矿产资源的经济价值，可运用公式：矿产资源价值 = 已证实的矿产储备量 × 当前市场价格 – 预估的开采成本。该方法的应用依赖于一个成熟且运作规范的自然资源市场，其中，市场价格能真实反映资源的稀缺程度及其市场供需状况。

②现值法。这种方法依据替代和预测的原理，专注于未来潜在收益，并考虑货币随时间变化的价值，通过适当的折现率将未来年度的预期收益进行折现处理。这种方法通常用于评估那些不易通过市场价值直接衡量的资源，如土地。土地的价值不是简单地以其市场价格衡量的，而是以其能够产生的收入为基础。具体做法是计算土地未来每年净收入的现值，并将这些现值累加以确定土地的总价值。

③成本法。对于缺乏市场价格的自然资源，可通过分析其成本构成来估算其价值。以渔业资源价值的计算为例，渔业资源价值视为渔业培育成本费用、预期利润与预期税金之和。此种方法一般适用于渔业资源、森林资源等可再生资源的价值确定。由于其培育费用、预期利润、预计税金等资料相对来说比较容易得到，因此这种方法在实际应用中较为有效。

2）生态环境资产的计量。鉴于生态环境资产的独特属性，它们往往面临市场缺失或市场机制不完善的困境，这意味着缺乏可以直接参照的市场价格作为价值评估的基准。因此，对于此类资产的服务功能所带来的经济价值，不得不借助间接评估手段进行量化。

①市场价值法。将生态环境的质量视为一项生产要素，得出环境质量的波动能够直接影响生产效率和成本。通过观察市场中产品产量及价格的变动，我们可以推算出生态环境退化所造成的经济损失。例如，当河流遭受污染，进而引发渔业产量下降时，可通过计算渔业减产的数量结合价格变动，来量化河流生态环境受损的具体经济价值。

②疾病成本法和人力资本法。疾病成本法计算所有由疾病引起的成本，如因员工生病后带来的收入减少和医疗费用开销；人力资本法是一种评估生态环境破坏对个人健康和劳动能力影响的计算方式。这两种方法都需要考虑环境质量变化对人类健康的影响，具体包括：生活在污染环境中导致的早逝和疾病对收入的影响；因疾病而产生的医疗费用；对人们身心健康的影响等。

③机会成本法。通过考量环境资源的机会成本，我们可以评估环境质量变动对生态系统造成的损失。在那些无法直接量化为货币价值的环境资源情况下，比如生态与社会效益，机会成本——即资源最优替代用途的潜在价值——提供了一个实用的评估角度。例如，一块用于处理城市固体废物的土地，如果转而用于农业耕作，那么这块土地种植作物所能产生的预期收入，便构成了它的机会成本。

④预防性支出法。为了避免环境危害而做出的预防性支出，作为环境危害的最小成本。这种方法基于一个前提：人们愿意支付财产来避免潜在的风险。基于这种支付意愿，我们可以预测他们对潜在危害的个人评估。预防支出法提供了一种最低成本的估算方式，但实际的支付能力可能受到个人收入水平的限制，预防支出可能无法完全覆盖所有的损失。

⑤替代工程法。这是恢复费用法的一种特殊形式，它在环境遭受破坏时，通过人工重建一个新工程以模仿原有生态系统的功能，并利用这个新工程的建设成本来估算由污染或破坏而导致的经济损失。

⑥旅行费用法。旅行费用法是一种评估无市场价格商品价值的计量手段，通过旅行成本来间接对旅游目的地或其他休闲活动的价值评估。往往旅游景点的入场费用相对较低，而游客从游览中获得的体验价值远超其支付的门票费用。为了估算游客对旅游地的支付意愿，旅行费用法被用作一种代理指标来评估旅游地的价值。

⑦意愿调查法。意愿调查法通过直接咨询受访者，了解他们对于减少环境破坏所愿意承担的经济成本。这种方法不依赖于实际市场行为或预先设定的市

场条件，而依据受访者的个人反馈。受访者的回答反映了在假定情境下，他们可能采取的行为选择。

环境资产的确认与计量与传统会计相比存在显著差异，体现在计量单位的多样性、确认和计量过程中的社会因素、不确定性以及方法的多样性。对于自然资源和生态环境资产的评估，存在多种不同的计量方式，可以根据实际情况选择适用的方法。

（2）环境资产的计量依据。环境资产的计量实质上是采用货币单位来量化其内在价值，尽管这一过程充满复杂性和不确定性，但从资源稀缺性的视角出发，资源可区分为无须成本即可获取的自由资源与需付出代价才能支配的经济资源，后者正逐渐占据主导地位。在经济活动中，获取和运用这类资源的成本构成了资源价格的基础。从资源再生角度看，倘若对自然资源的开采速率超越了其自然恢复的能力，必将引发资源枯竭，继而导致生态环境经济价值的折损。为应对这一挑战，人类社会需额外投入以维系资源的经济价值。此时，环境资产中融入了人类劳动，其价值以货币形式体现，形成环境资产的价格。从资源分配效率的层面考量，鉴于环境资产的有限性与经济活动需求之间的矛盾，确立资源价值成为必要之举，以促进环境资产的有效开发、合理利用与妥善保护。环境资产计量的依据主要是：

1）在计量国家所有的资源性资产时，如矿藏、水流、荒地和滩涂等，考虑到这些资产能够通过产权流转，其价值评估应以历史上的交易成本作为基础。在进行计量时，可以采用现值法和可变现净值法来确定其价值。

2）针对那些由人力资本投入所构建的环境资产，如环保专有技术、专利权、排污权等长期性质的环境资产，以及具备流动性的环境资产，我们完全能够在现行的会计准则与制度体系内，采取历史成本计量法进行评估。对于那些难以追溯到确切历史成本的信息，一个可行的做法是参照近年来的实际成本标准进行估算，以此作为记账依据。

3）当通过产权转移而购置自然资源资产时，应依据购买的实际价格或是经评估确认的价值，将其登记入账。

4）对于已登记在册的自然资源资产，若后续发生追加投资或改良支出，应按照发生的实际成本入账。

5）一旦自然资源资产遭遇消耗、出售、意外损失或其他形式的损耗，应根据实际损失额或平均损失标准，相应地减少资产的账面价值。

6）对于环境保护工程建设、环保设备等长期环境资产，可以依据现行的会计准则和制度，比照企业对固定资产的计量原则处理，即按照构建支出的内容予以资本化形成价值，并合理地预计资产的使用年限和预计净残值，计提折旧。

2.1.3　环境资产的账务处理

2.1.3.1　自然资源资产

（1）自然资源的资本化。自然资源资本化涉及的会计处理，指自然资源的运营方通过向资源的法定所有者——国家，支付获取自然资源经营权的相关费用，将这笔开支作为资产的入账价值。例如，矿产资源的总体经济价值，实质上等于所支付的采矿权费用；而森林资源的经济价值，则对应于支付的资源所有权权利的费用。从经营企业的角度，这类支出应被记录为一项资产，即自然资源资产（有时亦称为递耗资产），并在账户中予以体现。

在自然资源的勘探与利用进程中，存在两种情形能够促使自然资源储备量的增加。其一是新发现的自然资源储备，这类新增资源的所有权仍旧归属于国家。其二是涉及人造资源资产，又称培育资产，如人工种植的森林。人造资源资产的形成往往需要较长时间与高额投资，通常由国家出资建设，但不乏企业投资的情况，如企业承包山林后自行培育的树木。针对这类资产，其所有权的确定应依据投资主体而定，以明确环境资产的归属关系。

（2）自然资源资产相关业务的会计处理。在对自然资源资产进行会计处理时，可以设立"土地""矿山""牧场""森林"等二级明细科目。例如，"矿山"科目可以用来记录那些通过挖掘、开采等方式使用，且其存量会逐渐减少，难以自然恢复或按原状重建的耗竭型自然资源；而"森林"科目适用于追踪那些其再生能力受到人类开发活动影响的可再生自然资源。为了更好地与宏观经济核算体系接轨，还可以增设"培育资产"科目，专门用来汇集在培育阶段的资产实际发生的成本。一旦培育资产达到成熟状态，即可将其转入"自然资源资产"科目中，同时，任何由政府专项拨款形成的资产也应转记入"自然资源资本"科目内。

由于企业取得自然资源资产的方式不同，其账务处理也不相同。主要有以下方式：

1）国家投入。一种模式是，国家可以将自身所有的环境资源作为一种投资手段，计入微观会计主体，以此构建国家层面的资本——即自然资源资本。另一种模式是，国家并不直接将环境资源作为投资引入微观会计主体，而通过建立补偿基金的方式，允许企业以付费形式使用这些资源。鉴于国家对环境资源具有所有权，企业所获取的自然资源实质上可被视为国家的资本投入。为此，企业需要设立"自然资源资本"账户来反映这种投入。

以矿产资源为例，当矿产资源被资本化处理时会计分录如下：

借：自然资源资产——矿山

　　贷：自然资源资本——国家

2）购买形式。在经营模式下，企业直接从资源的所有者（即国家），那里购得资源的使用权。在此种情形中，企业为获取资源使用权所支付的全部款项，包括购买价格及相关交易费用，均会被资本化处理，计入自然资源资产的账面价值。以矿产资源为例，矿产资源资本化时会计分录如下：

借：自然资源资产——矿山（支付的价款和相关费用）

贷：银行存款

3）租赁方式。即企业通过租赁协议从资源的所有权持有方获取资源使用权。在这种模式下，未来各期需支付的租赁款项的现值应被资本化，计入自然资源资产的价值中。而租赁总付款额与前述现值之差，则被视为融资成本，需在租赁期内按期分摊作为利息费用。以矿藏为例，矿产资源资本化时会计分录如下：

借：自然资源资产——矿山（以后各期支付租赁款的现值和）

贷：长期应付款——应付资源租赁款

定期支付租赁款时会计分录如下：

借：长期应付款——应付资源租赁款（每期支付的本金部分）

财务费用（每期支付的利息部分）

贷：银行存款

4）债务式。即经营企业通过承担债务的方式，从资源的所有者那里获得资源的使用权。在这种安排下，资源的所有权并未发生转移，经营企业实际上仅是取得了在一定期限内对资源进行运营的权利。以矿产资源为例，资本化时的会计分录如下：

借：自然资源资产——矿山（资源的价值）

贷：长期应付款——国家

5）自然资源资产的增值。当自然资源完成资本化后，可能因不当的开发活动导致不可再生资源的存量减少，从而形成所谓的资产减值。相反，对于可再生资源，通过人为的培育和管理，可以促使资源恢复乃至增加，进而实现资产的增值。以森林资源为例，增值额的会计处理如下：

借：自然资源资产——森林——增值调整

贷：环境权益

6）缴纳有关费用。无论通过何种途径获取资产使用权，当经营者开发利用自然资源时，都需向政府支付资源环境补偿费。在进行账务处理时，此类费用通常被直接计入当期的费用项下。企业可以选择专门开设"资源环境补偿费"账户进行独立核算，也可以选择将其作为管理费用的一部分进行列支，会计处理如下：

借：资源环境补偿费

　　贷：银行存款

（3）自然资源资产折耗相关业务的会计处理。自然资源的价值是计算其折耗的基础，涉及从资本化价值中扣除预期残值。折耗的计算通常采用工作量法，通过将预计的总可开采量除以折耗基数来确定单位折耗成本。然后，将每期实际开采的量乘以单位成本，计算出当期的折耗额，并将其计入相关成本中。例如，矿产资源的折耗核算可通过设置累计折耗账户进行。具体的会计分录如下：

借：折耗费用

　　贷：资源资产累计折耗——矿山

若当期所有开采或采伐的产品均已销售，则将相应的折耗费用全部计入产品销售成本。反之，如果仅售出部分产品，则将售出部分的折耗费用计入销售成本，剩余部分则计入存货成本。具体的会计分录如下：

借：产品销售成本（已售出部分的折耗费用）

　　存货（未售出部分的折耗费用）

　　贷：折耗费用

【例 2-1】 Y 矿业公司收购 A 矿山开采权的案例中，其初始资本化成本为 6 000 万元，矿山煤炭资源总量预估为 2 000 万吨。在正式开采前，公司额外支出了 100 万元用于地质勘查，10 万元用于法律顾问服务，60 万元用于矿井入口与排水系统的建设，以及 90 万元用于地面设施与装载设备的搭建。矿山在全部煤炭资源开采完毕后，预期可售价值为 80 万元。同时，考虑到煤矿开采对周边生态环境的影响，公司将承担 50 万元的资源环境补偿费用。基于上述信息，Y 矿业公司应编制的会计分录如下：

（1）计算煤矿的取得价值：6 000+100+10+60+90=6 260（万元）

借：自然资源资产——A 矿山　　　　　　　　　　　　62 600 000

　　贷：银行存款　　　　　　　　　　　　　　　　　62 600 000

（2）计算每吨煤应计提的折耗费。设每期开采 100 万吨，其中销售 90 万吨。

应提折耗基数 =6 260-80=6 180（万元）

吨煤应提折耗 =6 180/2 000=3.09（元 / 吨）

本期应提折耗总额 =3.09×100=309（万元）

借：折耗费用　　　　　　　　　　　　　　　　　　　3 090 000

　　贷：资源资产累计折耗——A 矿山　　　　　　　　　3 090 000

（3）将售出部分的折耗费用转做产品销售成本，其余部分转做存货成本处理。存货 =3.09×10=30.9（万元）。

借：产品销售成本　　　　　　　　　　　　　　　　　2 781 000

存货	309 000
贷：折耗费用	3 090 000

（4）开采过程中造成环境降级，需支付生态环境破坏补偿费，该费用应计入期间费用。未缴纳时的会计分录为：

借：资源环境补偿费	500 000
贷：应交资源环境补偿费——A 矿山	500 000

缴纳时的会计分录为：

借：应交资源环境补偿费——A 矿山	500 000
贷：银行存款	500 000

2.1.3.2　生态环境资产

（1）生态环境资产相关业务的会计处理。生态环境资产按其性质应设置"生态资源资产""生态资源资产累计折耗"账户，核算生态环境的价值增减变化及生态环境资产的价值减少。

【例 2-2】 Z 企业获准租赁一片森林 50 年，旨在建立国家级森林公园。经由非市场价值评估，该森林的环境资产估值为 10 亿元。鉴于森林公园的自然保护属性，其内实物资源严禁开采与损害。企业为此支付的 10 亿元，实质上是对森林所提供环境服务（如观光体验、生物多样性维护、生态体系支撑等）的等价补偿。企业将森林使用权成本在 50 年周期内逐步摊销。

1）支付 10 亿元取得森林使用权时，会计分录为：

借：生态资源资产——国家森林公园	1 000 000 000
贷：银行存款	1 000 000 000

若国家以投资的方式投入，则：

借：生态资源资产——国家森林公园	1 000 000 000
贷：生态资本——国家森林公园	1 000 000 000

2）计提生态资产折耗。年折耗 =1 000 000 000/50=20 000 000 元

借：生态资源资产折耗费用	20 000 000
贷：生态资源资产累计折耗	20 000 000

（2）对区域生态成本的评估。以森林公园为例，可运用"盘点计耗法"。首先，全面评估某特定地区在公认良好生态环境下生态资源的总量，将其视为该区域或流域的生态资产与社会权益总和，同时登记至生态资产与生态权益账户。其次，对当前受损的生态资源状况进行价值估算，确认其现时存量，并记录于当前生态资产与生态权益账户中。两账户间的差值即为生态环境破坏造成的损失价值，这正是所需补偿的重建成本。据此，可明确财政转移支付的规模与补偿方式，以实现生态成本的有效补偿。

根据盘存成本，确定区域生态成本价值，可做分录：

借：生态资源资产

　　贷：生态资本

2.1.3.3　其他环境资产

人造环境资产，如环保工程，通常涉及建筑、设备安装以及污染治理和预防措施。这些项目通过"环保在建工程"账户进行核算。项目完成后，根据最终决算，相关金额转入"环保固定资产"等账户。

（1）购入环保设备、物资进行工程建设时，会计分录为：

借：环保在建工程——工程物资

　　贷：银行存款

（2）领用材料和发生加工费用时，会计分录为：

借：环保在建工程——工程材料

　　贷：原材料

　　　　应付职工薪酬

（3）工程完工并决算转交使用时，会计分录为：

借：环保固定资产

　　贷：环保在建工程

（4）计提环保固定资产折旧时，会计分录为：

借：环境成本——环境保护成本

　　贷：累计折旧——环保固定资产

以下以外购排污权为例，说明环保无形资产的会计处理方法：

【例 2-3】　B 公司购买了污水排放权利，总价款为 600 万元。根据公司的排放情况预测，这份排污权预计能够使用 3 年，且每年的排放量大致保持一致。然而两年后，由于公司对生产流程进行了重大的技术改进，污水排放量显著降低。因此，公司决定将剩余的排污权出售。经过双方协商，最终确定的出售价格为 280 万元。根据上述业务编制的会计分录如下（不考虑税费的影响）：

（1）购入排污权时

借：环保无形资产——排污权　　　　　　　　　　6 000 000

　　贷：银行存款　　　　　　　　　　　　　　　　6 000 000

（2）前两年每年的排污权摊销时

借：环境成本——环境排污成本　　　　　　　　　2 000 000

　　贷：累计摊销——排污权　　　　　　　　　　　2 000 000

（3）出售剩余排污权时

借：银行存款　　　　　　　　　　　　　　　　　2 800 000

　　累计摊销——排污权　　　　　　　　　　　　　　4 000 000

　　　贷：环保无形资产——排污权　　　　　　　　　　6 000 000

　　　　环境收益——排污权交易收入　　　　　　　　　　800 000

2.1.4 环境资产减值

2.1.4.1 环境资产减值含义

　　环境资产的核心概念之一是其必须能够为企业带来经济效益。如果某项资产无法带来经济利益，或者其带来的效益低于其账面记录的价值，那么该资产不应再被确认，或者其账面价值需要重新评估。这样做是为了保证资产的确认和记录符合其实际价值，避免资产和利润被高估。一旦企业的资产可回收金额低于其账面价值，则通常意味着资产的价值已减少。此时，企业应确认资产减值损失，并将账面价值调整至可回收金额。

　　环境资产由于其未来经济利益的不确定性较高，因此面临较大的减值风险。ISAR 建议，当环境成本成为资产价值的一部分时，应对资产进行减值评估，并在必要时将其减记至可回收价值。此外，ISAR 还指出，在资本化环境成本后，如果资产成本超过其可收回价值，应进一步评估资产是否减值。

　　环境资产的减值确认遵循一般减值原则，通常通过准备金核算方法进行。同时，需考虑环境污染对环境资产价值的潜在影响，这种影响可能导致的减值主要包括：

　　（1）受到环境污染影响的资产，为了恢复其使用价值，企业可能需要投入资金进行污染清除和环境修复，导致资产价值下降。

　　（2）如果某些资产在使用过程中产生大量污染物，可能会引发较高的污染治理成本或罚款。

　　（3）如果市场上出现了新的、污染较少或无污染的同类资产，原有资产的价值也可能因此而降低。

2.1.4.2 环境资产减值账务处理

　　为了准确地记录和反映企业确认的环境资产减值损失以及计提的相应资产减值准备，企业应设立"环境资产减值损失"专用账户。这个账户用于核算企业在本期确认的环境资产减值损失的具体金额。同时，企业应设置"环境资产减值准备"账户。当企业依据资产减值准则判断某项资产已经发生减值时，应按照确认的减值金额，进行如下会计处理：

　　借：环境资产减值损失

　　　贷：环境资产减值准备

　　在每个会计期间结束时，企业应将"环境资产减值损失"账户的累计余额转入"本年利润"账户，完成这一结转过程后，"环境资产减值损失"账户的余额应归零。与此同时，"环境资产减值准备"等科目将继续累积每期计提的资产减值准备余额，直到相关资产被处置或其他情形发生时，这些减值准备才会从相应的账户中转出。

【例2-4】 C企业在D国进行矿产开采，依据当地法规，开采结束后需恢复开采区域至原有状态，恢复工作包括土地表层的复原。鉴于开采前需移除表层土，企业需确认并预留表层土复原基金，该基金计入矿山成本，并随矿山生命周期按期摊销。已设定恢复基金总额为300万元，等同于恢复费用的当前价值。

C企业正进行矿山减值测试。一买家提出以800万元收购该矿山，报价已预先扣除土地复原成本。矿山处置成本微乎其微。矿山自身使用价值约为1 000万元，不计恢复费用。矿山账面价值为900万元。

矿山的净售价为800万元，而考虑恢复费用后的矿山使用价值评估为700万元（1 000万元−300万元恢复费用），矿山账面价值在减去恢复费用后为600万元（900万元−300万元恢复费用）。

此例告诉我们，因环境问题而产生的恢复费用300万元构成矿山价值的减值准备。那么，其会计处理为：

借：环境资产减值损失——矿山　　　　　　　　　　　　3 000 000
　　贷：环境资产减值准备——矿山　　　　　　　　　　　3 000 000

资产减值损失确认后，减值环境资产的折耗费用应在未来期间做相应调整，以使该环境资产在剩余使用寿命内，系统地分摊调整后的资产账面价值（扣除预计净残值）。鉴于环境资产一旦遭受减值，其价值恢复的概率较低，往往被视为永久性损失；同时，遵循会计谨慎性原则，为防止资产价值的重新评估上升以及利润操控，根据资产减值准则，业已确认的减值损失在后续会计期间不予转回。仅在特定情况下，如资产的处置、出售、用作对外投资、作为非货币性资产交换的一部分，或在债务重组中用以抵偿债务时，先前计提的资产减值准备方可解除。

2.2 环境负债

2.2.1 环境负债的定义与特征

2.2.1.1 环境负债的定义与分类

（1）环境负债的定义。美国环境保护局（EPA）界定环境负债为："源于过往或持续的制造、使用、排放特定物质，或从事其他对环境构成负面影响的活动，所引致的未来需履行的法律财务责任。"国际会计准则理事会（ISAR）则表述："环境负债为企业因运营活动而产生的，满足负债确认条件，且与环境成本紧密相连的法律责任。"EPA 的定义突出环境负债的法律属性，严格限定于由法律明确规定需承担的责任范围内。而 ISAR 的定义更为包容，它不仅涵盖了法定责任，还扩展至包含潜在推定义务的概念。我们主张，在企业财务会计系统中确立的环境负债定义，应既契合一般负债的基本定义框架，同时充分融合环境问题的独特性，以确保定义的全面性和针对性。因而，可以将环境负债定义为：企业由于过去与环境活动有关的交易或事项形成的、预期会导致经济利益流出企业的现时义务。现时义务指企业在现行条件下承担的法定义务或推定义务。

（2）环境负债的分类。企业未来需要承担的环境相关支出构成了环境负债。这些支出将直接影响企业的财务状况。通过将环境负债进行合理分类，可以帮助利益相关者更好地理解和预测企业的财务状况及偿还债务的能力。环境负债可以根据多种不同的标准进行划分：

1）根据偿还期限的不同，环境负债划分为短期环境负债和长期环境负债。短期环境负债指在不超过一年或一个经营周期内需要偿还的债务。相对地，长期环境负债则涉及偿还期限超过一年或一个经营周期的债务。

2）根据偿还义务的确定性不同，环境负债可分为：确定性环境负债和或有环境负债。确定性环境负债具有明确的偿还期限和金额。而或有环境负债的偿还义务、时间和金额则依赖于未来事件的发生。

3）根据计量方式的不同，环境负债可分为货币性环境负债和非货币性环境负债。货币性环境负债指可以通过货币单位计量的债务，而非货币性环境负债指难以用货币单位来直接计量的债务。

4）依据环境负债产生的本质，美国环境保护局将此类债务分为法规遵守义务、修复责任、罚款与惩罚支付责任、赔偿责任、惩罚性赔偿责任以及自然资源损害赔偿责任。

5）根据环境负债与时间的关联性，它们可以被归类为现时负债和契约负债。现时负债指由过去行为对环境造成的损害所引发的债务；而契约负债则涉及未来事件所产生的债务。契约负债指企业对其未来环境支出的承诺，包括对可能发生的环境损害进行的健康赔偿、污染治理费用以及生态恢复成本等。

2.2.1.2 环境负债的特征

（1）环境债务的产生基于企业在生产和经营过程中产生的污染排放对环境及人类健康造成的破坏或伤害，这点与一般债务的产生原因有所区别。例如，企业长期将含有有害的六价铬的废物堆放在土地上，导致土地污染，由此产生的清理污染义务正是基于废渣对土地的污染。

（2）环境债务必须是当前存在的，即它源于企业过去发生的经营或活动所产生的现时义务。那些仅由未来交易或事件引起的责任，不被视为现时义务。这种义务可能源自获取商品或服务的交易，或可能因需要对已经发生或可能发生的环境损害进行措施而产生。

（3）环境负债本质上是一种强制性责任，意味着企业未来必然面临经济利益的流出，且无法规避。此类责任既可能是法定责任，也可能是基于推定的责任。法定责任源于合同、法律法规或司法解释所确立的义务，例如，企业需承担预防、减轻或修复环境损害的合同条款或法律规定。而推定义务则源于企业自身的行为，如通过公开声明、政策或以往一贯做法向外界表明，企业愿意承担预防、减轻或修复环境损害的责任，由此外界可合理推断企业已做出相关承诺，并且缺乏撤销该承诺的意愿，这几乎排除了企业逃避此项责任的可能性。

（4）环境负债通常能够通过货币进行精确计量或合理估算，这种义务或责任需要有明确的收款人，或者债权人的身份是明确的。这是因为，在大多数情况下，环境负债是基于法律或合同产生的，其具体的金额和支付时间已经被相关法律或合同条款所确定。

（5）环境负债具有滞后性。不同于常规企业负债的即时性，环境负债的确认往往不会在污染物排放或环境破坏发生的那一刻立即显现，而是可能在事后一段时间才得以识别或提出索赔。举例而言，20 世纪 60 年代生产的石棉制品，在 80 年代才被科学界认定为对人体健康构成威胁，由此产生的赔偿责任便体现了显著的时间滞后性。鉴于其延迟确认的特性，环境负债的具体数额、偿付时间及受益人身份在当前阶段均存在不确定性，需依赖合理的预测与评估手段来加以界定。

（6）环境负债具有可追溯性和连带性，体现为特定主体当前对一个或多个他方所负有的义务或责任。此类义务或责任预计在既定或可预见的将来，或伴随特定未来事件的发生，通过转让或运用其他资产的形式予以履行。以美国《超级基金法案》为例，该法案明确规定，凡引发危险物质泄露的当事人需全权负责清理与环境恢复工作。法案的第 106 条和第 107 条特别强调，环境责任的承担方包括：①当前有害废弃物的拥有者与管理者；②在处理有害废弃物过程中导致泄漏的业主或运营商；③危害物质处理的策划者、承运人；④乃至为上述活动提供资金的借贷方，也可能被认定为共担责任的主体。

2.2.2 确定性环境负债及其账务处理

2.2.2.1 环境负债的确认条件

依据我国的《企业会计准则》，当一项义务符合负债的定义，并且同时满足以下条件时，它就会被确认为负债：①与该义务有关的经济利益很可能流出企业；②未来流出的经济利益的金额能够可靠地计量。

在确认环境负债的过程中，有两个关键的评判标准需要被满足。需要确保负债发生的可能性。当法律法规明确规定企业将来必须承担的环境恢复成本，或者企业高层已公开声明将承担未来的环境责任时，表明环境负债的出现有着极高的确定性。确认环境负债的一个必备条件是会计信息的可靠性。以企业排放超标导致河流污染为例，依据法律，企业可能会遭受环保部门的处罚，在这样的情况下，如果罚金数额能够被准确计量，企业应将这笔未来需要支付的罚金作为环境负债而确认。然而，倘若罚金的具体数额无法可靠地确定，那么这笔未来的支付义务就不能被确认为环境负债。基于财务报告的透明度要求，企业有义务在其财务报表的附注中详尽披露环境负债的存在。

2.2.2.2 确定性环境负债的确认条件

确定性环境负债，也称为既有环境负债，具有以下特征：首先，企业产生环境负债的事实已经实际存在；其次，环境负债的支付金额、支付时间和收款方都相当明确。这类负债包括因遵守法规而产生的债务、违反法规导致的罚款和处罚、向第三方支付的赔偿金以及惩罚性债务等。根据环境负债的确认标准，一旦确定性环境负债形成，企业应立即在财务报表中确认这些负债，并相应地确认相关的环境费用。

2.2.2.3 确定性环境负债的计量

针对清偿额度与时间点已明确的环境负债，如法规执行责任、违规罚款、对第三方赔偿义务等，这类负债的计量通常依据法庭判决的确切支付金额及时间进行。对于短期内需清偿的环境负债，适用现行成本法进行计量；然而，若负债的预期支付期限较长或预计支付金额庞大，则宜采用现值法评估其价值。此外，企业应每年定期审查环境负债的金额，并依据实际情况的变化做出相应调整，以确保准确反映货币的时间价值。

（1）确定性短期负债的计量。确定性短期环境负债，指清偿期限不超过一年（含一年）的环境负债。鉴于确定性短期环境负债的特性，现有的会计实践中，用于企业流动负债的计量方法同样适用于这类负债的计量。根据我国《企业会计制度》的规定，"所有流动负债应按照其实际发生额入账"。因此，法规遵循性负债、违反法律法规的罚款和处罚、向第三方赔付的赔偿金以及惩罚性罚款等确定性短期环境负债，通常可根据法律条款或司法判决所规定的支付金额进行计量。也就是说，这些确定性短期环境负债的金额，可以按照企业未来需支付或已实际支付的数额确定。

（2）确定性长期负债的计量

1）确定性长期负债计量依据。确定性长期环境负债指偿还期限超过一年且具有明确偿还责任的环境负债。这类负债包括污染治理、因污染造成的损害赔偿以及自然环境恢复等。由于其偿还期限较长，未来支付的金额可能会受到技术进步、连带责任以及修复时间等因素的干扰。在进行计量时，需要合理地进行判断和估算，同时考虑货币的时间价值。根据 ISAR 的观点，对于那些在较长时间内无须偿还的环境负债，可以采用现行成本法或现值法进行计量。这种方法有助于更准确地反映这些负债对企业财务状况的影响。依据欧盟的立场："对于那些没有计划在短期内偿还的环境负债，如果负债的义务、需支付的金额以及支付时间都是明确的，虽然允许采用现值法进行计量，但这并非强制要求；同时，也认可采用现行成本法进行计量。"由此可以看出，ISAR 与欧盟的看法相吻合，即对于确定性长期环境负债，既可以采用现行成本法，也可以选择现值法来进行计量。

2）现行成本法或现值法的计量特点。现行成本法指按照现在偿付环境负债所需要支付现金或现金等价物的金额计量环境负债的方法；现值法指按照预计期限内需要偿还的未来现金净流出量的折现金额计量环境负债的方法。在采用现行成本法和现值法时，需要依据当前的实际情况（包括技术发展水平、可能的法律诉讼、通货膨胀等因素）以及法律规定估算环境债务的金额，也就是估算其当前成本。在现行成本法中，环境负债的金额会根据估算的当前成本在资产负债表中进行体现。

在现值法的应用中，环境债务的计量基于预计未来现金流出的净现值。在计量确定性长期环境负债时，通常会运用无风险利率作为折现率，一般选取与负债偿还期限相匹配的国债利率作为基准。当估计这类长期环境负债的金额，尤其是当负债结果存在多种可能性时，基于会计信息的可靠性原则，企业应采用最佳估计数。最佳估计数指在资产负债表日企业基于当前情况，预计为履行该项义务或将义务转移给第三方所需支付的合理金额。

现值法的应用要求有详尽的信息，涵盖货币的时间价值、履行负债所需现金流的时间跨度与金额预估，进而推算未来事件的结果，这无疑加剧了计量的不确定性。相较之下，若未来事件的变数较少，则现行成本法展现出更高的可靠性。不过，随着环境负债从初次确认至最终偿付时间间隔的延长，现行成本法的决策效用逐渐减弱。在相关性方面，现值法可能比现行成本法更具优势。

因此，考虑到可靠性和相关性的平衡，现行成本法更适用于那些即将在短期内清偿、支付义务明确或可靠确定的短期环境负债。而现值法更适用于那些金额较大、偿付期限较长、货币时间价值影响显著的长期确定性环境负债。当使用现值法计量长期确定性环境负债时，企业需要每年重新评估这些债务的账面价值，并根据变化进行相应的调整。这样做可以确保货币的时间价值得到真实反映，从而使财务报表更加准确地展示企业的财务状况。

2.2.2.4 确定性环境负债账户及账务处理

确定性环境负债涉及企业未来必然发生的环境支出。在复式记账中，企业通过"应付环保费"等账户来记录和核算这些负债，以区别于不确定的预计环境负债。这些账户的贷方记录已发生但尚未支付的环境负债，借方记录已支付的负债，期末贷方余额显示未支付的负债余额。账户的明细可以根据不同类型，如环境赔偿款、修复费、处理费、排污费、生态补偿款等进行设置。在现值法中，企业需要每年重新评估这些负债的账面价值，并在资产负债表中根据评估结果调整相关账户的价值。

环境负债同样可以按照环境资产的核算方式，被划分为环境流动负债和环境长期负债。在独立编制环境资源会计报表的过程中，企业可以根据自身管理需求和核算规范，直接将这些明细科目作为一级科目进行核算。

值得注意的是，在没有单独编制环境会计报表的情况下，一些环境负债和资产的核算项目可以直接记录在现有的账户，而无须单独设立环境负债或资产账户。这包括因环境问题而产生的短期或长期应收和应付款项、罚款、借款、赔偿金、租赁费用等；同样，包括因环境问题而形成的银行存款、现金、存货、固定资产和无形资产。然而，在补充报表中，这些环境资产、负债和所有者权益仍应被单独列示，以提供更清晰的财务信息。

（1）"应付环境罚款"账户。该账户用于核算企业因排污行为导致未能履行环境责任而产生的支付义务，这些义务不仅具有惩罚性质，还具有强制性，且不限于赔偿款项。企业发生排污费时，如与产品生产有直接关系的，则计入"环境保护成本"账户；无直接关系的，则计入"环境管理费用"或"环境营业外支出"等账户。具体根据费用性质决定。

借：环境保护成本

环境营业外支出——环境罚款

贷：应付环境罚款

（2）"应付环境赔款"账户。该账户主要核算企业因破坏环境形成的赔偿义务所产生的负债。会计分录为：

借：环境管理费用

环境保护成本

　　贷：应付环境赔款

　　（3）"应交资源补偿费"账户。该账户专门用于记录企业在使用环境资源过程中，由于资源效用减少而需要向政府支付的资源性补偿负债。这包括对自然资源和生态环境的影响。由于这类负债主要是企业在开发和利用生态资源时产生的，因此它是一种应交负债，而非应付负债。这表明企业欠政府的债务具有强制性，因为自然资产的产权归属于国家。会计分录为：

　　借：环境保护成本

　　　　贷：应交资源补偿费——矿产资源等

　　（4）"应付环保资产租赁费"账户。该账户主要核算企业发生为租赁环保资产发生的应付未付环保资产租赁款。会计分录为：

　　借：环境保护成本

　　　　贷：应付环保资产租赁费

　　（5）"应付生态补偿款"账户。该账户主要用于核算企业因环境相关事项而应支付给受害方的生态补偿款项，这些款项是针对企业外部实体造成的生态损失，且尚未支付给受害主体。通常，这类补偿具有被动性质，并非因直接造成损害而产生。一般需要双方协商一致，或者由法院及相关权威部门或机构进行裁定。会计分录为：

　　借：环境保护成本

　　　　贷：应付生态补偿款

　　（6）"应付环境修复费"账户。该账户专注于核算因履行环境修复责任而产生的负债。这些环境修复责任的确定依据相关法规规定的提取标准、比例或估算的损失额度。会计分录为：

　　借：环境保护成本

　　　　贷：应付环境修复费

　　（7）"应交环境税费"账户。该账户主要核算企业按照规定污染排放标准计算而未交给政府的各种环境税费。会计分录为：

　　借：环境保护成本

　　　　贷：应交环境税费

　　【例 2-5】　A 化工企业在 2023 年涉及环境负债的经营活动如下。在这些业务中，除因违规而产生的罚款以及行政管理人员的薪酬支出之外，其余产生的费用均与产品制造过程直接相关。

　　（1）A 化工企业由于长期对周边土地造成污染，遭到了环境保护机构的处罚。环保机构对该公司做出了 20 万元的罚款决定。

借：环境费用——环保罚款   200 000

  贷：应付环境罚款   200 000

（2）A 化工企业因直接将工业废水排入邻近河流，导致河流下游地区的农田灌溉遭受了严重影响。环保部门因此对 A 化工企业做出了 500 万元的赔偿判决，以补偿由此造成的损失。

借：环境保护成本——环境事故损害成本   5 000 000

  贷：应付环境赔偿款   5 000 000

（3）根据环保部门的规定，A 化工公司今年因排放污染物而需要支付的环境税费为 300 万元。

借：环境保护成本——污染治理成本   3 000 000

  贷：应交环境税费   3 000 000

（4）经环保部门核算，A 化工公司今年应缴纳矿产资源补偿费 50 万元。

借：环境保护成本——环境补偿成本   500 000

  贷：应交资源补偿费——矿产资源   500 000

（5）A 化工公司会计部门经过核算确认，公司专职环保人员中的行政人员的工资和福利费用总计为 40 万元，而专职环保人员中的技术人员的工资和福利费用总计为 200 万元。

借：环境保护成本——环保技术人员工资及福利 2 000 000

  环境管理费用——环保行政人员工资及福利 400 000

  贷：应付环保职工薪酬   2 400 000

2.2.3 或有环境负债及其账务处理

2.2.3.1 或有环境负债的特征

（1）或有环境负债由过去的交易或事项形成。或有环境负债是对或有负债概念在环境领域的具体应用。理解或有环境负债，需首先掌握或有负债的基本概念。或有负债属于或有事项的范畴，这些事项由过去的交易产生，其结果能否实现具有不确定性。预期结果可能会形成或有资产或或有负债。或有负债通常指由过去交易或事项引发的潜在义务，其是否成立依赖于未来的不确定事项是否发生；如果成立，这些义务很可能会引发企业经济利益的流出，并且金额往往难以准确估计。

或有环境负债可以定义为：企业因当前或未来与环境相关的交易或事项形成的，预期可能会引起企业经济利益流出的潜在义务和特定的现时义务。

【例 2-6】2023 年 12 月 2 日，甲公司向法院提起诉讼，指控乙公司涉嫌侵犯其环保专利。截至 2023 年 12 月 31 日，此案尚未进入公开审理阶段，乙公司是否会败诉仍不确定。针对乙公司，一个潜在的或有负债已然浮现，此负债源于过往事件——即乙公司"疑似侵犯"甲公司专利权并遭诉讼。

（2）或有环境负债的结果具有不确定性。或有环境负债涉及两类责任：一是潜在义务；二是特定的现时义务。作为潜在义务，其最终是否转化为真实的义务，取决于未来不确定事件的发生情况，这种不确定性直接关系到义务的实际存在与否。而作为特定的现时义务，其独特之处在于，尽管义务确实存在，但并不一定意味着企业将立即遭受经济损失；或者，即使存在现时义务，但其确切金额难以准确计量。这里所说的"不是很可能导致经济利益流出企业"，指现时义务导致企业经济损失的可能性介于可能与不太可能之间，即这种可能性的存在程度在 50% 或以下。

【例 2-7】 2023 年 12 月 2 日，甲企业与乙企业间因环境经济争议陷入纠纷，随后遭到乙企业提起诉讼。截至 2023 年 12 月 31 日，该案件仍未进入审理程序。鉴于案情错综复杂，加之相关法律法规体系尚不完善，站在 2023 年的视角，诉讼的最终结局难以预料。因此，截至 2023 年 12 月 31 日，甲企业面临的环境责任可视为一种潜在义务。

【例 2-8】 2023 年 12 月 30 日，甲企业与乙企业拟定了一份担保协议，约定为乙企业为期三年的环保项目融资提供信用支持。协议的签署使得甲企业背负起一项现时义务。然而，承担现时义务并不直接等同于甲企业将大概率遭遇经济利益的流失。假设 2023 年，乙企业财务表现稳健，则表明甲企业承担连带责任的风险相对较小。换言之，在 2023 年的视角下，若甲企业被要求实际执行该义务，且这种执行导致企业经济利益流出的可能性较低，则甲企业应将此类现时义务作为或有负债进行适当的披露。值得注意的是，通常情况下，担保行为本身不构成或有事项的确认依据，唯有当被担保方出现违约迹象时，才需予以确认。

【例 2-9】 2023 年 12 月 24 日，一家企业全体员工不幸遭遇集体食物中毒事件，而甲企业正是此次餐饮服务的供应商。在得知中毒事故后，甲企业迅速做出回应，承诺承担所有相关赔偿费用。然而，直至 12 月 31 日，事件仍在进一步发展中，具体的赔偿金额尚无法准确预估。在这种情况下，甲企业虽已明确承担了一项现时义务，但该义务的确切金额却无法得到可靠的计量。为此，甲企业应将该项现时义务作为或有负债披露。

2.2.3.2 或有环境负债的确认

（1）预计环境负债确认。我国《企业会计准则第 13 号——或有事项》规定，与或有事项有关的义务同时满足下列条件的，应确认为预计环境负债：①该义务是企业承担的现时义务；②履行该义务很可能导致经济利益流出企业；③该义务的金额能够可靠地计量。

确认预计环境负债的条件涉及三个关键评估点。第一，必须评估现时义务发生的可能性，即企业需要有确凿的证据证明在资产负债表日存在一项由过去的交易或事件引起的，与企业未来活动或运营相关的现时义务。这是确认预计环境负债的基础。第二，要评估履行这项现时义务是否很可能导致经济资源的流出，这里的"很可能"意味着发生概率需高于50%，但低于95%。如果履行义务极有可能导致企业需要支付现金或其他经济资源，那么确认预计环境负债的条件便得到了满足。第三，确保负债的计量能够达到足够的准确性也是必要的条件。这意味着企业必须能够合理地估计出负债的金额，以便在财务报表中准确反映。

（2）或有环境负债的披露。但是，如果上述三个条件不能同时满足时，不可确认为预计负债，只能作为一项或有环境负债，在财务报表附注中披露，如表2-1所示。

表2-1　判断或有负债是否确认与披露的标准

概率区间（%）	可能性	事项性质	会计处理
0~5	极小可能	或有负债	披露
5~50	可能		
50~95	很可能	预计负债	确认并披露
95~100	基本确定		

2.2.3.3　或有环境负债的计量

或有环境负债的计量主要依据导致或有环境负债的事项发生的可能性的大小来计量或有环境负债及与之相应的环境损失。

当环境负债发生的可能性极高，并且损失金额能够合理估算时，应根据最可能的损失金额进行确认，从而形成预计环境负债。在无法确定最可能损失金额的情况下，企业应至少按照最低损失估计值进行确认。

如果环境负债的发生概率存在，但损失金额难以合理估算，企业可以选择仅披露而不确认预计环境负债。在财务报表或环境报告中，应以补充说明的方式，详细阐述可能的损失范围或无法进行估计的原因。

对于发生的概率极低的环境事件，除了法律诉讼和担保外，企业可以采取既不预先估计也不公开披露的策略。这意味着在会计记录中不会对此类事件进行正式登记，同时不会通过附注或其他形式对外进行特别说明。

【例2-10】　截至上一年度末，Y公司已计提的H产品销售的环境责任保险准备金累计为 150 万元。本年度，Y 公司向 Z 企业售出 H 产品共计 500 件，每件产品的销售单价为 50 万元，单位成本为 35 万元。依据相关政策，Y 公司需为售出的 H 产品计提环境责任保险金并缴纳环境税。具体而言，H 产品销售后的环境责任保险费用为销售额的 1.8%，环境税率为 5%。本年度，Y 公司已实际通过银行转账方式，支付了 250 万元作为环境保险费用。

要求：根据上述情况，进行会计处理，包括缴纳环境保险费用、环境税费，以及年末计提的环境保险费用。同时，计算该产品销售的环境利润。

当年年末应计提的产品售后环境责任保险费 =500 × 50 × 1.8%–（150–250）= 550（万元）

当年年末应计提的环境税 =500 × 50 × 5%=1250（万元）

（1）会计分录：

1）当年缴纳售后环境责任保险时：

借：预计环境负债——预计售后环境责任保险	2 500 000
贷：银行存款	2 500 000

2）计提当年环境税费时：

借：环境费用——环境税费	12 500 000
贷：应交环境税费	12 500 000

3）计提当年年末产品售后环境责任保险时：

借：环境费用——售后环境责任保险	5 500 000
贷：预计环境负债——预计售后环境责任保险	5 500 000

4）缴纳当年环境税和产品售后环境责任保险时：

借：应交环境税费	12 500 000
预计环境负债——预计售后环境责任保险	5 500 000
贷：银行存款	18 000 000

（2）当年销售该产品的环境利润 =500 ×（50–35）–1250–550=5700（万元）。

2.2.3.4　或有负债金额的确定

（1）最佳估计数。一旦将与或有事项相关的义务确认为预计环境负债，就需要考虑其计量方法。预计环境负债的计量可以采用现行成本法或现值法。与常规环境负债相比，预计环境负债涉及更大的不确定性。为了保证计量的准确度，预计环境负债"应在初始确认时，依据履行当前义务所需支出的最佳估计值进行计量"。当清偿预计环境负债所需的支出存在一系列连续区间，且区间内各结果出现的概率相等时，最优估计值取该区间的中位数值；反之，若清偿支出不具备连续范围特性，最佳估计值的确定可遵循两种途径：①若或有事项只涉及单一项目，最佳估计值依据最可能出现的金额设定；②若或有事项涉及多项事务，最佳估计值需通过统计各可能结果的加权平均值来确定，即运用期望价值法进行估算。

（2）最佳估计数确定考虑的主要因素。企业在确定预计环境负债的最佳估计数时应综合考虑以下主要因素：

1）现行的法律法规。在计量预计环境负债时，企业需要考虑引发这些负债的事件和交易与现行法律法规的关联程度。若存在充分的客观证据，显示出新的法规极有可能被实施，那么在估计或有环境负债时，就应将新法规可能带来的影响纳入考量。

2）相关责任主体的数目。由于环境负债具有连带性，因此在估计或有环境负债时，企业不仅要衡量自身应分摊的部分，还需评估在其他潜在责任方无法履行支付义务时，需要支付超出自身份额的风险。

3）企业在评估预计环境负债时，应基于当前的技术水平估算处理或清除环境污染的成本。同时，应考虑利用现有技术过程中积累的经验可能带来的预计支出减少额。

4）货币的时间价值。货币的时间价值效应表明，资产负债表日后即将发生的现金流出所对应的预计环境负债，相较于未来某个时间点发生的同等金额现金流出的预计环境负债，前者对企业构成的财务负担更重。这是因为货币的时间价值意味着现在的资金价值高于未来的同等金额，考虑到这一点，如果货币时间价值的影响显著，那么预计环境负债的金额应反映为履行该负债所需未来支出的现值。

5）补偿。在一些特定情形下，企业可能有权从第三方（如保险公司）处获得一部分或全部预计环境负债所需的补偿。然而，根据会计原则，"除非法律明确允许抵消，否则企业从第三方获得的补偿不应直接从预计环境负债中扣除"。这意味着，即使企业预期可以从第三方获得补偿，预计环境负债的初始确认和计量仍应基于企业自身需承担的全额义务。然而，若第三方未能履行支付义务，且企业对相关费用并无直接责任，此时，企业实际上并未承担这些费用的义务。这种情况下，这些费用不应被计入企业的预计环境负债中。

倘若在或有事项引发的损失区间内找不到任何最佳估计值，企业应至少依据最小可能的估计金额进行确认，以防范预计环境负债的低估风险。例如，假设一家企业收到地方环保部门的通知，指出其废弃物处理设施违反了环保标准。然而，企业目前尚不清楚应采取何种补救措施，也无法准确估算补救成本。在此情形下，企业应至少按照最大限度的补救成本，对或有环境负债进行确认与计量。

鉴于预计环境负债的初始计量基于当时最佳估计，企业有义务在每个会计期末重新审视预计环境负债的账面价值，确保其反映最新情况。"若发现确凿证据证明当前账面价值与最新最佳估计值不符，应立即调整账面价值，使之与当前最佳估计值一致。"尤其是采用现值法计量预计环境负债的企业，应在各个报告期增加预计环境负债的账面价值，以反映随着时间推移而产生的货币时间价值。

2.2.3.5　或有环境负债的账务处理

（1）已确认或有环境负债与"预计环境负债"账户。企业在确认满足条件的或有环境负债后，应在复式记账系统中设置"预计环境负债"账户进行记录和核算。该账户的贷方记录了已确认但尚未支付的预计环境负债，借方记录了支付的预计环境负债，期末贷方余额显示了未支付的预计环境负债。确认预计环境负债时，借记相关资产或费用账户，贷记"预计环境负债"账户。清偿时，借记"预计环境负债"账户，贷记"银行存款"等账户。

企业可根据管理需要，为预计环境负债设置明细账，如"预计环境赔偿款""预计环境修复费""预计环境处理费""预计环境税费""预计环境资源补偿费""预计环保人员工资与福利费"等。使用现值法或公允价值法计量时，应在每个资产负债表日复核并调整预计环境负债的账面价值，反映最佳估计数或公允价值。因此，各期应增加预计环境负债的账面价值，借记相关环境费用账户，贷记"预计环境负债"账户。

【例 2-11】 2023 年 10 月，一起环境污染纠纷导致甲企业对乙企业提起诉讼，索赔相关损失。紧接着，乙企业也对丙企业发起诉讼，寻求损失赔偿。法律顾问的分析指出，乙企业对甲企业的赔偿金很可能在 40 万 ~60 万元，而丙企业向乙企业支付的赔偿金额则基本确定在 50 万 ~70 万元。鉴于乙企业已将赔偿责任确认为负债，并且从丙企业获得赔偿的可能性极高，乙企业在会计处理上应考虑这些因素来计量预计环境负债。

针对此案例，乙企业应依据最优估计值，即（40 万 +60 万）/2=50 万元，来确认其预计负债。若预期有第三方（如丙企业）的补偿，该补偿金额仅能在基本确定能够收到的情况下，作为独立资产进行确认，而不能直接用于冲抵预计负债。此外，确认的补偿金额必须不超过预计负债的总额。乙企业的会计处理如下：

借：环境费用——环境赔偿费用　　　　　　　　　　　　500 000
　　贷：预计环境负债——预计环境赔偿款——甲企业　　　　500 000
借：应收环境赔偿款——丙企业　　　　　　　　　　　　500 000
　　贷：其他环境收入——丙企业　　　　　　　　　　　　500 000

（2）未确认或有环境负债与信息披露。未确认的或有环境负债指不满足预计环境负债确认条件的潜在负债。对于这些负债，企业应依据重要性原则，通过设立"或有环境负债"单式账户记录。考虑到环境负债的滞后性，这些或有负债的最终发展可能与最初预期不同。先前作为或有环境负债确认的事项，其未来可能的经济利益流出概率可能会有所变化。通过单式账户记录这些未确认的或有环境负债，可以帮助管理层持续监控和评估这些负债，判断其未来经济利益流出的可能性是否有所变化，从而及时采取风险管理措施，减少或避免这些负债的发生。

2.2.4　环境负债管理与信息披露

2.2.4.1　环境负债管理

随着环境法规的完善和环境技术的发展，企业的各种经营活动均可能导致环境负债。环境负债对于企业的负面影响主要表现在两个方面：

（1）环境负债因其强制性、滞后性、追溯性和连带性，对企业财务状况有着显著影响。企业在违反环境法规或新法规实施时，可能面临多项环境负债，如人身伤害赔偿、自然资源破坏赔偿、环境修复费用、高额民事或刑事罚款等。若企业因资金问题无法及时偿还，债权人可能会采取法律手段，甚至导致企业破产。因此，环境负债的存在不仅限制了企业的财务灵活性，还可能引发严重的财务风险。

（2）对于经营成果的影响。企业因已发生的环境破坏而产生的环境负债，预示着未来必须承担的一定数额的支出。这笔未来支出在支付前，被视作已确认的环境费用。环境费用的增长会削减企业的经营利润，进而影响其投资回报。例如，在企业并购过程中，如果收购方忽视了被收购企业的环境风险，可能会因此承担包括土地清理、生产流程或设备更新等在内的环境负债。由于未能全面评估目标资产，收购方可能支付过高的资产价格，而忽视环境风险和由此产生的环境负债将导致持续性的环境合规成本和运营成本，严重时甚至可能引发财务危机。以一家造纸厂为例，该厂考虑购买新设备以回收生产废水中的原材料，提高循环利用率。可行性研究显示，新设备投入使用后，未来五年的内含报酬率预计提高10%。但深入分析表明，新设备的使用将帮助企业避免污染清理、环境赔偿和罚款等环境成本。据估计，通过避免这些环境负债，节省的环境支出是未使用新设备时的3倍。综合考虑未来环境负债的财务影响，预计使用新设备在未来五年内可使内含报酬率提升30%。

忽视环境负债的管理可能会导致企业成本的上升，甚至浪费企业运营所需的关键资源。与此相反，支持环境负债的管理有助于降低成本并提升投资回报。企业应该将环境负债因素整合进经营决策和风险评估体系中，在决策制定和风险评估过程中，充分利用环境负债会计信息来预测对环境可能产生的负面影响，以及这些影响所隐含的环境负债。通过及时采取预防措施，企业可以预防或减轻因环境负债而产生的财务风险和影响，确保决策结果既符合经济效益也满足环境效益。

2.2.4.2　环境负债的信息披露

环境负债信息披露旨在向信息使用者提供企业因环境活动承担的现有和潜在义务的详细信息，帮助他们预测和评估环境负债的财务影响及风险。企业应根据信息的重要性决定披露方式，选择在财务报表中直接披露或在附注或其他财务报告中披露。

（1）环境负债的表内披露。环境负债的表内披露涉及在财务报表的负债部分单独设立"预计环境负债"项目来反映，并在附注中披露相关信息。当环境负债对决策者有显著影响时，应在财务报表中单独披露。这可以通过在流动负债中增加短期环境负债项目，在长期负债中增加长期环境负债项目，以及在预计负债中增加预计环境负债项目来实现。明确列出这些项目有助于提高环境支出的透明度，帮助信息使用者理解企业面临的财务影响和环境风险。确认的环境负债相关费用或支出，在扣除确认的补偿金额后，应与其他费用或支出一起在利润表中反映，不再单独列出。

（2）环境负债的表外披露。在财务报告中，环境负债的披露通常只包括已确认负债的总体情况。鉴于环境负债不确定性和滞后性，许多重要的环境负债可能无法通过财务报表内的披露得到充分展示。因此，仅凭表内披露的信息，可能不足以使利益相关者全面了解企业环境负债的具体细节，这可能影响他们对企业未来现金流的质量和时间以及财务资源的评估。

环境负债的表外披露，指在企业财务报表的主体之外，通过报表附注、董事会报告、管理层讨论与分析等部分，详细阐述已确认的环境负债以及潜在环境负债的相关信息。这种披露方式旨在弥补表内披露可能存在的局限性，通过提供更丰富的背景和细节，使投资者、债权人和其他利益相关者能够获得一个更为全面和深入的理解，以评估企业面临的环境负债风险。披露内容：①种类、形成原因、经济利益流出不确定性；②期初、期末余额及增减变动情况；③预期补偿金额、本期已确认的补偿金额。

1）已确认的环境负债表外披露。ISAR 规定企业在财务报表附注中披露以下环境负债相关信息：

①会计政策。

②计量方法，如现值法或现行成本法。

③期初、期末余额及本期变动情况。

④重大项目的性质、清偿时间和条件。

⑤计量不确定性及其可能影响。

⑥如使用现值法，需披露未来现金流出估计、预计长期通货膨胀率、未来成本及折现率等关键假设。

⑦法律和技术依据。

⑧预期补偿金额及其确认情况。这些披露有助于信息使用者全面理解企业的环境负债。

2）未确认的环境负债表外披露。对于未确认的或有环境负债，企业应在表外披露。披露原则包括：一般不披露极小可能导致经济利益流出的或有负债，但未决诉讼或仲裁形成的或有环境负债，以及为其他单位提供担保形成的或有环境负债必须披露。

在财务报表附注或其他财务报告部分，企业应披露以下信息：

①未确认或有环境负债的种类及其形成原因。

②金额或偿还时间的重大不确定性。

③预计产生的财务影响，或无法预计的原因。

④获得补偿的可能性。

对于可能对企业产生重大不利影响的未决环境诉讼或仲裁，企业应披露其性质及不披露具体负债信息的原因。在某些情况下，如环境事故引发的未决诉讼或仲裁，如果披露可能对企业极为不利，企业可以选择不披露，但必须在附注中说明未决事项的性质和选择不披露的原因。

2.3　环境成本

2.3.1　环境成本的定义与特征

2.3.1.1　环境成本的内涵

1998年2月，联合国国际会计和报告标准政府间专家工作组在其第15次会议上发布了《环境会计和财务报告的立场公告》，其中对环境成本进行了权威性的定义：环境成本指企业在秉持环境责任理念的基础上，为应对自身活动对环境产生的影响而需采取的措施所产生的成本，以及企业为达成环境目标和遵守环境要求而承担的其他各类成本。这一定义在可持续发展理念的引领下，明确了企业环保责任的核心地位，将企业活动对环境造成的影响及其预防措施的费用纳入核算范围，旨在管理和控制企业活动对环境的影响，以及实现环境目标的必要要求。

　　企业环境成本涵盖内部环境成本和外部环境成本两个层面。内部环境成本指那些直接与环境因素相关，能以货币形式计量，且需企业直接支付，从而影响企业经营业绩的成本，包括但不限于企业因环境因素而需支付的排污费、环境破坏赔偿金、环保设备投资等。外部环境成本指企业生产经营活动对社会公众和其他组织造成，但未能明确计量或因种种原因未由企业直接承担的环境损害成本，例如，企业排放污染物导致的居民健康损害等。此外，外部环境成本还可能涵盖一些非直接货币支付的机会成本，如低效的材料利用率导致的额外材料消耗成本。

　　然而，环境成本的"内部"与"外部"划分并非绝对界限分明，二者在某些情况下可能并存。例如，企业需缴纳的"环境税"因其直接源于企业对外部环境的污染，由企业自身承担，故归类为内部环境成本。然而，外部环境成本同样存在：在实际操作中，环境税的征收标准往往低于环境污染所引发的实际损失；即便全部税收用于环境治理，环境污染与治理之间仍存在时间差，期间环境污染的负面效应将持续扩散，产生额外的环境成本。

　　在特定情境下，内部环境成本与外部环境成本的发生时间可能存在先后差异。比如，企业基于对某经济行为可能带来的环境损害预判而提前计提的准备金，即在会计处理上先形成了内部环境成本，而此时外部环境成本尚未显现。再如，对环境污染受害者的赔偿，常因法律程序拖延，导致会计处理在实际赔偿发生时才确认为内部环境成本，这通常滞后于外部环境成本的产生。

　　根据会计的配比原则，外部环境成本最终应被内部化，成为企业成本的一部分。但在实际操作中，这种成本的内部化过程在时间和数量上很难一致。特别是对于像由空气污染导致的酸雨和生态破坏这类社会环境成本，要实现严格的会计配比尤为困难。因此，外部环境成本转化为内部环境成本的具体时间跨度和比例，受限于环境法规的完备性以及环境资源会计准则的实用性。由此可见，环境法规的构建与环境资源会计体系的建立，对于促进环境成本的合理转化，具有同等重要的意义。

2.3.1.2　环境成本的特征

　　依据环境成本的定义，可总结出环境成本具有以下特点：

　　（1）多样性。环境成本的发生通常不是独立的事项，它们往往伴随着一系列相关的费用，展现出环境成本的多样性。企业活动产生的环境成本具有多种形态，在生产过程中，对自然资源的利用会导致资源量减少，这种减少反映为自然资源的耗减成本。企业活动产生的废水、废气、废渣等废物排放，会对生态环境造成破坏，这种损失体现为生态资源降级成本。为了减少大气、水、土壤等污染对环境的负面影响，企业需要采取相应措施，这些措施产生的费用即为环境保护成本。具体来看：

1）环境成本性质的多样性。体现在其支出涵盖不同类型的资源与活动。一部分环境成本直接关联于有形环境资源，例如，为保持或提升自然资源基础储量而发生的支出，其效果是相对增加或维持自然资源的存量，这类费用自然而然地构成自然资源价值的组成部分。一部分环境成本与生态资源紧密相连，如生态资源保护费用，旨在提升生态质量或阻止其退化，这部分支出同样被视为生态资源价值的重要构成。还有些成本与人造固定资产相关，如污水处理设施的投资，这类支出应归类于固定资产处理范畴。无论环境成本涉及自然资源、生态资源还是人造资产，其本质均与资产价值密切相关，体现出资本性支出的特点。

同时，有部分环境成本与资产价值无关，纯属直接支出，如垃圾收集与处理费、排污费等，这类成本通常被归入当期损益。有一些环境成本直接关联于产品生产成本，例如，利用自然资源进行生产时产生的环境成本，理应计入产品成本中。深入探究环境成本的性质，旨在为会计处理提供坚实的理论依据，确保各类环境成本得到恰当的分类与核算。

2）环境成本计量方法的多样性。在环境成本中，如维持自然资源基本存量的费用及生态资源保护支出，其呈现形式或为实体资产的投入（包括物料、设备等的购置），或为人力劳动的注入，这两类成本均可实现精确量化。相反，如生态资源污染损失费用这类环境成本，并不直接关联于人力劳动的消耗，因此无法单纯依据劳动价值理论进行衡量，通常需借助估算手段实现近似计量。环境成本兼具模糊性与精确性，这一特征决定了其计量方法的多样性和灵活性。

（2）增长性。在全球范围内，环境成本正显示出不断增长的态势。根据 CBI 的统计数据，1990~1991 年，英国在环境保护方面的直接投资达到了 140 亿英镑，占其国内生产总值（GDP）的 2.5%。国内研究指出，我国目前因生态资源退化而产生的经济损失，预计占 GDP 的 5%~13%。回顾 20 世纪 80 年代中期，我国 11 个省份的生态资源降级成本占国民收入的比重，5.36%~86.38% 不等。山东的这一比例最低，仅为 5.36%，而新疆的比例高达 86.38%。如果将这些数据扩展到全国范围，平均来看，生态资源降级成本占 GDP 的比率大约为 8.74%。

进入 21 世纪初，由国家环境保护总局牵头，联合国家测绘局、国土资源部、国家统计局、中国环境科学研究院等多家机构，对西部及中东部地区的生态环境状况进行了详尽的调查。结果显示，生态资源降级成本占同期 GDP 的比例，西部地区约为 13%，中东部地区则在 5%~12% 波动。值得注意的是，倘若计入间接损失，实际成本将会更高。据中国环境科学研究院的分析，我国防沙治沙工作进展始终落后于沙漠化进程，治理与扩张面积之比大约为 1∶1.3，由此每年因沙漠化带来的环境成本估计达到 540 亿元。

尽管不同研究在界定、方法论以及数据来源上存在差异，加之不同程度的核算不全和低估现象，导致环境成本的计算结果出现较大偏差，但上述数据无一不在警示我们：中国正面临着严峻的环境污染与生态破坏问题，由此产生的环境成本不仅数额巨大，且呈现日益加剧的态势。这不仅对经济可持续发展构成了威胁，也对公共健康和社会福祉带来了深远影响，亟待采取更为有效的政策和措施加以应对。

（3）差异性。环境成本的差异性表现在产品生命周期的不同阶段其发生量是不均衡的，某些阶段可能成本较低，而在其他阶段可能成本较高。以制造企业为例，并非所有产品或生产流程都会产生相同水平的环境成本，例如，有些生产环节排放的污染物较多，而有些生产环节排放的污染物较少，这样不同环节相应产生的环境成本也不同。而环境成本通常被归入企业的制造成本中，并平均分摊到所有产品上，由此导致了环境成本与相应的产品、生产流程和生产经营活动之间的直接联系被削弱。因此，认识到环境成本的差异性，对环境成本按照不同产品、生产流程等分别进行更详尽地核算，对正确计算产品成本，进而正确制定产品价格意义重大。

2.3.1.3　环境成本的分类

（1）按环境成本支出动因分类。环境成本按支出动因分类是其最基本的分类，也是环境成本会计核算具体内容和设置环境成本会计账户的主要依据。

1）资源耗减成本。自然资源耗减成本源于经济活动过程中对自然资源的开发和利用，直接关联着这些资源数量的缩减。自然资源作为经济活动不可或缺的物质基础，其重要性不言而喻。在资源被开采和消费的过程中，其存量必然递减，而这一递减的价值会融入到产品成本中，成为构成产品总成本的一个组成部分。资源的产出与消耗是相伴相随的，每一次资源的利用都意味着其总量的减少。然而，这种减少的价值可以通过商品销售的收入来获得补偿，进而形成一种专款专用的自然资源补偿基金。该基金的用途在于确保自然资源的存量得到维持，同时推动生态环境的保护工作，以实现资源的可持续利用。自然资源耗减成本的范畴广泛，既包括不可再生资源的耗减成本，也涵盖可再生资源的损耗价值。它不仅涉及资源本身的产品价值，还包括在生产过程中所消耗的自然资源价值，以及在更广泛范围内对其他自然资源的消耗成本。资源利用通常会导致资源耗减。

2）资源降级成本。资源降级成本指因排放的废弃物超出环境承载力，导致生态资源品质退化，进而造成经济损失的货币化体现，这一概念常被称为污染损失成本。例如，空气和水质的恶化，以及恶劣环境条件对公众健康的不利影响，均是环境污染的具体表现。当排放的污染物超越了自然环境自我净化的能力时，环境污染问题便随之产生。实质上，环境污染揭示了生态资源品质的下滑，举例来说，空气污染的严重程度可以通过测量空气中悬浮颗粒物的浓度反映。生态资源品质的削弱对人类的经济活动产生了负面影响，这些影响可以用货币价值评估，即所谓的降级费用。一般而言，不当的环境行为会导致生态资源品质受损，并由此产生一系列的降级成本。

3）资源维护成本。资源维护成本指为维持自然资源目前的状况而发生的成本，目的是避免资源降级或资源降级后消除其影响而实际发生的费用。随着人口增长和经济发展，自然资源的存量正迅速减少。为了实现经济的持续增长，我们必须确保资源的长期可用性。为此，人类需要投入相应的人力、物力和财力，这些投入在货币形式上体现为自然资源的维护成本。例如，为了维护森林、草地等人造生态资源，会产生一系列的维护费用；为了提升这些自然资源的使用效率，还需支付持续的维护成本。总体而言，为了维持自然资源的基础存量，必须投入大量的经济成本，这不仅包括种植树木和培育草地等人为创造资源的费用，还有保护资源不受损害或确保其正常生长的费用，以及为提高资源的品质、数量、产出率和使用效率而进行的技术升级费用，还有支付给参与资源保护工作的人员的工资和福利等。资源维护成本是一种持续且多样化的综合性开支。需要注意的是，资源维护成本通常与环境保护成本相区分，而与资源耗减成本、资源降级成本有相似之处。资源维护成本是企业自身承担的维护费用，与生态环境补偿成本不同。

4）环境保护成本。环境保护成本涵盖了企业为实现环境保护目标而在其运营过程中产生的各种成本。这些成本具有连续性和多样性，直接或间接地与产品生产、工程项目或业务活动相关联。环境保护成本包括废弃物的再循环和处理成本、污水处理和净化成本、环境卫生维护成本、垃圾收集与处理成本、废水收集与处理成本、废气净化成本、噪声控制成本以及其他环境保护和维护服务费用。此外，环境保护成本还涉及环境监测成本、环境管理成本、环保研发成本、污染治理成本、环境修复成本、预防三废（废水、废气、固体废物）成本、生态环境补偿成本、环境支援成本、其他环境成本以及环境费用转入成本等方面。这些成本体现了企业在环境保护方面的投入，对于促进可持续发展和生态平衡具有重要作用。

5）环境监测成本。环境监测成本包括所有与环境监测相关的成本，涉及设备购置费、维修费、折旧费；设备运行费用；监测部门的办公费用；监测人员的人工费用。此外，广义上的环境监测成本不仅限于直接的监测活动开销，还拓展到了环境检测费用的范畴。这部分费用主要用于确保企业的产品、生产工艺和作业活动达到规定的环境标准。

6）环境预防成本。环境预防成本指为预防环境污染或生态破坏而发生的费用，包括为控制污染进行环保设备的购置、职工环境保护教育费、环境污染的监测计量、评价和挑选供应商与设备、设计环保流程和产品、环境管理系统的建立和认证成本、审查环境风险、预计环境保护基金、回收利用产品等。上述环境预防成本可不包括预防"三废"成本，而将"三废"预防性支出单列。

7）环境管理成本。环境管理成本指直接或分配计入环境产品、环保建设工程、环保项目的费用，这些都是环境技术操作人员或班组有效运行所必需的支出，包括材料费、薪酬、劳保费、设备费等。这些成本与环境期间费用不同，环境管理成本直接计入环境成本，而环境期间费用则计入当期损益。

8）环保研发成本。环境研发费用指为了降低设备和工艺对环境的影响而进行的技术改进以及科学研究的投资，包括环保产品设计、生产工艺、材料采购以及产出废物回收利用等方面的研发开支，包括开发环保产品和专利技术的研发费用，以及在产品制造和销售阶段为减少环境影响而投入的研发费用。此外，还包括为达成特定研发目标而购置的相关设备费用，若不用于专利权等其他用途，在购置时也会计入研发费用，成为环保研发成本的一部分。

9）污染治理成本。污染治理成本包括治理环境污染所需的一系列费用，这涉及固定资产的购置费、建设费、维修费和折旧，以及环保设施的运转费用和三废处置费。根据污染类型，成本细分为空气污染防治费、水污染防治费、垃圾处置费、土壤污染防治费、噪声污染防治费、振动污染防治费、恶臭污染防治费，以及其他特定污染如气候变暖和臭氧层损耗的防治费，还包括再生利用系统的运营成本、替代高污染材料的费用，以及节能设施的运行成本。

10）环境修复成本。环境修复成本指为了恢复企业排污导致的环境退化而发生的费用。污染场地的复原费用、处理环保相关环境退化诉讼的费用，以及为环境退化设立的准备金，都是环境修复成本的一部分。

11）预防"三废"成本。预防"三废"成本指为了预防废水、废气、废渣给自己或他人造成环境损害，而事前对可能发生环境灾害、事故的实物、实体、土地和大气等进行整理预防费用支出，如对土地的围垦加固，对空气通风系统改造，对建筑场地尘土进行覆盖，对出售的食品保质期进行宣传和讲解等。

12）生态环境补偿成本。生态补偿成本指排放企业向外界排放污染物，导致其他方的资源退化和环境受到污染，根据规定或双方协商的结果，排放企业需向受影响的一方提供补偿，以便受补偿方能够进行损害的治理和预防性保护。这种补偿的主要目的是环境保护，体现了其保护环境的特性。补偿不仅包括对已经发生的实际损失的赔偿，还可能涵盖尚未发生的潜在损失和预防性损失的支付。此外，即使在采用反向补偿机制（如下游对上游的补偿，或下风区对上风区的补偿）的生态环境补偿中，生态补偿成本的概念也同样适用。

13）环境支援成本。环境支援成本指企业对外进行的具有公益性的环保活动、环保捐赠活动、环保赞助活动所发生的支出。例如，制作关注环境保护的公益宣传片，举办旨在提升环保意识的公开讲座和宣传广告，以及为那些致力于地球环境保护的组织和个人提供资金支持。

14）其他环境成本。其他环境成本涵盖了排污许可证费、环境税、环境罚款等费用，还包括环保专门机构的经费、环境问题诉讼和赔偿费用、临时性或突发性的环保支出。此外，因污染事故导致的停工损失，以及因超标排污而支付的环境罚款也属于其他环境成本。

15）环境费用转入成本。环境费用转入成本实际上是将环境费用转移到成本中，这与传统会计中的期间费用类似。环境费用主要包括环境管理费用和其他环境费用。环境管理费用指企业专门从事环境保护行政管理的机构或部门所产生的费用，如企业环保处、科、室或环保部的费用，具有行政费用的特性，涵盖办公费、差旅费、会议费、工资薪酬费等。其他环境费用包括公司公共环境费，如环境管理体系的实施和维护费用、业务活动相关的环境信息披露和环保宣传费用、环保培训费、环境影响评审费、诉讼费和审计费，以及环境资产减值损失等。

环境费用不属于环境成本，内容较杂，要将其区别于环境成本。判断的依据看其是否与产品、工程或项目的关联性：是，就为环境成本；否，就为环境费用。但基于环境完全成本设计思路，环境费用先单独进行归集，按期结转到环境成本（环境费用转入成本），从而构成环境成本的一部分，并最终计入了当期损益。

（2）按成本会计核算内容分类

1）资源消耗成本。在企业生产经营过程中，对自然资源的消耗或使用成本的核算，实质上是将生产产品时所耗费的自然资源，以货币化的形式展现并进行量化计算。

2）环境破坏成本。计算企业因"三废"（废气、废水、废渣）排放、突发重大环境事故、资源过度消耗及失控等情况而导致的环境破坏与污染导致的经济损失。

3）环境修复补救成本。核算由于企业生产活动对已经造成或发生的环境污染进行补偿而发生的支出。涵盖对土壤、水质和空气等自然环境进行整治和修复的费用；企业因未达环保标准而产生的罚款和环境事故的赔偿费用；针对特殊环境问题所缴纳的税费；因环境问题引发的诉讼而产生的相关费用；废弃物处理和再生利用系统的运营成本。

4）环境维护预防成本。企业在维护环境质量或预防污染和破坏方面的支出称为环境支出。这些支出主要包括：在生产过程中采取的减少污染物排放的措施成本，如废物处理、资源回收系统的运作、采用环保材料替代污染材料、节能设备的使用等；企业在产品销售环节采用环保包装或回收顾客使用后的产品和包装材料的成本，包括环保包装材料的采购、产品及其包装的回收和处理等运营成本；在预防土壤、水质、空气污染方面的成本、资源节约成本，以及采购环保设备的成本。

5）环境研发成本。企业投入到环保产品设计、生产流程优化、采购供应链革新和废弃物循环利用等环节的研究与开发费用，全面覆盖了绿色创新产品研制、提升既有产品环保性能的探索、生产技术路径的改进等相关成本。

6）环境管理成本。核算企业在生产过程中为预防环境污染而发生的间接成本，涵盖环保专业人员的薪资、员工环保教育培训支出、环境负载的监控与测量、环境管理系统建设和认证的相关成本，以及应对公害诉讼的费用，还包括员工环境保护培训的经费等。

7）环保支援成本。核算企业在其周围实施环境保护或提高社会环境保护效益的成本，包括企业周边绿化、赞助当地环保活动、环境信息披露和环保活动广告宣传的成本支出，以及支付的环境税。

8）其他环境成本。核算企业上述以外的环境支付成本，主要包括资源闲置成本（包括闲置自然资源的补偿价值、保护费用及有关损失等）、资源滥用成本、环境污染赔款、罚款等。

（3）按照环境成本控制过程分类

1）事前环境成本。事前环境成本包括为预防环境污染的预先投入，具体涉及环境资源保护项目的研究、开发、建设及更新所需的支出；社会环境保护公共工程的投资、建设、维护和更新中企业承担的部分；企业环保部门的管理费用。

2）事中环境成本。事中环境成本涵盖企业在生产过程中产生的与环境相关的成本，主要分为耗减成本和恶化成本。耗减成本涉及企业生产经营中消耗的环境资源的成本。恶化成本指由于企业生产经营活动使环境恶化，进而导致企业成本增加的部分，如水质污染可能使饮料厂的成本增加，甚至导致停产而产生的额外成本。

3）事后环境成本。事后环境成本包括恢复成本和再生成本。恢复成本指对因生产遭受的环境资源损害给予修复而引起的开支；再生成本指企业在经营过程中对使用过的环境资源使之再生的成本，如造纸厂、化工厂对废水净化的成本，此类成本具有向环境排出废弃物"把关"的作用。

（4）按照环境成本空间范围分类

1）内部环境成本。内部环境成本包括企业自身应承担的与环境相关的成本，具体包括排污费、环境破坏的罚金或赔偿金、购买环境治理或保护设备的支出，以及对外部环境损失的赔偿等。这些费用直接由企业支付，反映了企业在环境保护方面的直接经济责任。内部环境成本的显著特征在于其已经能够被识别并用货币进行量化，尽管这种量化并不总是完全合理准确，但费用的实际支付或确认是不可否认的。这类成本通常表现为显性的、即时的环境费用，但也可能包括隐性或延期的费用。无论如何，内部环境成本最终都会涉及支付或偿还，形成环境责任主体的确定负债。因此，内部环境成本有时也被称作环境内部失败成本，指已经产生但尚未释放到环境中，需要被处理和清除的污染物和废物的成本，如操作污染控制设施、处理有毒废物、回收废旧材料等。

2）外部环境成本。外部环境成本指那些由本企业经济活动所引致的，但尚不能明确货币计量并由于各种原因而未由本企业承担的不良环境后果。由于目前还无法对某些不良环境影响进行货币化计量，即使这些问题已经被认识到，它们也不能被归咎于责任方，因此在会计学上还不能被视为成本。然而，环境质量的损害是实际发生的，表明环境成本已经形成。例如，企业在生产过程中排放的有害气体、污水或废物可能对他人造成了尚未能明确量化的损害。尽管企业根据环保法规缴纳了排污费，承担了内部环境成本，但这些费用往往不足以弥补由环境污染引起的损失，特别是当责任方或损失金额难以确定时。在没有明确的法规支持下，外部环境成本表现为隐性成本，可能构成潜在的负债。例如，企业排放废气导致的空气污染和酸雨，以及生态破坏引起的社会环境成本，很难明确界定和进行会计配比。外部环境成本转化为内部成本的时间和比例，受到环境法规和会计准则的限制。尽管如此，外部环境成本的内部化是不可避免的趋势，最终，由不良环境影响引起的外部成本仍需由环境责任者承担。因此，外部环境成本被视为企业的环境外部失败成本，这些成本源于企业排放的污染物和废物，但尚未承担赔偿责任，形成了环境的社会成本。例如，因空气污染而接受的医疗护理，因污染而失去的工作机会，以及

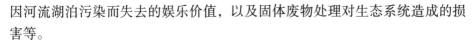

因河流湖泊污染而失去的娱乐价值，以及固体废物处理对生态系统造成的损害等。

（5）按照环境成本的确认时间分类

1）当期环境成本。当期环境成本指在当前会计期间内应计入费用的成本，涉及环境方面的支出。这包括按权责发生制原则计提的排污费、环境税，摊销的环境恢复费，以及计提的生态补偿基金等。在会计实务中，当期环境成本的确认通常没有争议，主要挑战在于如何基于环境影响的评估合理地归集和分配这些成本。这些成本通常是显性的，直接反映企业为清理当期环境污染或补偿环境损失而产生的支付义务，可能需要立即支付，如排污费和环境税。少数可能是未来支付或形成未来负债，如计提环境准备金。假如过去的经济活动造成的环境损失因当时的估计不足，需要在当期为过去的环境负面"产出"结果买单，这也归属于当期环境成本。

2）递延环境成本。递延环境成本代表了企业在某一会计期间内发生的，但其效益或影响将延伸至未来时期的环境相关费用。这些成本主要用于预先准备未来可能需要的环境污染清理或环境补偿活动，从而构建企业的环境成本准备金。根据会计上的权责发生制原则，递延环境成本被视为一种需要在未来期间逐步摊销的长期费用，它是对将来可能出现的环境问题的一种前瞻性的财务准备和估计。递延环境成本本质上是对未来可能产生的环境负债的预付款，这种负债可能转化为企业的远期负债，甚至是或有负债——即只有在特定条件下才会发生的负债。这类成本往往具有潜在负债和隐性负债的属性，因为它们并不总是立即体现在企业的资产负债表上，而是根据会计政策在未来的会计期间内逐步确认。递延环境成本的典型例子包括但不限于计提的生态补偿基金和售后产品的环保服务费。这些成本会在当前或后续的会计期间内，根据其预期效益的分配情况，分期计入企业的环境成本中。如果递延环境成本在当期被摊销，那么在会计处理上，这部分成本将被确认为当期的环境成本，反映在利润表中，作为企业当期经营成本的一部分。

（6）按环境成本分摊期限长短分类

1）长期环境成本。长期环境成本支出指因环境问题企业在一个较长时期内需持续支付的费用，如企业每年向环保局支付的排污费。

2）短期环境成本。短期环境成本支出是企业为环境问题一次性支付的费用，如企业的环保设备支出、一次性支付的矿山开采权等。如表2-2所示。

表 2-2　环境成本分类

分类标准	具体分类
环境成本支出的动因	资源耗减成本、资源降级成本、资源维护成本、环境保护成本（监测、预防、管理、研发、污染治理、修复、预防三废、补偿、支援、其他、费用转成本）
成本会计核算内容	资源消耗成本、环境破坏成本、环境修复补救成本、环境维护预防成本、环境研发成本、环境管理成本、环保支援成本、其他环境成本
环境成本控制过程	事前环境成本、事中环境成本、事后环境成本
环境成本空间范围	内部环境成本、外部环境成本
环境成本确认时间	当期环境成本、递延环境成本
环境成本分摊期限	短期环境成本、长期环境成本

2.3.2　环境成本的确认与计量

2.3.2.1　环境成本的确认

环境成本的确认主要有两种方式：首先，为了达到国家环境保护法规所规定的标准而产生的费用，这些标准包括环境质量标准、污染物排放标准、环保基础标准、方法标准和样品标准等；其次，是国家通过经济手段进行环境保护时，企业所承担的成本费用，如国家征收的超标排污费、环境税、资源税、环境保护基金，以及企业间进行的排污权交易所产生的支付等。

为此，要确认企业环境成本应有两个环节：

第一，判断涉及环境问题所引起成本费用发生的业务和事项，及与环境负荷的降低是否有关。环境成本的确认通常分为法规性确认和自主性确认两种基本类型。法规性确认指企业根据国家环境保护的法律、法规和标准，在进行环境保护活动时所确认的成本，如按国家排污标准缴纳的环境税或因未达标排放污水而支付的罚款。自主性确认指企业根据自身设定的环境目标，管理其活动对环境的影响，并为实现这些目标所进行的成本确认，如为建立环境管理机构而支出的经费。

第二，规定环境成本确认的条件，也可以从两个方面看：①环境成本的发生起因于环保。②环境成本的金额能够可靠计量或合理估计。

2.3.2.2　环境成本确认的原则

（1）满足会计学成本要素的定义，其性质本身就是一种耗费，是一种经济利益的流出，应与一定期间、一定的归属对象联系。

（2）该项费用的发生可能会引起资产的减少、负债的增加或两者兼有。

（3）环境成本是一种可用货币计量的付出，其数额的显示应是明确的，从而使其符合可计量性标准。

（4）环境成本与一般的产品成本具有较大差别，反映的是企业在环境保护活动中的一种资源耗费，能随着使用者的决策不同而有差别，并且这种差别是信息使用决策中不可缺少的内容。

（5）环境成本应反映发生的目的，即成本支出为了保护环境和治理环境。

2.3.2.3　环境成本计量的特点

所谓环境成本计量，是对环境成本确认的结果予以量化的过程，即在环境成本确认的基础上，对其业务和事项按其特性，采用一定的计量单位和属性，进行数量和金额认定、计算和最终确定的过程。基于环境成本计量的基本思路和方法以及环境资源的特点，环境成本计量具有以下特点：

（1）模糊数学方法计量。模糊数学在环境成本计量中的作用体现在对环境成本核算过程中的不确定性和模糊性进行量化分析。由于环境成本本身具有模糊性和非精确性的特点，许多成本如自然资源和生态环境的损失难以用传统精确数值来衡量。这种情况下，模糊数学方法可以提供一种手段，帮助评估和度量这些成本，从而在环境成本核算中提高相对准确性。

（2）多种计量尺度并存。环境成本同时与商品属性和非商品属性关联，其计量常带有不确定性，因此仅用货币衡量可能无法真实展现企业的环保状况。结合定量与定性方法，同时接纳精确与模糊计量，可以更准确地传达环境成本的本质。在宏观层面和中观层面的环境成本核算中，重视价值与实物的量度，评估资源的投入产出和存量；在微观层面，更注重货币价值的计量。

（3）多种计量属性交叉。在环境资源会计的核算中，计量属性的选择是交叉进行的，表现为对某些项目以历史成本为基础，如自然资源开发成本；对另一些项目以现行成本为基础，如土地资源估价适用现行市价法等。除货币计量外，环境成本还需要使用实物和技术经济等多重计量手段，如废弃物排放可以吨、千克、立方米等物理计量单位，废水中的污染物浓度等用化学计量单位等。

2.3.2.4　环境成本计量的原则

环境成本计量原则是会计整体原则的一部分，计量时应遵循会计基本原则。同时，考虑到环境成本的特殊性，应引入一些具有实际指导意义的计量原则。这些原则对于规范环境成本的计量和会计处理至关重要。

（1）经济与环境效益并重原则。在进行环境成本计量时，企业应遵循经济效益与环境效益并重的原则。这意味着在计量过程中，不仅要关注经济收益，也要兼顾环境的可持续性。尽可能全面地考虑所有类型的环境成本，以确保计量结果的全面性和准确性。

（2）可靠性与相关性结合的原则。美国财务会计准则委员会（FASB）指出，会计信息的计量应具备相关性和可靠性这两个关键属性。在传统会计实践中，人们倾向于强调可靠性，即对历史事件的准确计量。然而，决策有用性理论更侧重于会计信息的相关性，即这些信息应有助于预测企业未来的经济活动，并评估其未来的财务状况和经营成果。在环境成本的计量方面，应平衡可靠性和相关性，这样不仅能满足企业对内部环境管理的需求，同时能满足外部信息使用者的期望。

（3）灵活性与规范性互补的原则。环境成本计量应遵循灵活性与规范性相结合的指导原则。在坚持会计准则的前提下，环境成本的计量应被允许有一定的调整空间。虽然传统成本计量侧重于规范性，但随着环境成本会计的逐步发展，其计量方法的灵活性变得日益重要。鉴于环境资源会计目前仍处于起步阶段，许多复杂问题尚未解决，保持一定的灵活性至关重要。无论是在环境成本计量方法的选取、会计处理流程，还是报告格式的制定上，都应允许存在一定的灵活性。

（4）成本效益原则。在评估环境资源会计计量结果的准确性和必要性时，应遵循成本效益原则。特别是在提供环境成本信息时，其成本不应超过所产生收益。这意味着在计量环境成本时，必须权衡获取这些信息的成本与其带来的收益。

2.3.2.5　环境成本计量的主要方法

会计学理论中，费用计量属性包括历史成本、现行成本和可变现价值，计量单位通常为货币。现行成本会计模式以历史成本为基础，并结合其他计量属性，采用货币计量。环境成本计量也应遵循这一模式，但需结合其特性进行适当扩展。具体计量方法应根据具体情况灵活选择。

（1）实际成本计量。在实施环境资源会计要素的成本计量时，应根据实际发生的交易价格或成本来确定。实际成本计量是一种在传统会计中广泛使用的资产评估方法，而直接市场法通过货币价值直接评估变化因素或其结果。这种评估方法在环境资源会计要素的计量上通常有明确的依据，易于进行核实，因此其评估结果具有较高的确定性和可靠性。例如，在自然资源遭受损害或污染后，为了恢复其原有功能而产生的费用，可以通过实际成本法进行核算，这代表了恢复环境至标准状态所需的全部实际费用。同时，在对预计的未来环境成本、负债和准备金进行合理估算时，也可以使用实际成本计量法。

1）防护费用法。这种方法的属性是衡量为了减少环境污染的不良影响而愿意支付的费用。举例来说，面对噪声污染的情况，可能需要对建筑物进行隔音或消声处理，或者采取其他相应的措施，这些措施所需的费用便构成了环境污染防治的成本。按照这种思路，如果企业在实施有效的污染防治措施之前，可以视其已经承担了相应的负债，其具体数额应依据技术标准或实践经验来确定。

2）恢复费用法。这种方法的属性是评估因环境污染而受到损害的生产性资产的修复或更新成本。在环境质量未达到标准要求且污染无法得到有效治理的情况下，可能需要采取替代措施来恢复环境，使其满足环境质量标准。为此所需的成本称为恢复费用或重置成本，这种方法因此被称为重置成本法。例如，企业可能将有害液体废物储存在地下，长期储存会对土地和地下水造成影响。当这些影响变得显著时，企业需要采取措施进行环境的修复和更新，这将涉及一定的支出。这种预期的支出应在污染发生之前进行评估，其具体金额应依据技术标准来确定。

3）机会成本法。机会成本的产生源于资源的有限性，选择一种使用方式意味着放弃其他可能的使用方式。国内的土地资源特别是耕地资源极为宝贵，土地价值的计算对于经济发展至关重要。在缺乏市场价格作为参考的情况下，可以利用机会成本法来评估其价值。此外，在没有市场价格参考的情况下，资源使用的成本可通过放弃的替代用途的潜在收益来估算。这种方法通过考虑因环境损害而需要重新购置的生产性物质资产的费用，来评估消除环境危害所带来的效益。例如，通过计算如果土地用于耕作所能带来的潜在收益，可以评估出因废弃物堆放或污染侵蚀导致的土地价值减少。

（2）差额计量、全额计量和按比例分配计量。在进行环境成本的计量时，应充分考虑当前的实际环境，并在环境成本与生产成本的核算方法之间实现有效协调，引入包括差额计量、全额计量和按比例分配计量在内的特定计量手段。由于企业与环境的相互作用日益复杂，许多环境成本与生产成本常常合并在一项共同支出中，好比为生产设备增添环保设施所产生的费用。因此，在生产成本的核算体系中，应合理设置与环境成本相关的科目和账户。在会计期末，根据这些科目和账户的记录编制环境成本报告，或者在现有的财务报告中补充环境成本核算的详细资料，这种方法较为实用。

1）差额计量。这种方法涉及在计算环保支出时，扣除那些不具备环保作用的投资支出，从而得到净环保成本。然后，资产的折旧也将基于这一净额进行。通过使用差额计量，可以更精确地划分资产的环保功能和非环保功能所应承担的成本，有助于更准确地区分产品成本和环境成本，从而优化信息披露的分类。对于购买同时具有环保特性的材料或固定资产，差额计量提供了一种合适的评估方法。

2）全额计量。它指的是为了解决特定的环境问题而专门投入的资金，在会计处理中，这类支出被完全归类为环境成本。这种方法在实践中较为常见，且易于执行。典型的案例包括专门环保机构的运营成本、环保科技研发的投入、环境管理系统建设的花费以及针对污染治理的专项资金等。

3）按比例分配计量。它是指将与产品生产密切相关的污染治理费用，按一定比例分配计入各种产品的制造成本中。比如，发生的各生产车间的废弃物处理成本等。定额成本、计划成本和作业成本都是这种方法的具体应用。

（3）定性评价方法。

1）调查评价法。通过收集专家、环境资源使用者或承担环境成本的个人和组织的信息，以评估环境资源损害所带来的损失，或通过分析这些信息来确定环境效益和成本。具体实施时，可以采用多种技术，如通过专家调查进行的专家评审法，或通过环境资源使用者调查的竞标博弈法等。调查分析法虽然是一种近似而非精确的技术，但它可以作为其他评估方法的补充，主要用于通过定性手段来估算环境成本。

2）政府认定法。当企业的污染达到一定水平时，政府可能会介入并要求企业执行必要的污染治理措施。这些治理费用最好在政府正式确认前就开始记录。治理措施可以是企业自行处理、企业出资由政府集中处理，或者企业与其他相关方合作处理。治理费用的支出通常在环保部门或相关部门制定预算方案后，由企业预先提取并记录在账簿中，以确保企业财务状况和经营成果的准确性。如果这种预提方式不可行，企业可以在政府正式确认污染问题时进行账目记录和报告。这是一种基于定性分析的环境成本计量方法，其有效性建立在政府环保机关坚持公正和透明原则的基础上。

3）法院裁决法。因环境污染问题而引发的法律诉讼和法院判决是屡见不鲜的事件，这些判决从一定程度上反映了受损害者损失的总估计。企业支付的赔偿金额可以作为衡量社会成本的一个指标，并且这部分成本已经通过企业的赔偿行为被内化。当企业面临潜在的污染问题或对其他相关方造成了损害，未来可能需要承担赔偿或治理的责任，将导致企业必须支付一定的费用。企业可以借鉴类似案例，提前进行费用的预提。如果法院已经对企业的环境污染赔偿和治理责任作出判决，企业应将判决的赔偿金额记入负债，并确认为费用。法院裁决法作为一种定性的环境成本计量手段，其赔偿数额的确定需要根据案件的具体情况综合考虑，因此并不总能完全准确地反映成本。

2.3.2.6　不同环境成本计量方法的选用

（1）自然资源消耗成本计量模式。环境成本的计量基于社会生产和资源再生过程中对自然资源的使用、降级以及恢复和维护所发生的各种实际支出。这包括在经济活动中消耗自然资源、导致资源质量下降以及进行资源修复和保护的相关费用，如表 2-3 所示。

表 2-3　自然资源消耗成本计量模式

方法	适用条件情况	说明
成本法	应用于自然资源产品的价格评估	需要确定社会平均生产成本与平均利润率来计算资源产品的生产利润
收益现值法	未来收益较明确，资料容易获得	关键是要确定资源收益和贴现率
市场法	资源市场发育良好、运行较规范，如土地、矿产、森林、水产等	有可能受市场价格的扭曲等情况的影响

（2）环境污染成本计量模式。这是将人们在生产、消费过程中产生的大量废弃物向环境排放控制在环境容量范围之内而发生的成本，如表 2-4 至表 2-6 所示。

表 2-4　环境污染成本计量模式（直接市场法）

方法	适用条件情况	说明
市场价值法	工农业产品因水土流失、水质受大气污染等造成的损失	又称生产率变动法。有足够的数据支持，同时考虑市场价格波动、人们的转移、回避、防护等措施
人力资本法	评估大气和水污染相关的疾病、非安全健康的工作条件及危害人体健康方面	又称收入损失法。当面临医疗数据不足、多种诱因交织难以区分、长期慢性职业病问题以及医疗资源匮乏等情况时，可能不适用
防护费用法	为维护和保持环境质量而付出的费用	在低收入地区或环境变化未被充分识别，以及环境功能难以被替代的情况下，环境成本的计量可能面临挑战，不宜应用
重置成本法	隔音、抗震等防护措施产生的费用，以及消烟、除尘、污水处理等环境治理成本，还有防治机构进行监测和科研所需的费用	又称恢复费用法。污染发现后已造成严重后果无法恢复和补偿的情况下，不便使用
机会成本法	对自然资源保护区或具有唯一特性的资源的价值评估	对具有不可逆性的自然资源价值评估，不便使用

表 2-5　环境污染成本计量模式（替代市场法）

方法	适用条件情况	说明
资产价值法	当其他条件相同时，因周围环境质量的不同而导致的同类资产的价格差异来衡量环境质量变动的货币价值	如房地产市场、不同职业和地点的工资差别
旅行费用法	评估风景区的环境质量	只用于评估旅游资源的环境质量
工资差额法	以实际劳动力市场价格计算环境改善带来的收益	要有完全竞争的劳动力市场，一般没有代表性

表 2-6　环境污染成本计量模式（其他方法）

方法	适用条件情况	说明
后果阻止法	绕开复杂的污染分析，可以直接得出结果	其结果受到社会经济发展程度、物价水平、工业化水平、资源状况的影响
博弈法	空气质量与水源纯净度、休闲娱乐的潜在价值、未商业化自然保护区的生态重要性、生物多样性的固有价值、对生命安全及人体健康的潜在威胁、交通状况的优化、污水排放量的记录与分析	是假想市场法，包括投标博弈法、比较博弈法、优选评价法、德尔菲法等。其应用前提在于环境变动不应直接影响销售业绩，且无法直接调查公众的倾向。同时研究需配以充裕的财务支持、人力资源及时间投入以确保深入探究
数学模型法	利用数学模型进行环境成本计量	包括净现值模型、市场底价模型、模糊数学模型和投入产出模型等具体方法，选择这些模型时，需考虑其适用性、计量的准确性以及计量过程的复杂度

　　环境成本计量的一般方法并非一成不变的理论，而是一种灵活应用的模式。鉴于环境要素的多样性和影响因素的复杂性，实际核算中对特定环境资源的成本计量需要根据具体情况选择合适的方法，以确保计量的准确性和适用性。

2.3.3　环境成本的账务处理

2.3.3.1　环境成本的账户设置

依据环境成本的分类，环境成本会计处理的具体内容包括自然资源耗减成本的处理、生态资源降级成本的处理、资源维护成本的处理和环境保护成本的处理。根据成本支出动因设置四个一级账户"资源耗减成本""资源降级成本""资源维护成本""环境保护成本"进行总分类核算,借以归集和分配各项环境项目成本。同时,按照环境成本项目设置环境成本若干二级成本明细账户,如表 2-7 所示。

表 2-7 环境成本科目设置

一级科目	二级科目
资源耗减成本	
资源降级成本	
资源维护成本	
环境保护成本	环境监测成本
	环境管理成本
	污染治理成本
	预防"三废"成本
	环境修复成本
	环境研发成本
	环境补偿成本
	环境支援成本
	事故损害成本
	其他环境成本
	环境费用转入成本

2.3.3.2 环境保护成本的资本化和费用化问题

(1)环境成本资本化和费用化界定。环境保护成本的多样性特点,说明有些保护费用的发生可能与资产、工程或项目有关,而有些可能无关,因此,环境保护成本确认资产还是费用的首要环节是将发生的保护成本在资本性支出与收益性支出之间划分。

当支出属于资本性投入,并且与环境资产相关时,应进行资本化,计入环境资产的账面价值,并按照维持自然资源基础存量的费用进行确认、计量和报告。若支出与生态保护设备相关,如污水处理设施,应资本化并计入该固定资产的账面价值,其核算方法应遵循固定资产的会计准则。若支出与生态保护技术或专利相关,则应资本化并计入无形资产,其核算方法应遵循无形资产的会计准则。若支出不与资产直接相关，则作为当期费用处理，若与环境成本直接相关，则记入相应的二级账户；若与环境成本无关，则记入环境费用的二级账户。

在会计实践中，收益性支出或费用的确认应遵循配比原则，其确认的标准和时间应与收入的确认相匹配。费用的确认时点和方式应与收入的确认方法一致。如果收入的确认是基于价值变动，则相应的支出应在价值变动时确认为费用；如果收入的确认是基于现金流量，则支出应在现金实际流出时确认为费用。费用应在收入确认的同一期间内确认。然而，生态保护成本与效用之间往往没有直接的关联，因此无法直接与效用配比来确认费用。环境成本的确认和计量是一个复杂的问题，特别是考虑到环境效益的实现往往跨越较长时间段，受益范围广泛，且效用的实现存在不确定性。这些特点导致效用与成本之间缺乏直接且清晰的对应关系，从而使成本与其实现的环境效益难以直接配比确认。支付的生态保护成本，在性质上类似资本性支出，理论上应该资本化并计入生态资产的价值中，作为长期投资的一部分。然而，由于这些成本与生态资产之间的直接联系不易界定，使将成本准确地计入生态资产价值变得非常困难。为了防止生态资源的退化，进行必要的保护性支出是必不可少的。尽管这些支出的效用是长期且广泛的，但支出本身往往是短期且特定的。

从会计处理的角度看，保护性支出应遵循期间配比原则，即在成本发生时作为当期费用处理。根据会计惯例，如果支出与未来收入间不存在直接联系，或者缺乏一个合理且系统的方法分配这些成本，那么这些支出通常会被确认为支付期的费用。即使保护成本与未来的收益有所关联，但如果无法找到一个合理的分配基础，或者未来环境效用的实现存在不确定性，那么这些成本应该在支付时作为费用处理，而非递延至未来期间。

（2）环境完全成本核算。在会计核算时，资本化的环境成本均会从"环境保护成本""资源维护成本"账户转出，形成环境资产，计入"环境固定资产"或"环境无形资产"账户。

费用化的环境成本包括了归集在"环境管理成本"二级账户中的所有金额，以及"环境费用"一级账户下的全部记录金额，再加上那些未被资本化的、归属于其他二级账户下的"环境成本"一级账户的金额。在每个会计期末，这些费用化的环境成本总和会被转入"环境利润"账户中进行汇总。通过上述方法计算得出的环境成本被称为"完全环境成本"，这是一种广义上的环境成本概念。其计算公式为：环境完全成本＝环境直接成本＋环境期间成本。

其中：

环境直接成本＝资源成本＋环境保护成本＝（资源耗减成本＋资源降级成

本 + 资源维护成本）+ 环境保护成本

式中，资源耗减成本、资源降级成本、资源维护成本是资源性资产耗减、降级、维护成本，包括自然资源资产和生态资源资产。

环境保护成本是非资源性资产耗减、降级、维护成本，包括环境监测成本、环境管理成本、污染治理成本、环境预防成本、环境修复成本、环境研发成本、环境补偿成本、环境支援成本、环境事故损害损失、其他环境成本、环境营业外支出、环境费用转入成本。其中的“环境补偿成本”一般采用预提形式形成企业的一项负债，用于支付生态环境受损方的环境损失。所以，这项环保专用基金是一项债务性质基金。

环境期间成本 = 环境期间费用 + 资源和“三废”产品销售成本 + 环境营业外支出 + 环境资产减值损失

式中，环境期间费用是企业管理和组织环境事项发生的成本，包括环境管理费用、其他环境费用。资源和“三废”产品销售成本是已销自然资源产品、生态资源产品、“三废”产品的生产成本的转移。环境营业外支出特指企业对外各种形式的环境捐赠支出等。环境资产减值损失指期末环境资产的账面价值高于其可回收金额（即市价）所产生的差额。

因此，当发生的支出没有合理的途径将相关支出与效用相联系时，或未来期间的效用不能估量时，只能将其纳入支付期的费用处理，即采用期间配比的方法确认。

值得注意的是，当期发生的环境费用和支出并不会全部计入环境成本，即需资本化的费用和跨期摊提的费用。对与未来多期收益有联系的当期环境支出，需要计入“环境递延资产”账户，自当期或以后各期摊销，否则，会虚增当期环境成本。实务中，这种需递延的费用支出是非常少的。

2.3.3.3　“环境保护成本”账户

（1）账户设置。“环境保护成本”账户是用来核算环境保护发生的各项费用支出情况。借方登记实际发生的环境保护费用支出，贷方登记结转到成本项目的金额，期末结转后无余额。环境保护成本根据不同的情况有不同的会计处理方法。现以排污费为例，业务如下：

1）当生产的产品产量与排污量成正比，环保税发生。如果某种产品某批量的污染成本 = 该产品产量 × 单位产品排污量 × 环保税标准，则这种污染成本是产品的变动成本，产量与排污量成正比或近似成正比，在核算了直接材料、直接人工后，应纳入环境污染这个项目。

当产品完工之后，会计分录为：

借：环境保护成本——预防“三废”成本

贷：应交环境税费

实际支付排污税费，会计分录为：

借：应交环境税费

贷：银行存款

当生产产品产量与排污量不成正比，排污量小，不易确定排污主体或者排污发生在产品固定成本范围中，则可以先记入"环境管理费用"科目中，后期再分配结转到"环境保护成本"。会计分录为：

借：环境管理费用

贷：应交环境税费

2）使用排污品。在使用诸如润滑油等产品时，往往会产生排放物，如润滑油可能对水质造成负面影响，而石油和汽油的使用则会导致二氧化硫（SO_2）和二氧化碳（CO_2）的释放，进而污染大气。因此，当购置这类商品时，除基本的购货价格外，还应额外计算因排放而产生的费用，并直接将其计入相应污染物的采购成本中。如果将这些排污品作为原材料，对其追加排污费计算如下：

某种物品某批量使用排污品环保税 = 该种物品购买数量 × 该物品单位数量追加的环保税

当购买排污品时，会计分录为：

借：环保原料

环境保护成本——预防"三废"成本

贷：应交环境税费

银行存款

实际支付追加的排污税费时，会计分录为：

借：应交环境税费

贷：银行存款

3）不可回收包装物。非循环利用的包装材料会增加固体废弃物的总量，为此对这类不易回收的包装物征收费用，能够激励制造商和零售商优化包装设计，提升包装废弃物的回收率，从而减少废弃包装的产生。针对不同材质的包装物，其征收的费用标准有所区别，具体计算规则如下：

某种包装物批量的环保税 = 某种售出包装物的数量（或重量、体积）× 该种包装物的单位环保税标准

当销售时，会计分录为：

借：环境保护成本——环境预防成本——未收回包装物环境税

贷：应交环境税费——包装物

当实际支付时，会计分录为：

借：应交环境税费——包装物

  贷：银行存款

4）可收回包装物。如果企业使用押金等方法收回包装物时，再按收回的包装物数量计算应冲减的环保成本，计算公式为：

回收某批量的包装物应冲减的应付环保成本＝回收包装物数量（或重量、体积）× 该包装物单位环保税标准

当收回包装物时，会计分录为：

借：应交环境税费——包装物

  贷：环境保护成本——环境预防成本——收回包装物环境税

5）环境保护成本——固体废弃物。固体废弃物（主要是工业固体废弃物）包括工业废渣、工程渣土和经营性垃圾等，凡是可以确定是何种产品、工程或商品产生的，都应记入其成本之中，计算公式为：

某种工业固体废弃物的收费额＝某种固体废弃物的重量（或体积）× 环保税标准

当工程或产品完工之后，会计分录为：

借：环境保护成本——预防"三废"成本——固体废弃物

  贷：应交环境税费——固体废弃物

当实际支付环保税后，会计分录为：

借：应交环境税费——固体废弃物

  贷：银行存款

（2）账务处理方法

1）资本化方法。环境费用的资本化指企业将为环境预防和治理目的购置或建造的机械、设备等作为资本支出，计入固定资产、无形资产或在建工程等账户。

环境成本的确认应发生在首次识别时。在处理环境灾害相关的会计问题时，关键在于确定成本的确认时机，以及选择资本化还是费用化。如果环境成本与企业经济利益的流入有直接或间接的关联，应考虑资本化。这包括：成本若能提升企业现有资产的性能、安全性或效率；成本若能减少或避免未来可能产生的环境污染；成本具有环境保护功能，尤其是具有预防性质的措施。此外，因安全或环境因素导致的费用，以及为减少或防止潜在污染而发生的费用，也应进行资本化处理。

账务处理：第一，当企业购买或建造用于环境预防和治理的固定资产时，应将其视为资本性支出。在会计处理上，借方登记"环境固定资产"科目，贷

方则登记"环保在建工程"或"银行存款"等科目，以此记录资产的增加和相应资金的减少。对于这类固定资产的折旧，企业需要定期计提。计提折旧时，借方应记入"环境保护成本"总账科目下的具体明细科目，如"环境检测成本""生态补偿成本"等，以及相应的成本科目，贷方则记入"环境资产累计折旧/折耗"科目，以反映固定资产价值的减少。第二，对于除固定资产之外的其他环境预防和治理费用，以及因环境破坏而需要资本化的赔付费用，通常被视为递延资产，将在未来一段时间内为企业带来经济效益。在会计处理上，这些费用在发生时应借记"环境保护成本"总账科目下的明细科目，如"污染治理成本""环境修复成本""环境监测成本""环境管理成本"等，以及相应的成本科目，贷方则记入"环境递延资产——环保费用"科目。企业需在一定期限内对递延资产进行分期摊销。摊销时，借方再次记入"环境保护成本"总账科目下的相关明细科目和成本科目，贷方则冲减"环境递延资产——环保费用"科目，以体现递延资产价值的逐渐消耗。

①购建时，会计分录为：

借：环境固定资产

  贷：环保在建工程

    银行存款

分期计提折旧时，会计分录为：

借：环境保护成本——污染治理成本

      ——环境监测成本

  贷：环境资产累计折旧

②作为其他资本性支出，计入递延资产账户，会计分录为：

借：环境递延资产——环保费用

  贷：银行存款

分期摊销时，会计分录为：

借：环境保护成本——污染治理成本

      ——环境监测成本

  贷：环境递延资产

2）收益化方法。环境灾害成本中，若某些成本不会为企业带来未来经济利益，则不应资本化，而应直接计入当期损益。这类成本主要包括：废物处理费用；与当前经营活动直接相关的清理费用；清除由过去活动引起的损害的费用；持续的环境管理费用；环境审计费用；因违反环境法规而支付的罚款；向第三方支付的环境损害赔偿金。

这些费用通常在发生时即确认为费用，反映在当期的财务报表中。

账务处理：①将上述环境灾害成本直接计入当期损益。当费用发生时，借记"环境费用"科目相应成本项目；贷记"银行存款"等科目。②当与环境有关的将来可能支付的费用，能够被合理而可靠地计量时，借记"环境保护成本——环境事故损害成本"等相应成本项目；贷记"应付环境赔款"科目。

环境成本的账务处理，可根据环境成本的支出方法，进行不同的处理。环境费用作为当期损益的方法指当环境费用发生时，会计分录为：

借：环境费用——环境事故损害

环境保护成本——环境事故损害成本

贷：应付环境赔款

银行存款

3）负债化方法。环境费用作为环境预计负债的方法，指当与环境有关的将来可能支付的费用，能够被合理可靠地计量时，对其提前确认，会计分录为：

借：环境保护成本——环境预防成本

——污染治理成本

——环境管理成本

贷：预计环境负债——应付环境保护费

——应付环境补偿费

4）损失化方法。环境费用作为当前环境损失的方法，是指企业被罚款或被勒令停产、减产而发生损失时发生的环境费用，作为当前营业外支出处理。支付时会计分录为：

借：环境营业外支出——环境损失

贷：银行存款

5）补偿化方法。无论以什么方式取得资产的使用权，经营者在经营自然资源资产时，都应向政府交纳资源环境补偿费，在交纳时，这些费用可以直接列作期间费用，从"环境费用"账户直接列支；也可以列支"环境保护成本"，主要看与产品成本或项目的关联性。如果需要跨期摊提，根据情况，也可以递延摊销。会计分录为：

借：环境费用——资源环境补偿费

环境保护成本——环境补偿成本

环境递延资产——资源环境补偿费

贷：银行存款

环境负债——应付生态补偿款

——应交资源补偿费

2.3.3.4　环境成本中的资源成本各级账户

依据环境成本的分类，环境成本会计处理的具体内容包括资源耗减成本的处理、资源降级成本的处理、资源维护成本的处理和环境保护成本的处理。这里阐述一下前三个资源成本核算内容，即"资源耗减成本""资源降级成本""资源维护成本"一级账户，而与前面的"环境保护成本"一级账户相对。

（1）资源耗减成本一级账户

1）资源消耗核算作用。企业的生产经营活动直接消耗着自然资源，生态资源一般不存在耗减而是降级。从企业角度核算资源的耗减成本具有以下作用：

①反映资源的真实成本。计算资源耗减成本主要是对生产过程中消耗的自然资源价值进行评估，并将其计入资源产品的成本中。这样，资源产品的成本不仅包含直接生产成本，还涵盖资源的耗减成本，从而更全面地体现资源产品的真实成本。

②反映资源的真实价值。将资源的耗减成本纳入资源产品的成本计算，意味着在资源产品的市场价格中间接体现这一成本。这种做法使原本未被计入价值的环境因素被纳入资源产品的价值链。

③满足收入与费用配比。当资源产品的成本包含了总成本的概念时，它自然地将自然资源的耗减成本考虑在内。这样的成本结构使得收入与成本之间的配比关系更加符合实际情况，体现了真正意义上的成本与收入的配比原则。

④符合会计重要性原则。资源产品成本的主要部分通常由自然资源的耗费价值构成，也就是耗减成本。根据会计的重要性原则，这一成本要素应成为核算的重点。因此，对资源耗减成本的精确核算遵循了重要性原则。

⑤产品成本中计入的资源耗减成本，能够反映当期生产中资源的使用情况。它体现了资源在生产中的消耗量，揭示了资源的使用效率，并显示了期末资源资产在环境资产账户中的状态。这些数据有助于评估资源的长期可持续利用能力。

2）自然资源核算的性质。在企业开发自然资源并转化为资源产品的过程中，这些资源展现出特定的属性。例如，铁矿在未被开采时属于一种矿产资源，一旦被开采，它便转变成了资源产品，即铁矿石。这些资源在企业中作为生产过程中的储备资产，用于生产消耗。在开采前，它们代表的是企业的资产存量；在开采后，它们转化为资产的流动部分。基于这些特性，我们可以认为自然资源具备存货的特征。既然如此，企业可以采用存货核算的方式处理自然资源，即在成本计算中，资源的耗用成本可以类比于生产成本中的原材料部分，其确认和计量可以参照原材料的核算方法进行。

3）"资源耗减成本"账户处理。"资源耗减成本"账户是用来记录和反映企业消耗自然资源以及在维护资源环境过程中所发生的各种费用的会计科目。每当企业使用环境资产，如自然资源和生态资源时，应相应地减少"自然资源资产"和"生态资源资产"账户的余额，这一减少的数额通过新设立的"环境资产累计折耗"账户体现，该账户的性质类似于传统的"累计折旧"账户，扮演着"自然资源资产"和"生态资源资产"的抵减账户角色。"环境资产累计折耗"账户实质上记录了自然资源资产在使用过程中逐渐转移的价值，即资产的耗减成本。"自然资源资产"账户的原始价值减去"环境资产累计折耗"账户的累计数额，所得到的差额即为自然资源资产的净价值，这个净价值反映了自然资源资产在扣除折耗后剩余的价值。

提取资源资产折耗时，会计分录为：

借：资源耗减成本

　　贷：环境资产累计折耗

结转资源耗减成本时，会计分录为：

借：环境资产累计折耗

　　贷：自然资源资产

【例 2-12】　设每吨煤炭作为资源的价值为 119.55 元，开采的费用为 28.75 元。如本期开采 200 吨，则其总成本为：（119.55+28.75）×200=29 660（元），据此编制的会计分录为：

借：资源耗减成本　　　　　　　　　　　　　　　　29 660

　　贷：环境资产累计折耗　　　　　　　　　　　　　　29 660

（2）资源降级成本一级账户

1）资源降级成本的性质和不同形式。环境资产的缩减不仅限于资源耗减，还包括资源降级。资源耗减主要关联自然资源的使用，其成本通常融入产品成本；资源降级多指生态资源的退化，这类损失难以转嫁给产品成本。

资源降级成本主要表现为资源降级损失，即破坏成本。破坏成本通常指因生态环境的质量和功能降低而导致的工农业产出、人类健康、旅游价值、建筑及其他相关损失的估算。如果破坏成本与特定的产品或行为相关联，它应计入该产品或行为的成本中。例如，造纸厂排放的废液导致水质下降，由此产生的水资源质量损失即为该废液排放的破坏成本，可以被视为水资源质量下降的降级成本。

2）资源降级成本的归属。核算资源降级成本的核心任务是确定这些成本的归属。当无法明确由哪家企业承担资源降级成本，或者责任企业无力承担时，应根据规定缴纳生态补偿费。生态补偿费是一种管理机制，旨在预防生态环境的破坏，针对可能对生态环境产生负面影响的活动，以生态修复为主要目标，通过经济手段进行调节，并以法律为支撑。本质上，生态补偿费代表了企业应支付的资源降级成本，可作为确认资源降级成本的依据。

无论是直接承担破坏成本还是支付生态补偿费，只要企业有支付环境成本的责任，就应将其记录为负债，即环境负债。如前所述，确认环境负债不一定需要法律强制，企业可能基于商业声誉或道德约束，自愿承担这些成本，并在管理层做出承诺时，将其确认为负债。

当资源降级成本体现为破坏成本时，根据完全成本理念，应将这些成本计入产品成本的一部分。在现行成本核算体系中，企业可以将降级成本作为单独的成本项目，纳入产品成本的计算中。具体地说，就是在成本项目中增加一个"资源降级成本"科目，专门核算产品的生产使生态资源的价值减少的货币表现。如果降级成本与产品生产没有直接联系，降级成本可作为管理费用处理。如果降级成本的发生与环境负债相联系，可设置"应付环境补偿费"科目，核算企业承担的环境义务。

从独立进行环境资源会计核算和独立进行环境成本报告角度考虑，应该单独进行生态资源降级成本核算，以体现对环境信息报告和披露的要求。而其核算的结果并不会影响现行的会计报告体系，只要对环境资源会计科目稍加调整，也可以嵌入传统的会计系统。

3）"资源降级成本"账务处理。设置"资源降级成本"一级账户。该账户用来核算该生态环境资源价值减少的补偿额，其数额的大小，由环保部门统一评估计量得出，这笔资金作为企业对资源环境补偿和资源环境发展的支出。该账户借方登记环保部门核算出来的资源环境因使用而减少的价值的补偿费；贷方登记转入"本年利润"或生产成本的数额，期末结转后无余额。

计算出应交生态资源降级成本时，会计分录为：

借：资源降级成本

    贷：应付生态补偿款

        应交资源补偿费——矿产资源补偿费等

实际交纳时，作如下会计分录：

借：应付生态补偿款

    应交资源补偿费——矿产资源补偿费等

    贷：银行存款

【例2-13】 一家造纸厂排放的废水导致当地河流遭受污染，水质下降所带来的经济损失估计为200万元。根据这一评估，当地环境保护机构要求该企业支付相应的生态环境补偿费用。这笔损失应作为环境降级成本的一部分，纳入造纸生产成本中。同时，尚未支付的补偿费用应被记为企业的环境负债。对未交部分的会计分录为：

借：资源降级成本　　　　　　　　　　　　　2 000 000

　　贷：应交资源补偿费——水资源补偿费　　　　　2 000 000

（3）资源维护成本一级账户

1）现行资源维护成本发生的频繁性。确保人类社会的经济可持续发展，关键在于保持自然资源的基本储备。为了达到这一目标，必然需要投入人力、物资和资金。例如，为了维护森林、草地等人造生态资源的持续供应，将产生一系列人造成本；为了提升自然资源的效用周期，将产生持续的维护成本；为了适应生产设施的升级或生产流程的调整，将产生相应的调整成本。总的来说，保持自然资源的基础储备将涉及大量的成本。

2）现行资源维护成本收益化会计核算的缺点。截至目前，环境资源资产并未被视为会计要素的一部分，未纳入会计核算的框架中。在面对为保持自然资源的最低存量而产生的费用时，即便这些费用本质上属于资本性支出，理应被纳入会计核算体系，但缺乏相应的费用承担实体，导致这些支出只能被视作收益性支出来处理。将维护成本归类为收益性支出，会在会计核算和环境资源资产的保护等方面引发一系列问题，主要体现在：

①不符合配比性原则。维护费用的支出通常发生在其效益显现之前的很长一段时间内。如果将这些支出仅在支付时期作为费用进行处理，会导致该时期的费用总额增加，从而降低同期的利润；而在效益显现的后期，却只有收益而没有相应的费用与之匹配。这种会计处理方式可能会在账面上造成一种错觉，即从自然资源中获得的收益似乎是无成本的，这可能会导致对自然资源的过度利用。

②未体现环境价值。当维护成本产生时，它反映了人们在自然资源的培育上投入了劳动。根据劳动价值论，环境资源的总价值应包含这部分劳动的价值。然而，如果这些维护费用仅被视为收益性支出，那么环境资源的价值将仅限于对自然资源的估计价值。若这种做法持续下去，将导致账面价值与实际价值间出现偏差，进而使得会计记录无法真实反映实际情况。

③未保证资源存量。如果维护成本不被视作资本性支出，而作为当期的收益性支出来处理，将直接减少当期的利润，从而降低人们支付这些费用的意愿，导致自然资源的基础存量无法得到保障。此外，这种做法还会导致在资源产品的生产周期内，收入与支出不能实现合理匹配，可能会促使人类无节制地开发和消耗自然资源。

总之，考虑到自然资源维护成本的本质特性，从会计核算的角度出发，从遏制自然资源过度消耗的角度看，维护成本应被视为具有资本性质的支出，并应将其资本化，纳入资产价值的计算之中。然而，对于那些本质上属于资本性支出但金额较小的维护成本，为了简化会计处理过程，也可以选择将其作为收益性支出处理。

3）资源维护成本资本化的标准。资源维护成本确认为资本性支出的标准可以归纳为：

①满足环境资产定义。当维持成本满足环境资产的定义条件，即它能够为未来带来效益，并且这些效益可以用货币来衡量时，就应被确认为资本性支出。因此，确认支出是否资本化的依据在于其产生的效益，能够为未来带来效益的支出应当资本化，并计入环境资产的价值；无法为未来带来效益的支出，则应作为当期的损益来处理。

②符合成本—效益原则。在维持成本数额较小的情况下，尽管它本质上属于资本性支出，但为了简化会计核算流程，可以将其确认为收益性支出。

③提高环境资产效用。如果维护成本能够增强现有环境资产的使用效能，则这类支出应被视为资本性支出。根据这一准则，当支出满足特定条件并产生独立或明确的效用时，可以单独确认为一项环境资产。例如，人工林和人工草地等，它们能够带来独特或独立的未来利益，因此可以单独确认为环境资产。相反，如果支出虽然满足资本性支出的标准，但未能带来独立或特定的效益，则应将其与受益的资产一起确认为资本性支出。这意味着将其纳入现有环境资产的价值中，或者作为固定资产价值的一部分。

4）"资源维护成本"账务处理。资源维护不仅涵盖了对自然资源的保护，也包括了对生态资源的维护，但本节主要讨论的是自然资源的保护。"资源维护成本"账户主要记录为了保持自然资源基本存量而产生的人力、物力和财力的支出。这包括为维持人造森林、草场等自然资源的存量而产生的各种成本；为了延长这些资源的效用而产生的维护费用；为了合理利用这些资源而进行的生产设备改进和生产方式调整所产生的费用。该账户的借方记录企业为预防环境破坏和污染而发生的日常支出，主要涉及环保人员的工资和设施的运行费用。贷方则记录将这些成本转入"本年利润"或"生产成本"的金额。在会计期末，这些成本将被结转，账户期末无余额。会计分录为：

借：资源维护成本
　　贷：原材料
　　　　银行存款

资源维护成本在资本化后，应作为一项资产加以记录。从费用的支出以及与资产的关系看，其会计处理包括以下几种情况：

①能够形成和增加新的自然资源。资源维护成本的投入有助于培育和提升自然资源（通常是人造资源）的价值。例如，通过人工造林，可以培育出人工森林资源，从而增加林业资产。这类资源维护支出本质上属于资本性支出，因为它能够直接促进环境资产价值的增长。因此，这类成本应当被计入资产价值，以反映其对企业资产的长期增值效应。可作会计分录为：

借：自然资源资产

贷：银行存款

②能够形成或增加新的固定资产。资源维护成本的支出虽然不直接创造或增加新的自然资源，但可以建造与资源开发和利用紧密相关的工程设施及固定资产。例如，在露天矿区建设的排水系统，用以防止泥水对矿区的污染。这类支出实质上是在形成固定资产，因此应按照固定资产的会计处理方法进行核算。其会计分录为：

借：环境固定资产

贷：银行存款

③不能开发或增加新的自然资源或固定资产。资源维护成本的支出即便不能直接创造新的自然资源或增加固定资产，但能提升资源的使用价值或减少资源可能遭受的损害。例如，煤矿企业通过组织巡逻队伍保护矿区资源，防止非法采矿行为对其造成破坏。这种支出虽然不具备资本性支出的属性，但因其对资源保护具有即时和直接的影响，因此应被视为费用性支出。在会计处理中，这类支出应作为当期费用进行核算，并在损益表中体现。其会计分录为：

借：资源维护成本

贷：银行存款

【例2-14】某钢铁公司2023年发生的环境事项如下：

（1）该钢铁公司生产过程中的煤炭和铁矿石由自己开采，煤炭的单价为每吨255元，而铁矿石的价格则是每吨160元。该公司每年的煤炭开采量达到150万吨，铁矿石的开采量则为70万吨。

（2）煤炭和铁矿石的开采活动往往会对土壤和森林生态系统产生破坏性影响。鉴于国家对环境保护的日益重视，企业决定设立生态补偿基金，每年投入8 000万元用于补偿这些环境影响。

（3）为实现排放污染控制目标，企业启动了烟气脱硫工程H，涵盖了设备购买、工程安装及技术服务等费用。该工程现已完成竣工结算，总投入达到1.8亿元，并预计其运行周期将达30年。

（4）H项目每年维护成本为240万元；并计提使用折旧60万元。

（5）运行成本包括耗电和职工薪酬等在内每年为1 100万元。

（6）该企业每年的废水处理系统折旧费用为 20 万元，而其运营成本为 25 万元，设备年度维护费用则为 15 万元。

（7）为实现可持续发展，该企业每年投入环保研发经费为 280 万元。

（8）每年废水、废气和废渣的排放成本为 900 万元，导致生态环境降级。

（9）为了减少开采对森林资源带来的破坏损失，对矿区附近的森林资源进行维护，成本为 65 万元。

（10）该企业每年的环境检测费用为 35 万元。

（11）环境治理过程中发生的人工费 15 万元。

（12）为了提升员工对环境保护的认识，企业每年投资 12 万元用于员工的环保培训。

（13）支付污染对劳动人员的补偿费为 10 万元。

要求：根据以上信息做会计分录。

（1）借：资源耗减成本　　494 500 000（255×150 万元 +160×70 万元）

　　　　贷：环境资产累计折耗　　　　　　　　　　　　494 500 000

（2）由于提取生态补偿基金是要交给国家的，应计入资源降级成本，同时确认环境负债。

　　借：资源降级成本　　　　　　　　　　　　　　80 000 000

　　　　贷：应交资源补偿费　　　　　　　　　　　　80 000 000

（3）由于该项工程是为了维护环境目的而构建的，所以其成本应计入环境资产账户。

　　借：环境固定资产　　　　　　　　　　　　　180 000 000

　　　　贷：银行存款　　　　　　　　　　　　　　180 000 000

（4）对于环保项目和设备的维护费用，应根据其发生额直接计入环境成本账户。

　　借：环境保护成本——环保设备维护成本　　　　3 000 000

　　　　贷：银行存款　　　　　　　　　　　　　　2 400 000

　　　　　　环境资产累计折旧　　　　　　　　　　　600 000

（5）对于环保项目和设备的运行成本，也应全额计入环境成本账户。

　　借：环境保护成本——环保设备运行成本　　　11 000 000

　　　　贷：银行存款　　　　　　　　　　　　　11 000 000

（6）废水治理系统的年成本应分两种情况进行账务处理。

提取折旧费：

　　借：环境保护成本——污染治理成本　　　　　　200 000

　　　　贷：环境资产累计折旧　　　　　　　　　　　200 000

支付运行和维护成本：

借：环境保护成本——废水治理系统运行成本　　250 000

　　　　　　　——废水治理系统维护成本　　150 000

　　贷：银行存款　　　　　　　　　　　　　　　400 000

（7）环保研发经费应计入环境成本账户。

借：环境保护成本——环境研发成本　　　　2 800 000

　　贷：银行存款　　　　　　　　　　　　　2 800 000

（8）污染物排放成本是企业污染的主要形式，给环境带来了破坏，应计入资源降级成本账户。

借：资源降级成本——排放成本　　　　　　9 000 000

　　贷：银行存款　　　　　　　　　　　　　9 000 000

（9）对矿区附近的森林资源维护应计入资源维护成本账户。

借：资源维护成本　　　　　　　　　　　　　650 000

　　贷：银行存款　　　　　　　　　　　　　　650 000

（10）环境监测费用应计入环境保护成本账户。

借：环境保护成本——环境监测成本　　　　　350 000

　　贷：银行存款　　　　　　　　　　　　　　350 000

（11）环境治理过程中发生的人工费应计入环境成本账户。

借：环境保护成本——污染治理成本　　　　　150 000

　　贷：银行存款　　　　　　　　　　　　　　150 000

（12）职工环保培训费用应计入环境事务管理成本账户。

借：环境保护成本——环境管理成本　　　　　120 000

　　贷：银行存款　　　　　　　　　　　　　　120 000

（13）支付污染对劳动人员补偿费应计入环境保护成本账户。

借：环境保护成本——其他环境成本　　　　　100 000

　　贷：银行存款　　　　　　　　　　　　　　100 000

2.3.3.5　环境隐性成本

（1）环境隐性成本的定义。隐性环境成本的定义对环境成本的确认与计量至关重要，它影响环境损害的核算、环境资源会计信息的质量及环境保护的进展。隐性环境成本是环境资源会计研究中的关键和挑战。会计人员需从专业判断的角度出发，基于企业视角，通过会计政策和原则，分析隐性环境成本的影响，理解其理论特征和基本含义。

隐性环境成本指由企业活动引起的、因各种原因未被当前企业承担或难以明确计量的环境成本。由于未以货币形式计量，它们不完全符合传统会计中的"成本"概念。隐性环境成本应涵盖企业经济活动中产生的环境成本，体现在企业运营的各个环节：从产品设计、采购清洁原料、改进产品结构或生产工艺，到减少供应链污染和提供环保的售后服务等。除此之外，隐性环境成本必须满足以下两个条件之一，即：

1）由于各种客观原因，隐性环境成本尚未由企业当前承担。尽管这些成本尚未直接支付，但它们对环境的影响已经存在。这意味着实际上已经产生了与环境相关的费用。这些费用最终需要被企业内部化，由造成环境影响的企业来承担。

2）隐性环境成本因当前规定和准则的不完善而难以量化。尽管如此，企业至少应评估其重要性，以决定是否在财务报告中披露。若能明确计量与环境相关的成本，则应归入显性环境成本，并在财务报告中体现。

（2）环境隐性成本的重要性。在会计实务中，隐性环境成本由于多种原因，包括认识不足、法规和制度不完善、缺乏市场信息、专业性强且难以理解等因素，尚未形成明确定义。随着公众环保意识的增强和环境信息需求的增长，确认隐性环境成本变得尤为重要。但确认过程复杂，要求会计人员具备出色的职业判断力。

面对特定和不确定情况，会计人员在评估经济活动对环境的潜在影响时，需要深入理解会计准则，并结合工作经验和对隐性环境成本的认知与分析能力，在遵循会计职业道德的基础上，他们必须做出是否确认隐性环境成本的客观决策。

（3）会计专业判断下环境隐性成本。

1）会计原则的选择与协调。在企业面临变化的经济环境和复杂的经济活动时，会计需要根据实际情况在不同的会计原则中做出选择，尤其当这些原则的选择可能带来显著的道德差异时，会计人员需要进行协调。隐性环境成本因其隐蔽性，在确认和计量时的选择会更加复杂。例如，企业所有者追求的是最大化股东价值，他们倾向于会计人员遵循真实性原则，不将隐性环境成本纳入账目确认。管理层在所有者的委托下，出于个人利益考虑，通常也不愿意增加环境成本的确认，以保持与所有者的意愿一致。债权人则希望企业根据谨慎性原则确认隐性环境成本，以更准确地评估企业的偿债能力。政府则期望企业重视社会效益，承担环境社会责任，并根据重要性和谨慎性原则，对隐性环境成本进行确认。在这些不同利益主体之间的博弈中，会计人员在选择会计原则时，需要考虑真实性原则、谨慎性原则、重要性原则等，并决定如何对这些原则进行优先排序。这取决于会计人员的价值取向、行为动机和职业操守。

2）会计处理方法的选择。会计核算方法涵盖了会计确认、计量、记录和报告等方面，是企业对经济活动进行连续、系统、全面反映和监督的手段。由于经济环境的多样性和企业个体的差异性，企业在一定范围内可以对某些经济活动产生的费用选择不同的会计处理方式。对于同一交易或事项，不同的会计处理方法并没有绝对的优劣，关键在于它们的适用性。现行会计准则提供了原则性指导，但缺乏对选择不同会计处理方法的具体标准，这要求会计人员运用专业判断力。对于环境隐性成本，其偶然性和潜在性较大，是否发生取决于未来事件的可能性，因此在确认时对会计方法的选择更加灵活。例如，化工企业可能需要评估是否需要为可能对周边社区和居民造成的损害预先设立赔偿基金。根据事件发生的概率，这些潜在的赔偿责任被分类为预付债权、应付债务或预计债务，其中预计债务代表了隐性环境成本。此外，随着环保法规的加强，公司法律团队参与环境管理活动，如获取许可证和控制供应链污染，这些活动产生的费用虽然与环境保护相关，但常因会计准则的限制而被归入管理费用。然而，这些费用本质上是出于环境保护目的而产生，根据配比原则和提高会计信息透明度的要求，这些被归类为管理费用的环境支出实际上构成了隐性环境成本，可能被现行会计处理方法不当所掩盖。

3）会计估计方法的选择。会计估计是在信息最新且可用的基础上，对那些结果具有不确定性的经济活动或事项做出的专业判断。为了确保会计信息的周期性和时效性，企业通常会将连续不断的经营活动分割成若干个时间段，如一年、一季度或一个月，并遵循权责发生制原则，定期确认、计量和记录企业的财务状况与经营成果。在实际会计操作中，对带有不确定因素的交易或事项进行合理估算是一项常见的实务操作。环境隐性成本因其固有的不确定性，在确认时尤其需要会计人员运用其专业判断进行评估。例如，如果一家公司开发了一种新型环保设备，并将其记录为环境资产，会计人员在处理时需要决定是否对该资产计提折旧，以及确定折旧的年限和预计的残值。这些会计估计的不确定性和不同选择将对环境资源会计信息的质量和精确度产生影响，从而可能对使用者在环境投资决策上产生显著的影响。

上述会计原则的选择与协调、会计处理方法的选择、会计估计方法都会直接体现会计职业判断应用并对隐性环境成本定义提供基本的思想。

（4）隐性环境成本的确认依据。

隐形环境成本确认的会计理论依据以一个案例展开：

【例 2-15】　某天，环境监控站对位于附近的一家 H 工厂排放口的废水进行酸度检测，发现其 pH 值接近 4.9，表明脱硫过程并未彻底清除硫元素。随后，环境监管队伍采用专业设备对脱硫塔的排放情况进行监测，结果显示，该工厂锅炉排放的二氧化硫浓度高达 400 毫克 / 立方米，超出标准近 7 倍。更令人担忧的是，在锅炉运作期间，工厂方面以化验员已下班为借口，未对加碱过程进行记录，导致超标的二氧化硫未经处理直接排放至大气中。基于以上违规行为，环境监管机构决定对这家企业处以 4 万元的罚款。

然而，对于类似 H 这样的化工企业而言，合法运营的成本往往高于违法成本，罚款数额与其对环境造成的破坏或修复成本相比显得微不足道。在这种情况下，罚款与实际环境损害成本之间的差距，实际上构成了隐形环境成本。这部分成本代表了 H 企业应承担但未承担的环境责任，它被不当转移给了社会，实质上是 H 企业通过损害环境所获取的非法或不当收益。从环境法律、伦理及企业社会责任的角度出发，H 企业的财务部门应依据排放量、危害程度以及可能造成的损害规模，运用会计的专业判断，将这笔隐形环境成本确认并记录在会计系统中，以反映其真实的企业运营成本及对环境的影响。

1）确认隐性环境成本符合重要性原则。2006 年，我国发布的新版《企业会计准则——基本准则》明确规定了企业会计信息的质量要求，其中第十七条强调："企业所提供的会计信息必须全面涵盖对财务状况、经营成果以及现金流量等核心领域产生重大影响的各类交易或事项。"这条规定实际上强化了会计信息的重要性原则，要求企业对可能显著影响经济决策的关键事务进行特别披露或深入说明。早些时候，我国的环境法规体系尚不健全，加之优先发展的经济战略侧重于规模扩张，政府在一定程度上默许了企业通过牺牲环境质量、预支未来资源以换取短期经济利益的做法。隐性环境成本未被正式确认和计量，因此并未对企业利润构成实质性冲击。然而，随着环境污染的累积达到某个阈值，其对自然生态系统和公共健康的负面效应开始凸显。那些未被确认的隐性环境成本将累积成为企业未来的沉重负担，不仅加剧企业的财务风险，还可能虚增收入与利润，为企业的长远发展埋下隐患。因此，对那些已明确且实质存在的隐性环境成本进行确认，并在合适的会计期间内予以准确量化和反映，对于提升企业经营决策的科学性和前瞻性具有至关重要的意义。这不仅有助于企业更准确地评估自身的财务状况，还能够促使企业采取更加负责任的经营策略，从而实现可持续发展。

2）确认隐性环境成本符合权责发生制。依据 2006 年颁布的《企业会计准则——基本准则》第九条，企业在进行会计确认、计量及报告时，必须以真实发生的交易或事项为基础，会计处理遵循权责发生制原则。根据这一原则，无论款项是否已经实际收付，凡是本期实现的收入与本期发生或应承担的费用，均应计入本期收入和费用，并体现在利润表中；反之则反之。这种会计处理方式能够更加准确地展现企业在一个特定会计期间内的经营成果及财务状况。

3）隐性环境成本的确认符合配比原则。根据修订后的《企业会计准则——基本准则》第三十五条，企业在制造商品或提供服务过程中产生的、能直接归集到产品成本或服务成本中的各项费用，应当在产品销售收入或服务收入得到确认的同时，将与销售商品或提供服务相关的成本计入当期损益。这体现了收入与成本之间的配比原则，即收入的确认应与相应的成本和费用同步，以反映两者之间的内在联系。另外，若企业的支出未能带来未来的经济利益，或者虽能带来经济利益但不符合资产确认的标准，或者已不再满足资产确认条件，这些支出应在其发生时确认为费用，并计入当期损益。同样，若企业的交易或事项使得企业承担了债务，但并未形成一项可确认的资产，则该债务应在发生时确认为费用，计入当期损益。这些准则强调了收入与成本、费用在时间维度上的对应性，确保了会计报告能够真实、准确地反映企业在一个特定会计期间内的经济活动和财务状况，遵循了会计学中的配比原则与应计制原则，提高了财务报告的可靠性和透明度。

4）隐性环境成本的确认符合谨慎性原则的要求。新修订的《企业会计准则——基本准则》第十八条着重指出了谨慎性原则对于确保企业会计信息质量的重要性。根据这一原则，企业在执行会计确认、计量及报告的过程中，应秉持审慎态度，防止对资产或收入进行过度乐观的评估，同时要避免对负债或成本进行低估。具体来说，谨慎性原则要求企业在面对不确定性时，更倾向于预计可能发生的损失而不是收益。这种做法有助于防止企业利润的过度膨胀，确保财务报表反映的是一个更为稳健和真实的财务状况。同时，这也有助于企业合理规避风险，为可能发生的不利情况做好准备。

（5）隐形环境成本确认的作用

【例2-16】刘某系 H 化工厂的员工，负责实验室工作。鉴于 H 化工厂所产化学制品对空气质量造成严重影响，且企业未配备必要的劳动保护设施，刘某长期暴露于各种化学品中，最终不幸罹患重度肺部疾病，导致永久性丧失劳动能力。依据双方劳动合同，H 企业同意一次性赔付刘某 45 万元。鉴于刘某的健康损害直接源于企业生产活动对空气的污染，且赔偿金额可以准确计量，因此，这 45 万元赔偿金可明确归类为显性环境成本，即通常意义上的"环境成本"。

然而，考虑到刘某是家庭唯一的经济来源，其劳动能力的丧失是否将引发家庭向企业追索后续赔偿？例如，刘某肺病复发治疗费用、病情恶化导致的丧葬费或其子女的抚养费用等。假设企业经由详尽的数据分析和合理评估后，判断对刘某家庭进行后续赔偿的可能性较高，大致在 50%< 发生概率 ≤ 95% 的区间内，但具体赔偿金额难以事先确定。同时，企业还需面对将此类支出归入"管理费用""营业外支出"还是作为"隐性环境成本"记账的分类难题。即便存在上述复杂情况，从谨慎性会计原则出发，企业应在刘某病症初显之时，就

应将"对刘某家庭可能产生的后续赔偿",即一笔未来极可能发生但具体金额难以预估的支出作为隐性环境成本的一部分,确认为或有预计负债,以体现对潜在财务风险的充分预估和负责任的财务处理态度。

1)确认隐性环境成本有利于全面反映企业的财务信息。我国的监管制度要求上市公司必须公开披露环境信息,并倡导非上市企业采取相同的透明度措施。隐性环境成本,作为环境信息披露的一项重要内容,一般是在财务报表的附注部分进行揭示,而不是直接在财务报表的主体中体现。会计人员可以根据经验估计可能的赔偿金额,这种做法符合或有负债仅在表外披露的会计准则。这样的披露方式有助于投资者全面了解企业的财务状况,从而做出更明智的决策。

若是成本被归类至"管理费用"或"营业外支出"科目,那么在费用产生之时,应以确切的数额进行确认与计量,并在当期的财务报告中予以反映。对于一些难以精确预估的后续赔偿事宜,会计人员并不能直接将其划入"隐性环境成本"项下,而应在财务报表的附注部分,将其作为或有负债进行详尽的说明与披露。

2)确认隐性环境成本有利于企业做出最优决策。在我国的会计实践中,环境信息的披露尚未得到充分重视,尤其是对于那些间接影响财务报表的隐性环境成本,其重要性仍未被广泛认知。因此,隐性环境成本的识别与计量,很大程度上仍被视为管理会计的领域,而非财务会计的强制性要求。意味着这类成本信息主要由企业内部管理者使用,作为制定经营策略和财务规划的重要依据。以上述情况为例,考虑到刘某的旧病复发或病变转移可能导致的死亡,以及其子女抚养和医疗费用的潜在高额开支,隐性环境成本可以根据预估的金额,在病发时期进行确认,而非等到疾病恶化或患者去世时。这种做法有助于H企业更准确地了解其化工产品的实际成本,对于企业制定财务计划、产品定价、环境管理和战略规划等方面具有重要的实际意义。

3)确认为隐性环境成本符合实质重于形式的原则。2006年我国施行的《企业会计准则——基本准则》第十六条规定,企业在执行会计确认、计量与报告的过程中,应根据交易或事项的经济实质,而不仅仅拘泥于它们的法律形式。这项规定深刻体现了实质重于形式的会计基本原则,要求企业在会计处理上深入考虑经济实质。在工伤赔偿的会计处理上,传统做法是将其计入管理费用或营业外支出,但这种做法可能无法清晰揭示费用的具体成因。相比之下,将这类费用归入"隐性环境成本——工伤赔偿费",并对应预计负债,能够更明确地展示费用的来源和性质。在环境资源会计准则尚不完善的背景下,H企业通过设立"隐性环境成本"等科目,对环境资源相关的会计信息进行反映,这不仅十分必要,也与实质重于形式的会计原则相契合。

2.3.4　环境成本报告

环境资源会计的实际应用首先表现在环境报告或环境信息的公开披露上，这涉及展现企业运营活动对环境所产生的影响。20 世纪 80 年代中期，最早的做法是在公司年度报告中的"管理层讨论与分析"章节内提及环境相关事项。随着时间推移，环境信息披露逐渐成为年度报告中的一个独立板块，并最终进化为单独的年度环境报告形式。

2.3.4.1　环境成本报告的作用

作为环境成本会计的关键组成，环境成本报告在充实环境资源会计理论框架、修正国民经济指标以及在各信息需求方的使用中扮演着至关重要的角色。

（1）完善环境资源会计理论体系。企业环境成本报告是环境资源会计体系中的核心要素，环境资源会计运用会计学的基础理论与技术，结合多样的计量尺度，记录并分析特定经济主体对自然与社会环境所造成的影响。它是环境科学、社会学、经济学与会计学相互融合的结果。企业环境成本的计量重点在于界定成本覆盖的范畴、成本的分摊与量化，以及决定如何公开这些信息。在表达形态上，一般以货币价值作为确认、计量及报告的基准模式。

（2）调整国民经济核算指标。企业编制的环境成本报告对于构建环境经济综合核算体系至关重要，也是调整国民经济核算指标的重要依据。现行的国内生产总值（GDP）作为衡量经济增长的关键指标，在计算过程中并未包含环境成本的扣除。实际上，污染控制和环境恢复活动需要大量投入，但在国民经济核算中却通常被视为国民收入的一部分，而环境损失却没有得到相应的反映。这导致了资产总量、经济增长速度以及社会经济福利的虚高。此外，现行的国民账户体系未能以具体或货币形式体现对自然资源的消耗，无论这些资源是可再生还是不可再生。环境成本报告的独特之处在于，它能够提供环境资源消耗的详细信息，包括其物理量和价值量，满足环境经济综合核算的需求。因此，定期编制的环境成本报告为建立环境经济综合核算体系提供了坚实的基础。

（3）满足信息使用者的需要。环境管理者、环境资源的拥有者以及环境资源的使用者，这些信息用户依据环境成本报告所传达的数据，得以掌握环境资源的利用状况，促使稀缺的环境资源实现更高效的利用；同时，他们能获知环境成本的开支详情，借此评判环境质量水平及责任归属；更重要的是，他们可以了解到产品从生产直至消费整个生命周期中的环境影响，从而引导和塑造自身的消费选择。

2.3.4.2　环境成本报告内容

当前，国际层面对环境成本报告应详细涵盖哪些具体信息并无一致的标准，关于环境成本的披露方式也未达成统一规范。仅在《环境会计和报告的立场公告》中给出建议，指导环境成本披露的内容和格式。各国企业可根据自身实际运营状况，灵活选择适合自己的披露方法和范围。

环境成本报告内容。根据联合国国际会计和报告标准政府间专家工作组的建议，环境成本报告的内容主要包括环境成本的种类、环境成本会计政策以及其他相关内容。其中，按环境成本分类原则披露成为环境成本报告的主要内容。

（1）成本项目。企业应详细披露已被确认为环境成本的各项具体类别。这些类别应涵盖对污水排放的治理与净化，对废气及空气污染的控制与减轻，对固体废弃物的安全处置，对受污染场地的恢复与修复工作，对各种资源的有效回收利用，对环境质量的分析监测以及遵守环境法规的管控措施。此外，还需包括因违反环境法规而遭受的罚款，以及因历史环境污染和生态损害而需向第三方支付的赔偿款项。

（2）会计政策。与环境成本相关的特定会计政策应予以披露。

（3）其他内容。报告书中应明确公开环境成本的性质，包括对造成环境损害的详细描述、相关法律法规要求企业采取补救措施的概述、企业面临的环境问题类别、企业批准的环境保护政策与计划、企业设定的环境排放标准，以及这些标准的具体执行方法等信息。

2.3.4.3　环境成本报告的形式

环境成本报告应采取数据、图表与文字描述相结合的展示方式，力求实现报告内容的全面性、表达的明晰性以及信息的真实可靠性。

（1）文字说明。以文字说明提供的环境成本信息，又称定性信息。定性信息着重体现了那些不易用数字衡量的环境问题和成本。这包括企业在环境事务上的人力资源配置、员工的环保意识和教育背景、企业资源的使用状况、企业在环境治理、污染减少和排放控制方面的努力与措施，以及对社区环境项目的支持和企业组织的环保活动等。除企业对环境的积极贡献外，也应公开那些可能无意中造成的负面影响，如化学物品泄漏、火灾事故或因排放超标而受到的处罚等。这些定性的环境成本信息可以通过报告的补充说明提供，或者以独立的环境成本报告形式明确展示。

（2）表格方式。通过表格形式展现的环境成本信息，通常被称为定量披露的环境成本信息。这种类型的披露主要聚焦于企业的自然资源消耗成本、生态环境退化成本、污染控制成本、环境可持续发展成本，以及因环境污染引发的经济损失等可量化数据。表格形式的环境成本报告需与文字描述的报告相辅相成，共同使用，以便对复杂的关键议题进行清晰阐述。

企业可以定期编制环境成本汇总表，以此综合反映企业在特定时段内所发生的与环境相关的支出概况。

（3）综合形式。以数据、表格和文字说明相结合的综合环境成本报告形式，其报告内容包括两个方面内容：

1）环境成本核算。主要包括环境项目分类、环境成本各项科目的核算结果、各类环境成本占总成本的比例：本期发生的环境成本、全年发生的环境成本等内容。

2）环境成本分析表。环境成本分析的核心涵盖以下几个方面：

①环境成本的结构解析与关键内容剖析。

②是针对具体环境项目或事件的成本分析。

③环境成本项目的预算指标、执行情况的审查，以及本期与前期成本的对比分析，包括成本变动的趋势考察。

④环境成本与环境效益的综合评估，既包括总体分析也涵盖单项项目评估。

⑤对环境管理举措及环境管理体系运作效能与经济性的评估。

⑥对环境成本管理中的关键问题和重要事项的详细阐述。如表 2-8~表 2-10 所示。

表 2-8　环境成本汇总表

成本项目	本月发生额	本年累计发生额
一、资源耗减成本		
二、资源降级成本		
三、资源维护成本		
四、环境保护成本		
1. 环境监测成本		
2. 环境管理成本		
3. 污染治理成本		
4. 预防"三废"成本		
5. 环境修复成本		
6. 环境研发成本		
7. 生态补偿成本		
8. 环境支援成本		
9. 事故损害成本		

成本项目	本月发生额	本年累计发生额
10.其他环境成本		
11.环境费用转入成本		
合计		

表 2-9 环境支出明细表

成本项目	本月发生额	本年累计发生额
一、资本性支出		
1.购置环境设备		
2.建造环保设施		
3.购置环保用专利		
4.改造现有设备		
5.改善生态环境支出		
6.清理污染物支出		
⋮		
二、收益性支出		
1.环保机构运行支出		
2.改进生产工艺支出		
3.改进有毒有害材料支出		
4.排污费支出		
5.回收利用污染物的账面损失		
6.职工环保培训支出		
⋮		
三、污染罚款与赔付支出		
1.污染物超标罚款支出		
2.污染事故罚款支出		
3.污染赔付支出		
⋮		

表 2-10　环境成本报告分析表

环境成本科目	占总成本的比率	本期			全年		
		本期实际金额	本期计划金额	计划完成率（%）	全年累计发生金额	年度计划金额	计划完成率（%）
一、环境成本核算							
1.资源耗减成本明细科目							
2.资源降级成本明细科目							
3.资源维护成本明细科目							
4.环境保护成本明细科目							
环境成本合计	100%						
二、环境成本分析							
1.资源耗减成本分析							
产品资源耗减分析	资源耗减总成本		产品总成本	单位产品资源耗减	资源耗减占总成本的比率（%）		
产品 A ⋮							
产品能源消耗率分析	能源消耗总成本		产品总成本	单位产品能源消耗成本	能源消耗占总成本的比率（%）		
产品 A ⋮							
资源耗减对环境资产的影响	资源消耗总成本		环境资产期初值	环境资产期末值	环境资产降低率（%）		
资源 A ⋮							

续表

环境成本科目	占总成本的比率	本期			全年		
		本期实际金额	本期计划金额	计划完成率（％）	全年累计发生金额	年度计划金额	计划完成率（％）
2. 资源降级成本分析							
资源降级对环境资产的影响		资产降级成本总额		环境资产期初值	环境资产期末值	环境资产降低率（％）	
资源降级主要因素分析：							
3. 资源维护成本分析							
资源维护对环境资产的影响		资源维护成本总额		所避免的资源损失额	所增加的环境资产额	资源维护的经济效益	
资源维护主要因素分析：							
4. 环境保护成本分析							
环境保护成本效益分析：							
环境管理体系运行经济分析：							
环境污染经济损失分析：							
5. 环境成本综合分析							
①环境成本总额；②按现行会计制度环境成本已转入生产成本的部分；③按现行会计制度没有转入生产成本的环境成本余额（①－②）；④按现行会计制度计算的生产成本总额；⑤总成本（③＋④）；⑥环境成本占总成本的比例（①÷⑤）							
6. 环境成本关键问题和重点事项说明							

2.4　环境收益

2.4.1　环境收益概述

2.4.1.1　环境收益内涵

环境收益指企业在某一特定期间内，通过实施环境保护与环境整治活动所获得的经济利益流入。在会计计量层面，环境收益表现为环境收入扣除环境成本与费用之后的剩余，这体现了收入与成本费用相匹配的原则，实质上是环境净收益的概念。环境净收益专门指从环境保护行动中获取的经济效益，在扣除了相应的环境开支后所剩下的净额。本节主要探讨环境收益中的环境收入部分，这点与单纯的环境净收益有所不同。

纳入环境收益的判断标准包括：①环境收益须能提升企业的当期净收益及所有者权益；②环境收益的产生可能受多种因素影响，但主要归因于环保和防污措施；③环境收益的体现不仅包括资产增长和负债降低，也可能表现为资产减少；④从会计处理和报告角度，环境收益应可量化，其计量可以是货币形式，也可以是非货币形式。企业产生的环境收益若符合这些特征，便应予以确认，包括其他类型环境收益。

企业作为以盈利为目标的经济实体，追求的是能够为企业创造实际价值的利润。在考虑某一产品是否值得进行产业化生产时，企业会进行经济可行性分析，这不仅包括评估产品带来的潜在收益，还包括评估这些收益是否足以覆盖生产产品所产生的成本。企业将预期利润作为产品是否应进行产业化的重要依据。若收益减去成本大于零，即利润为正，则产品适合产业化；若收益减去成本小于零，即利润为负，则产品不宜生产。环境收益，或称为环境利润，是环境收入与环境成本费用相抵后的余额，计算公式为：环境利润 = 环境收入 − 环境成本费用。

上述环境利润是环境独立报告模式下的环境利润定义。广义上的企业环境利润实际是：企业收入 + 环境收入 + 成本费用 − 环境成本费用。但由于我国目前还没有环境资源会计准则，现行制造业的完全成本法计算出来的制造成本还没有涵盖完全环境成本，因而利润总额并非完全是环境利润。

2.4.1.2　环境收益对企业的经济影响

（1）环境收益对企业经营成果的影响。环保活动所带来的环境收益，无论是当下还是未来的、直接抑或是间接的、实际存在的或是潜在的，均能增强企业的净利润和股东权益，对企业的经营业绩产生积极促进作用。不过，从会计处理的角度看，目前仅能对那些实际发生且即时显现的收益进行确认与量化，而对于机会性收益的确认与计量则存在较大难度。为了全方位地反映企业环保成效，同时向信息需求者提供可靠的环境信息，企业可在财务报表的附注部分，对机会收益进行披露，以此补充说明。

（2）环境损益对企业经营成果的影响。环境损益涵盖了计入当期费用的环境成本、通过折旧等会计手段分摊的成本，以及由环境因素带来的收益。评估环境损益对企业经营成果的影响时，不能仅仅从成本或收益的单一视角进行，而应从收入与费用的配比视角进行全面分析。在企业会计实践中，权责发生制是确认和计量环境收益及费用的基本原则。

环境效益的实现往往存在时间差，企业在初期投入环境成本时所获得的环境收益可能并不立即显现，与成本支出相比可能较小，这是一些企业不愿采纳环保措施的原因之一。然而，持续的环境成本投入对企业的长期经济利益具有深远的影响。随着时间的推移，企业的环境和经济效益逐渐显现，环境收益将逐步增加，并显示出逐年上升的趋势。因此，在决策、管理和评估环境成本投资时，企业不应仅仅着眼于短期的经济回报，而应考虑更长远的经济利益和环境保护的成效。

2.4.2　环境收益分类

企业环境收益的界定按照不同的思路，其分类也不相同。

2.4.2.1　按企业环境行为分类

企业的环境收益根据其环境行为被划分为环境操作收益和环境管理收益。在环境管理方面，企业涉及的活动可能包括清洁生产、积极的行政监管以及推广绿色营销等。企业在开展这些环境管理活动时，会受到多种内外部环境因素的共同作用，这些因素包括但不限于制度环境、技术环境以及各利益相关者的影响。制度环境中需考量的因素有规范性要求、法规性要求和市场竞争压力；技术环境中需关注技术的适应性与实施难度。至于利益相关者，不仅涵盖企业内部的管理层、决策层和员工，也包括外部的供应商、消费者、政府机构和监管组织等。

（1）环境操作收益。环境操作收益指企业在日常生产和能源使用过程中直接实现的经济效益，包括节省的原材料、能源和水资源成本；因减少环境负荷和废弃物而节省的费用；因环境损害或破坏风险降低而减少的累积准备金和保险费用等。

（2）环境管理收益。环境管理收益指企业在环境管理实践中获得的长期潜

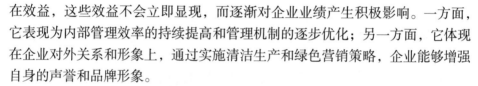

在效益，这些效益不会立即显现，而逐渐对企业业绩产生积极影响。一方面，它表现为内部管理效率的持续提高和管理机制的逐步优化；另一方面，它体现在企业对外关系和形象上，通过实施清洁生产和绿色营销策略，企业能够增强自身的声誉和品牌形象。

2.4.2.2　按收入体现的方式分类

根据环境收益与环境资产的关系，环境收益可分为直接与间接环境收益。

（1）直接环境收益。直接环境收益指企业在进行环境管理活动时，能够明确量化并且以货币形式体现的收益。这类收益主要源自自然资源的实际产出，代表着实质性的财富增长。举例而言，一家企业拥有的森林资源，通过销售木材及其他林产品所直接产生的环境经济效益，或是企业通过开采和利用自然资源，生产商品并销售，由此获取的直接收益，都属于直接环境收益的范畴。主要包括以下几个方面：

1）经营环境资源产品产生的收益。

2）通过再生利用废水、废气、废渣——即所谓的"三废"——所获得的收益，通常体现为"三废"产品销售所产生的收入。

3）环境治理咨询收入。企业在环保和治理方面取得显著成效后，可以通过提供咨询服务，将自身的成功经验有偿分享给其他企业或组织，从而获得额外的收入。

4）获取的各种环保奖励。企业通过积极实施环境管理措施，致力于环境的治理与保护，提升了自然环境的质量，降低了农业损害和水利维护的成本。此外，企业的环保努力也带来了旅游、牧业、渔业的收益增长，以及社会整体效益的提升，促进了生物多样性的丰富和气候的稳定。鉴于企业对自然环境和社会所做出的积极贡献，国家应考虑提供相应的补贴和奖励，以示鼓励和支持。

5）税收减免收入。利用"三废"生产产品减免税款的收益。

6）获得银行低息或无息贷款利息收入。采取污染控制措施，如购买环保设备或进行环保技术研究，企业可能获得低息或无息贷款，从而节省利息支出。

7）企业从政府获得的、无须偿还的资助或价格补贴，这些补助可支持企业的环保活动或绿色项目。

8）生态环境受损补偿收入。排放污染物的单位可能会对其他相关方造成实际损失或仅仅是潜在的损失，对于这些情况，通常采取损失补偿的方式处理。生态环境损害补偿收入通常指除政府提供的环境补贴之外，由污染排放方支付给受环境影响的受害者的补偿金。

9）排污权交易收入。排污权配额可能源自政府的无偿分配，也可能通过市场交易获得。当排污权所有者有指标结余时，采用市场交易对外出售，排污权交易收入是出售不同来源的排放权交易指标获得的收入。

10）环境捐赠收入。企业接受来自外部的环境捐赠，这些捐赠可能指定了特定的环境用途，也可能未指定具体用途。

11）资源收益。包括自然资源和生态资源资产的产品出售、转让、利用获取的收益。

12）其他各种环境相关的收益。

（2）间接环境收益。间接环境收益是企业通过实施环境管理而获得的全面效益，同时是企业生态资产价值的体现。这些收益可以通过与参照对象的比较来估算，并以货币形式进行量化。间接收益主要有以下方面：

1）因推行环境管理，企业在排污费、诉讼费和赔偿费方面的支出减少，这些减少的费用可视为间接获得的环境收益。如果企业未实施环境管理，这些费用将是必须承担的支出。因此，这些节省的费用应计入环境管理的间接收益。

2）通过改进产品设计或革新生产工艺以减少"三废"排放，企业能够大幅节省原材料、能源及人力资源的消耗，这些因有效环境管理策略而实现的成本节省，同样应被纳入企业环境收益的范畴。

3）实施环境管理有助于提升企业形象，一个积极的环保形象能够吸引更多顾客，从而提高企业的销售额。企业因加强环境管理而带来的销售增长部分，应被视为企业环境效益的一部分，计入其环境收益中。

4）企业通过环境管理改善形象，可能会提升投资者对其股票价值的评估，由此引起的价值增长部分应视为企业环境收益的一部分。

5）企业通过公开环境信息，增加了社会对其的关注度，这种提升的关注度相当于为企业提供了一种广告效应。因此，由此产生的额外收益也应被计入企业的环境收益。

2.4.2.3　按收入能否货币计量分类

（1）显性环境收益。显性环境收益指能够计入常规财务会计的经济利益，它们通常是那些能够直接或间接以货币形式衡量的收益。显性环境收益涵盖了直接收益与间接收益两种类型。为了与环境成本形成对应，环境收益可以细分为实际收益与虚拟收益两个子类别。其中，实际收益，即显性收益，代表企业通过具体的环境保护行动所直接获取的收益，如企业因投身环保事业而得到的税收减免，或是购置环保设备时适用的加速折旧政策，这些收益均可通过货币单位进行明确的计量与核算。

（2）隐性环境收益。隐性环境收益指企业通过改善环境管理和提升环境绩效所获得的，这些收益往往难以用货币直接量化。它们源自环保活动所产生的间接经济利益，这些利益在传统财务会计中通常不会直接体现。这些收益具有长期性，不会立即显现，它们需要较长时间实现并摊销。虽然隐性收益难以具体计量，但它们为企业带来的实际利益是显著的，可以被视为一种潜在收益，在企业经济决策中经常被考虑。主要包括以下几个方面：

1）通过环境管理降低企业的环境影响和风险，增强企业的市场竞争力。

2）环境状况的改善带动销售增长，减少罚款和赔偿，股价提升，以及能源使用效率的提高等带来的收益。

3）环境管理的实施培育了企业的环境竞争力，可能转化为企业的竞争优势和核心能力，从而增加企业价值。

4）环境管理改善了员工的工作环境，提升了工作满意度和积极性，进而提高员工的工作效率，为企业创造更多利润。

5）环境管理提高了企业的公众曝光度，提升了企业形象和品牌形象，增加了品牌价值，股价上涨，市场份额扩大。

6）环境管理增强了员工的环保意识，促进了绿色文化的融入，激发了员工的创新精神，提升了人力资本价值和公司价值，这是企业环境的隐性收益之一。

2.4.2.4 按照环境收益的具体内容分类

（1）开发利用收益。企业通过开发和利用环境资源，获取了各种有形的自然资源。这些资源产品转化为物质资料，例如，通过合理采伐森林所得到的木材，以及通过销售这些木材获得的收益；同样地，合理开采的矿产，通过销售矿产而获得收益。这些收益与人类有意识地开发环境资源密切相关，它们能够直接提升人类的物质财富。

（2）环境政策收益。企业通过积极响应国家环保政策和法规，进行污染治理和改造，能够获得国家提供的税收优惠和奖励资金。根据我国的税法规定，企业利用在不超过 6 年资源综合利用周期内的资源作为主要原料生产产品，可按规定享受 5 年内企业所得税的减免或免除。

（3）环境治理收益。环境治理收益指企业在日常运营中主动采取措施改善环境，由此产生的经济效益。具体包含以下几点：

1）利用自身生产流程中产生的废水、废气、废渣（即"三废"）作为主要原料，生产出新产品并从中获利。国家在税收方面对此类行为提供优惠，以鼓励环保创新。

2）针对区域环境开展综合改善工程，政府会给予财政补助，作为对环境治理工作的直接经济支持。

3）向其他企业提供环境治理服务，如处理它们在运营过程中产生的"三废"，以此获取服务费用。

4）通过提高资源利用效率，减少能源消耗，企业可以降低生产成本，减少污染物排放和废弃物生成，进而提升整体经济绩效。成本节省被视为环境治理带来的间接收益。

5）企业因积极履行环保责任而赢得的社会好评，可能吸引金融机构提供低利率贷款，为企业带来额外的财务优势。

6）投身高新技术研发和环保产业，如新能源开发，企业有机会获得政府的财政补贴，支持其绿色转型和可持续发展。

2.4.2.5　按照环境收益性质分类

（1）资源节约收益。资源节约收益指企业因实施环保活动引起的资源（包括原材料、能源、水等）投入减少的费用。例如，国内部分石化企业通过提升工艺质量和技术改进，实现了催化和气体分馏设备的热能整合，有效利用了原本废弃的大量余热资源。这种做法不仅提高了能源使用效率，还带来了显著的经济效益。在环境资源会计中，企业应对这种由环保措施带来的资源节约所产生的收益进行确认、计量和报告，以真实反映企业在资源高效利用和循环经济方面的经济价值。

（2）环保产品销售收益。企业的环境收益包含两个核心方面：首先，是企业通过销售由废弃物制成的循环利用产品所获得的收入。其次，在低碳经济的大环境下，企业实施的减排项目使得温室气体排放量低于政府设定的标准，从而获得的额外收益。一些具有环保意识的火力发电企业已经开始将发电过程中产生的粉煤灰收集起来，利用专业技术转化为多种建筑材料，这不仅对环境产生积极影响，也通过资源的循环利用为公司带来了显著的经济效益。企业应将这些绿色产品的销售收入计入环境收益，并进行适当的确认、计量和报告。

（3）环保活动收益。环保活动收益指企业因实施环保活动引起的与环境治理、生态恢复等相关费用的减少额。这部分收益主要表现为企业开展环保活动后，与之前相比环境修复与治理成本的减少，这也可以视作一种特殊的预防性收益。随着生态文明观念的广泛传播和企业对环境污染防治意识的提高，环保活动所带来的收益逐渐成为企业环境收益的一个重要部分。

（4）政府补贴收益。目前，为了促进企业通过生态环保项目实现产业的优化升级，并加速推动生态文明的发展，各级政府部门正通过提供环保专项资金支持或税收减免等激励措施，向企业的环保项目提供各种形式的补贴。这些与环境保护直接相关的财政补助构成了企业环境收益的一部分。

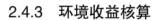

2.4.3 环境收益核算

2.4.3.1 企业环境收益的确认

（1）环境收益的特点。美国财务会计准则委员会（FASB）发布的声明SFAC No.5《企业财务报表要素的确认与计量》为企业会计确认和计量问题确立了清晰的指导原则。该声明首先对"确认"这个概念做了定义，"确认"指将某一项目正式作为资产、负债、收入、费用等会计要素，纳入特定会计实体财务报表中的过程。确认的四个标准为可定义性、可计量性、相关性和可靠性。环境收益作为一项符合定义的要素，必须满足这些条件才能被确认。环境收益的确认应依据其特征进行。具体而言，环境收益的特征主要表现在：

1）环境收益应能提升企业当前的净收益，并增加所有者权益。

2）相关性。环境收益应与环保和污染治理活动紧密相关，其计量所提供的会计信息能满足企业内外信息使用者对环境资源会计信息的需求，帮助他们了解企业的环境收益状况，进而做出关键的经济决策。

3）环境收益的结果不仅限于资产的增加和负债的减少，也可能表现为资产的减少。获取环境收益时可能伴随机会成本，这是其中一个关键特性。

4）可计量性。在会计处理和报告的视角下，环境收益确实应是可以计量的，而且计量手段可分为货币性和非货币性两种类型。企业在经营活动中可能获得的环境收益，只要是可度量的，都应按照这一特性进行确认。确认后，企业可以运用合适的计量方法来确定这些收益的具体金额及其对企业财务状况的影响。

（2）环境收益确认标准。确认环境收益除符合收入确认的可定义性、可计量性、相关性以及可靠性条件外，还应该符合两个确认标准：

1）可实现性。可实现性指环境收益的实际性。在生态文明理念的指导下，企业通过合理开发和利用环境资源，并积极参与环境保护活动，以实现环境收益。当这些环境资产带来的效益已经实现或将要实现时，无论这些效益的具体表现方式如何，它们都应被视为环境收益，并进行相应的确认。

2）环境相关性。企业的收益必须与资源保护或污染治理相关，这是环境收益与传统会计收益的主要区别。

2.4.3.2 企业环境收益的计量

（1）直接计量方法。可纳入企业复式记账系统的环境收益均具备可计量性。这些收益通常包含人类劳动，其价值可通过劳动量的等价货币衡量。例如，企业通过开发环境资源获得的收益可通过销售收入衡量，而税收减免和政府补贴等收益则按实际的减免和补贴金额计量，利用"三废"生产产品而取得的收益按实际获得的收入计量。环境收益的计量和前面几个环境要素相比，其计量比较简单，和现行会计的收益计量没有大的区别。

企业的环境收益主要从两个方面计算：

1）对于环境资产自身产生的环境收益。计量环境收益时，应专注于那些直接源自环境的效益。若这些效益体现在产品之中，在会计处理上需将其单独识别并从销售收益中划分出来。从环境治理活动中获得的收益，可以根据实际成本进行量化。然而，企业从其环境资产中获得的直接环境效益，由于它们源自自然而非人工创造，因此难以实现精确计量，通常需要通过估算方法进行模糊计量。

2）对于企业在环境治理过程中产生的收益。应根据其实际发生的数值进行量化，例如，国家颁发给企业在环境保护方面有显著成绩的奖金可以直接归入环境收益内。然而，值得注意的是，企业因使用"三废"作为原料生产产品而享受的税收减免，以及银行或金融机构提供的低利率或零利率贷款，并不构成收入确认的部分，因此在环境收益的计量中无须考虑这些因素。

（2）间接计量方法。环境管理会计在分析环境收益实现时，重视不同资源消耗对收益的贡献，与财务会计依配比原则确定利润指标的做法不同，它更注重将收益与具体作业活动联系起来。国际上普遍认可的环境收益核算方法包括影子价格法和直接扣除法。

1）影子价格法。经济学中所指的影子价格，并非实际交易中的价格，而是指资源每增加一个单位所增加的效益。影子价格实际上体现了资源投入的边际效益，它与产品的市场供需和资源稀缺性紧密相关。资源的丰富度与影子价格成反比关系。在成本效益分析中，资源的稀缺性是推高影子价格的主要因素。在市场机制较为完善的环境下，环境管理会计可以通过调整市场价格估算影子价格，进而评估环境资源的经济效益。

2）直接扣除法。环境收益是产品销售收入的一部分，该收入由以下几部分构成：物质资本的转移价值；人力资本的转移价值；合理利润。其中，物质资本的转移价值指不含活劳动的自然资源耗减价值；人力资本的转移价值体现了活劳动所增加的价值；合理利润指行业平均利润。销售收入减去这些部分后，剩余的部分即为环境效益。其计算公式可以表示为：

环境效益 = 产品销售收入 – 物质资本的转移价值 – 人力资本的转移价值 – 合理的利润

2.4.3.3 企业环境收益的记录

（1）环境收益与"环境收益"账户。根据企业环境收益的内容，可设立"环境收益"账户，用来登记企业治理环境和保护生态所获得的各项现实收入。该账户属于损益类，其贷方登记环境收益的增加，借方登记期末转入"本年利润—环境利润"账户贷方的金额,结转后余额为零。可以根据具体用途设置"资源收益""环境保护收入""资源和'三废'产品销售收入""其他环境收入""环境营业外收入"。为便于财务分析,企业可以将其先分为"直接环境收益"和"间接环境收益"两类进行二级明细科目核算,然后细分如上各种收益、收入进行核算。即:

环境收入 = [资源收益 + 环境保护收入(不包括从外部获取的环保专用基金收入)+ 资源和"三废"产品销售收入 + 其他环境收入 + 环境营业外收入] + 环保专用基金(不包括从成本、费用和税后列支预先提取的环保债务基金和税后提取的环保专用基金)

式中:

1)资源收益。环境收益来源于企业对拥有或控制的自然资源和生态资源的产品和服务的开发利用。这些收益通过自然资产的开发、利用、配置、储存或替代等方式实现。与环境收益相对应,资源成本是企业在这些过程中产生的相关成本。

2)环境保护收入,也被称作非资源性收益,它涵盖了通过环境保护活动所获得的产品和服务收入、政府环保补贴、生态损害赔偿、排污权交易所得、环境退税以及其他与环境相关的收入来源。值得注意的是,这部分收益并不包括那些直接划拨为企业环保专用基金的外部收入,如政府无偿分配的排污权指标。与环境收益相抗衡的是环境保护成本,即企业在环境保护活动中所付出的代价。

有必要指出的是,环境保护收入中的政府环保补助、生态环境损害赔偿、无偿取得的排污权交易所得以及环境相关的退税收入,最终都应归集至"环保专用基金"科目,并在环境利润表中予以反映。这样做有两个目的:一是彰显企业对环境保护的投入与成效;二是确保这些收入被专款专用,用于环境保护工作。这不仅体现了政府对企业环保行动的扶持,同时体现了排污者对其造成的环境损害进行治理所需成本的补偿。

3)资源与"三废"产品销售收入。包括销售自然资源产品和生态资源产品及出售利用废气、废渣和废水"三废"生产的产品获取的收入。与其对应的是资源和"三废"产品销售成本。

4)其他环境收入。上述三项不包括的日常发生的环境收入。

5)环境营业外收入。专门指企业接收到的各类环境捐赠所得,这其中既涵盖了有特定用途的捐赠收入,也包括了无特定用途限制的捐赠收入。与之相对的是环境营业外支出。然而,如果捐赠方指定了捐赠资金须用于环境目的,那么这笔收入最终也将被转入"环保专用基金"进行专项管理,这一点与前述原则一致。

6）环保专用基金。具体来说，包括政府环保补助收入、无偿获取的排污权交易收入、具有指定用途的环境捐赠收入以及环境退税收入，这些都在期末从环境利润中进行相应扣除。在进行计算时，必须注意不要与环境保护收入中已经包含的具体项目产生重复计算。值得注意的是，环保专用基金并不涵盖从成本和费用中提前提取的、具有债务性质的环保基金余额，以及那些直接在税后利润中设立的环保专用基金部分。

（2）账务处理。发生上述收益、收入时的会计处理为，借记"库存现金""银行存款"等科目，贷记"环境收益"科目。期末将"环境收益"转入"本年利润——环境利润"，与传统会计的收入结转到"本年利润"道理是一样的。

当结转环境收入时，分录为：

借：环境收益——直接环境收益

　　　　——间接环境收益

　贷：本年利润——环境利润——转出环境收益

当结转环保基金时，分录为：

借：本年利润——环境利润——结转环境收益

　贷：环保专用基金——政府环境补助基金

　　　　　　——无偿获取排污权交易基金

　　　　　　——指定用途环境捐赠基金

　　　　　　——环保退税基金

（3）环境实际收益和环境虚拟收益核算办法。需要指出的是，环境收益可以再分为环境实际收益和环境虚拟收益。环境实际收益指企业因采取环保措施而获得的直接经济效益，如因环保贡献而享受的税收减免，或是对环保设备进行加速折旧等，这些收益可通过货币形式进行量化和会计核算。而虚拟环境收益，泛指企业因环保行为而间接获得的商誉和声誉，这些可以包括吸引优秀人才、客户和投资者等。特别是地区生态环境的改善和居民生活舒适度的提升，以及自然资源带来的精神效益，如森林对土壤、大气层的保护作用，气候调节功能以及对人体健康的益处，这些都属于间接环境收益。间接环境收益通常从宏观层面进行评估，而作为微观经济实体的企业，主要关注和核算其直接获得的环境收益。

一般情况下，企业利用传统的财务核算体系仅对实际环境收益进行会计处理，而不考虑虚拟环境收益。为了解决这一问题，可以借鉴对虚拟成本的处理方式，由专业机构对生态环境改善的价值进行评估，包括水资源、空气质量、森林状况等。评估方法可以包括生态系统服务价值法、意愿支付价值评估法等，以综合方式进行估算。然后，可以根据各组织对环境的贡献程度等标准，将这些价值进行合理分配。企业应在其财务报表的注释部分，公开披露这些虚拟环境收益的信息。如果未来实施了独立的环境报告制度，那么这些信息也应在独立的环境报告中得到披露。

2.4.3.4 企业环境收益的报告

在进行环境收益的确认、计量过程中，我们应综合考虑其直接、间接以及隐性收益。直接收益可通过企业环境管理的原始数据进行实际核算，而间接收益可通过合理的假设来近似估算其货币价值。然而，隐性收益作为企业长期积累的潜在价值，与企业的其他经营要素紧密相连，其准确或近似的量化评估极具挑战性。尽管如此，隐性收益的考量对于全面评估企业的环境收益至关重要。因此，对隐性环境收益的核算需要企业结合自身的经营状况和多种因素，进行细致而审慎的分析，如表 2-11 所示。

表 2-11 环境收益明细表

分类	收益界定	金额
环境 直接 收益	1. 经营环境资源产品产生的收益	
	2. 废水、废气、废渣"三废"产品再生利用所带来的收益	
	3. 环境治理的咨询服务收入	
	4. 国家颁发的环保贡献奖金	
	5. 排污权交易收入	
	6. 税收减免收入	
	7. 获得银行低息或无息贷款所得收入	
	8. 获得排污方生态环境受损补偿收入	
	9. 政府发放环保补助	
	10. 环境捐赠收入	
	11. 自然资源和生态资源产品和服务收益	
	12. 其他环境收益	
环境 间接 收益	1. 排污费、诉讼费、赔偿费的减少	
	2. 原材料、能源以及人力成本的节约	
	3. 企业环保形象得到改善而使销售额增加的收入	
	4. 企业环保形象得到改善而使企业股票增值的收益	

续表

分类	收益界定	金额
环境间接收益	5. 企业环境信息披露的广告效应而增加的销售收入	
	6. 其他间接环境收益	
环境隐性收益	1. 品牌增值收益	
	2. 员工工作环境改善而使效率增加带来的收益	
	3. 因推行环境管理而使企业竞争力增强的收益	
	4. 企业因推行环境管理而增加的绿色创新收益	
	5. 潜在的绿色生产力和绿色核心竞争力收益	
	6. 其他隐性收益	

2.4.3.5 环境收益衡量指标

环境收益的衡量指标可分为收益指标和节约费用指标。收益指标和节约费用指标又可以根据是实际还是预计分为实际指标和预计指标。

（1）收益指标。实际收益指标基于确凿证据，反映本年度环保活动的成果，如循环利用废弃物或旧产品所得收入。预计收益指标则基于假设，预估本年度环保活动的潜在收益。

（2）节约费用指标。节约费用指标反映的是本年度实际未支出的各类费用，其范围包括但不限于节约下来的原材料成本、能源消耗、水费，以及由于减少了环境负荷和废弃物处理而导致的费用节省，还有因为环境损害事件减少而得以降低的累计风险准备金和保险费用支出。预计节约费用指标则是基于环保行动预期成效的一种预测，与实际已经实现的节约费用相比，它带有一定的不确定性，因此在估算时需要采取审慎的态度。预计节约费用主要涵盖预计能够节省的原材料、能源和水的费用，预计由于环境负荷减轻和废弃物减少而节省的费用，以及预计由于环境损害事件减少而可以减少的累计风险准备金和保险费用。

 课后习题

一、思考题

（1）我国现行环境资产所有权实现的基本形式是什么？

（2）环境资产的管理要求是什么？

（3）环境问题对企业资产价值的影响有哪些？

（4）试述资源性资产产权界定对于会计核算的重要意义。

（5）试述环境负债的特征及分类。

（6）预计负债最佳估计数确定时需要考虑的因素有哪些？

（7）环境负债表外披露的主要内容有哪些？

（8）环境负债和企业管理之间有何联系？环境负债管理有何实际意义？

（9）环境成本的分类依据有哪些？

（10）环境成本的计量方法有哪些？

（11）概述隐性环境成本的定义。

（12）概述环境成本报告的作用。

（13）简述环境收益对企业的经济影响。

（14）环境收益的分类有哪些？

（15）环境收益如何进行计量与确认？

（16）概述环境收益的衡量指标。

二、案例分析题

[案例 1]

润洲岛，坐落在广西北海市南部海域约 36 海里的位置，享有"中国最大、最年轻的火山岛"的美誉，岛屿总面积约为 25 平方千米，稍大于澳门。根据中国地质大学的研究报告，润洲岛的生成时期大约跨越了从 70 万年前至 1 万年前的漫长岁月，它的形成是北部湾地区火山爆发活动与后续的海平面抬升共同作用的结果。岛上的火山口至今仍然可见，赭红色的岩石和黑色的土壤是其显著的自然特征，这些特征唤起了人们对远古火山喷发壮观景象的联想，而岩石间的贝壳和海水冲刷的痕迹，更是让人感叹大自然的神奇变化。

有句俗话说，"不到润洲岛，不算北海游"。润洲岛和距离 9 千米的斜阳岛，被称为"大小蓬莱"，岛上的民风淳朴，自然风光秀丽，近年来吸引了越来越多的游客。岛上的大部分景点都保持着原始的未开发状态，为那些厌倦了人造景观和都市喧嚣的人们提供了一种独特的自然体验。

除了独特的火山地貌景观，润洲岛还拥有一个正在逐渐揭开神秘面纱的宝贵资源——环岛海域中色彩斑斓、生长繁茂的珊瑚礁。然而，这些珊瑚礁正面临着来自人类活动的威胁。

（1）被疯狂攫取的宝库。润洲岛周边的珊瑚礁生态系统确实是一大自然奇观，它不仅是中国内地最接近的珊瑚礁群，同时也是位于北回归线附近的珍贵珊瑚生态区。这片海域的珊瑚种类繁多，据不完全统计，至少有 40 种珊瑚，涉及 20 多个不同的科，其中包括鹿角珊瑚（Acropora）、树状珊瑚（Pocillopora）和皇冠珊瑚（Montipora）等多种硬珊瑚，以及各种色彩斑斓、形态各异的软珊瑚。

这些珊瑚构成了一个生机勃勃的海底"热带雨林"，提供了复杂而多样的栖息地，支持着众多海洋生物的生存。珊瑚礁的这种多样性与健康状况得到了潜水专家的认可，世界潜水协会会员张昌隆先生曾高度评价涠洲岛的珊瑚礁，称其为他所见的顶级珊瑚礁之一。同样地，奥地利国家旅游委员会成员奥彼兹先生也表达了对涠洲岛珊瑚礁的赞赏，认为这样的珊瑚礁在全球范围内都十分稀有。

这些洁白、形态多样的珊瑚，虽然不再是财富的象征，但已成为人们喜爱的礼物。多年来，随着涠洲岛珊瑚的名声和旅游业的发展，珊瑚被大量挖掘并作为工艺品销售。一位涠洲岛出生的作家曾以赞美的笔触描述了这种挖掘珊瑚的行为——人们在退潮时，无论酷暑还是严寒，都会携带工具涉水挖掘，满载而归，尤其是岛上居民，更是将这种受托挖掘视为一种荣誉，因为他们的家乡有值得人们向往和珍爱的宝物，这给他们带来了一种神圣的使命感。至于被运出涠洲岛的珊瑚数量，没有人进行过统计，只知道每年都有人在挖掘和赠送，每趟开往内地的渡船上，都能看到珊瑚的身影。

（2）哭泣的珊瑚砂。环保意识的提升使得人们在海底对珊瑚的破坏行为有所减少，但对岛上珊瑚砂的开采却依旧明显。涠洲岛海域的珊瑚经过长时间的自然更迭，形成了岛上著名的竹蔗寮和北港两大珊瑚砂海滩，成为岛上的标志性景观。竹蔗寮海滩因珊瑚砂的过度开采而发生了巨大变化，原本茂密的植被几乎被完全摧毁，海水侵蚀了海滩10多米。随着珊瑚砂的开采，潮水不断冲刷着由木麻黄、野菠萝、仙人掌等植物构成的堤岸，这些堤岸在轻微外力作用下便容易崩塌。沙滩后方的耕地因海水倒灌而变成咸水田，导致大量土地荒废，这对于人均耕地面积有限的涠洲岛居民来说，是对他们生计的严重威胁。

（3）呼吁出台专门法规。珊瑚礁是海洋生态系统中生物多样性最丰富的地区之一，全球超过10万种海洋生物栖息于此，占海洋生物种类的一半。这些色彩斑斓的珊瑚礁不仅吸引着游客，还具有重要的生态功能，如抵御海浪侵蚀、分解有害物质、净化环境。据估计，珊瑚礁每年为全球经济贡献约4 000亿美元，主要来自渔业和旅游业。

保护珊瑚礁是全球环保的重要议题。厄尔尼诺现象导致的气候变化，使全球多地珊瑚礁遭受重创，出现大量自然死亡。例如，印度洋的马尔代夫和塞舍尔群岛的珊瑚礁因海水温度上升而受损，全球珊瑚礁死亡的比例已超过26%，这一现象引起了国际社会的广泛关注和对珊瑚礁生态系统保护的紧迫性。

涠洲岛的珊瑚资源遭受严重破坏，引起了当地居民的不安和保护意识。他们向政府报告了外来船只非法采挖珊瑚的情况，但政府的保护措施并未完全有效，甚至一些当地人也参与了采挖。后来，北海市政府发布了通告，严禁在涠洲岛附近海域和特定陆域采捕、采挖珊瑚，并禁止未经批准的收购、加工、运输、经营珊瑚及其制品，违者将受到法律处罚。

尽管这一禁令在一定程度上遏制了公开采挖珊瑚的行为，但私下盗挖和偷运珊瑚砂的现象仍未完全杜绝。一些人利用执法部门在岛上管理的不足，继续非法采挖和偷运珊瑚。

涠洲镇的干部和居民对非法采挖珊瑚的行为表示强烈反对。他们认为，一些部门将此视为经济利益来源，发放准运证，使禁令形同虚设。岛上居民在环保意识提高后，积极举报偷采珊瑚或挖取珊瑚砂的行为。一位 72 岁的老人表示，她的儿子曾因阻止挖取珊瑚而受伤，但她和家人都坚决支持政府的禁令。

为了有效保护珊瑚资源，专家建议国家制定全国性法规，禁止采挖和销售珊瑚，并授权地方政府执行这些法规，以确保珊瑚资源得到有效保护。我们都不希望自己成为这一宝贵资源消失的见证者。

讨论要点：

（1）文中环境资产具有哪些显著特征？

（2）为保护该类环境资产政府采取了哪些措施？是否有效？

（3）你能否提出更为有效的建议？

[案例 2]

重庆市 MF 农化股份有限公司曾是亚洲铬盐产业的领军企业，世界排名第五。然而，该公司长期将含铬废渣和废水排入嘉陵江，导致严重污染。2007年，国家环保总局将此污染问题列为"十大环境违法案件"之首，引起社会广泛关注。重庆市政府决定关闭污染源——生产线。MF 农化因此面临环保债务：银行催贷、英国合资方信心动摇、生产销售下滑。国家环保总局要求重庆市环保局关闭老生产线，防止二次污染，并建议证监会处理其环境违法行为。MF 农化投入资金建设环保设施，努力缓解污染问题，但仍需持续努力。

1. 人大代表、政协委员 9 年呼吁：不能"要钱不要命"

MF 农化公司是一家年销售额突破 5 亿元的企业，其主打产品红矾钠的生产流程中，每制造 1 吨产品就会伴随产生 3~4 吨的废渣。目前，该公司已经积累了约 30 万吨的铬渣堆存，导致了超过 100 万立方米的土壤受到污染。公司的地理位置尤为敏感，它坐落于重庆市主城区域的嘉陵江畔，紧挨着城市的饮用水水源地上游。尤其需要注意的是，从 MF 农化公司老生产线的排污口向下游延伸，沿线分布着数个关键的水源地和水处理设施，包括距离 10 千米的中渡口水厂、8.8 千米的高家花园水厂、4.5 千米的梁沱水厂、2 千米的红雪饮料厂水源地，以及仅 1 千米之遥的红光制药厂取水点。这些设施的集中布局凸显了对上游污染控制的迫切需求，强调了确保水质安全的重要性。

自 1995 年以来，每年的重庆市两会上，关于彻底治理 MF 农化公司污染嘉陵江水域的议案和提案都超过 10 份。1996 年 6 月，50 名人大代表联合质询市政府，强调环境保护的重要性。

为解决污染问题，MF 农化公司被批准在新址建设新的生产线，市政府明确要求新生产线建成后必须关闭老生产线。虽然新生产线已于 2000 年建成，但老生产线仍在运营，继续向嘉陵江排放有毒废水和废液。监测结果显示，老生产线附近的河边和截水沟中铬渣浸出液的六价铬和总铬含量，远超安全标准，六价铬对人体健康的潜在风险极大。

MF 农化公司之所以每年支付约 20 万元的污染罚款而不愿关闭老生产线，是因为老生产线每月的毛利高达 300 多万元。相比之下，新生产线由于前期环保投入较高，目前尚未盈利。因此，公司更倾向于继续运营利润较高的老生产线，尽管这引发了广泛的社会不满和环保压力。

2. 污染大户与环保部门"捉迷藏"：废水处理设施停运

MF 农化近年来投入超过 9 000 万元进行污染治理，包括建设中转渣场、污水处理厂和防渗沟等设施，每月还需支付 100 万元的运行费用。尽管这些措施对污染有所缓解，但问题仍未完全解决。环保部门发现，由于运行成本高，公司有时会停用废水处理设施，导致回收沟泄漏，铬渣中转场缺乏有效防护措施。市政府秘书长周慕冰在一次暗访中发现污水直接排入嘉陵江，而公司则以添加剂用尽为由搪塞。

在采访中，MF 农化公司副总经理竟这样告诉记者："我们也十分重视治污，但有些事管不了。像废水回收池停电或跳闸、废水回收管道破裂、堡坎垮塌，都有可能造成污染事故。特别是雨季，一遇洪水每天都会发生渗漏事故。"

自 2000 年起，环保部门对 MF 农化的环保违规行为进行了 13 次处罚，但效果有限。尽管公司有能力实现达标排放，却因追求经济利益而忽视了污染治理，导致偷排和违法排污行为。公司每月从老生产线获利 300 万元，宁愿支付 20 万元罚款也不愿关闭污染严重的老生产线，对环保局的要求不予理睬。

为彻底解决污染问题，市政府采取了三项措施：关闭老生产线，建设日处理 8 000 吨含铬废水的污水处理厂，并建造防渗挡水墙。

3. 今日偿还"环保债务"，企业面临"四面楚歌"

MF 农化因污染问题面临重大经济压力。公司高层估计，土地修复需 300 万元，拆除旧生产线约 2 000 万元，员工安置费用约 1 000 万元，两项环境工程预算 3 600 万元，总计导致资产价值缩水超 3 000 万元。重庆市政府也将投入 3 500 万元，用于建设污水处理设施和防渗墙。

公司副总经理表示，自企业污染问题曝光以来，英国合资方提出，若不妥善解决污染问题，将撤回已投资的 300 万美元中的 15%。合资方还拒绝履行之前承诺的工艺和设备投入。企业银行信用受损，面临银行频繁催收贷款。原材料供应商担心企业破产，停止赊账。客户开始转向其他生产商，导致销售总量下降。同时，员工情绪波动，许多人考虑离职寻找其他机会。

时至今日，"四面楚歌"的 MF 农化才真正开始意识到，自己将为环境污染付出怎样沉重的代价！

讨论要点：

（1）试分析 MF 农化环境负债的成因及其对企业财务的影响。

（2）对环境负债应如何进行会计处理？

（3）结合所学知识，你认为企业应如何进行环境负债管理？

[案例 3]

"紫金山金铜矿湿法厂 7.3 污染事件"[①]

1. 关于事件原因调查及披露

据新闻发言人通报，2010 年 7 月 3 日下午大约 15 点 50 分，紫金矿业集团下属的紫金山金铜矿湿法冶炼厂工作人员注意到，污水池中待中和处理的废水液位出现异常下降，并且发现有废水正从污水池下方的排洪通道流入汀江主河道。

事故发生后，福建省各级政府与环保部门迅速行动，依据"地方负责、层级应对"的原则，即时启动了紧急预案。他们迅速集结专业队伍，着手开展事故调查与紧急应对措施，同时加强了对汀江沿线水域的水质监测频次。根据水质监测结果，下游部分河段 pH 值偏酸性，超过国家地表水 Ⅲ 类水质标准，铜浓度升高但未超过国家地表水 Ⅱ 类水质标准。依照有关规定，省政府和环保部门在第一时间向国家及相关部门及时上报了有关情况。

经过专家团队和执法部门的细致调查，事件的原因已大致明确：近期频繁的强降雨，导致紫金山铜矿湿法厂内存放着待处理中和的含铜酸性污水的池区地下水位急剧上升，这种水位的快速变化造成了池底压力的不均衡分布，进而产生了剪切力，导致防渗膜在多处发生破裂。这使池中的污水通过裂缝泄漏，进而流入了下方的排洪通道，并最终排入了汀江。

泄漏事故发生后，汀江下游河段网箱鱼类出现异常、死亡现象。据当地政

① 资料来源：2010 年 7 月 15 日新华网。

府初步统计，至 11 日事件所造成的损失已累计达到重大环境事件级别，事故原因已经大致清楚。根据相关规则，上杭县政府已于 12 日举办了新闻发布会，向外界通告了事故的进展和相关信息。

2. 关于水质监测情况

事故发生后，龙岩市与上杭县的环境监测站在福建省环保厅专家的指导下迅速响应，启动了紧急监测程序。他们立即对汀江河段的泄漏点下游进行了连续且密集的样本采集和监测。从泄漏源头至棉花滩水库大坝下方，共设立了 12 个监测点，主要监测指标包括废水的特征性指标 pH 值和铜含量。

监测结果显示，泄漏点下游的汀江上杭段部分区域的 pH 值呈现酸性，铜含量有所上升。具体来说，pH 值介于 4.34~6.33，超出了国家地表水Ⅲ类水质标准（pH 值应为 6~9）；而铜的浓度在 0.11~0.98mg/L，尽管未超过国家地表水Ⅱ类水质标准（1.0mg/L）。随着泄漏事故得到有效控制，各监测点的水质状况逐渐好转，pH 值逐渐上升，铜浓度也在降低。截至 7 月 11 日，所有监测点的 pH 值均已达到地表水Ⅱ类水质标准。自事件伊始，棉花滩水库下游的峰汀大桥监测点（位于与广东省的交界处）的 pH 值和铜含量监测结果均显示正常。7 月 12 日的监测数据显示 pH 值为 6.34~7.37，铜浓度低于 0.010mg/L，均符合地表水Ⅱ类水质标准。

3. 关于网箱鱼类处置情况

经有关专家分析，此次污染泄漏是流域网箱鱼类死亡的主要原因，同时高密度的网箱养殖方式和近期连续异常天气也有一定影响。库区网箱外目前未发现鱼中毒现象。

发现死鱼情况后，当地党委和政府迅速响应，采取了紧急措施，及时对死鱼进行了打捞和无害化处理，并对可能受影响的网箱养殖鱼类进行了有序的破网释放到水库中。为了保护公众利益，政府决定以略高于市场价格对死鱼和释放的鱼类进行收购，所有费用由事故责任方支付。此外，当地政府还加强了食品安全监管，防止死鱼进入市场销售或用于腌制食品，以保障公众健康和安全。

4. 关于后续处置工作

新闻发布人指出，在事件发生之后，省委和省政府给予了极高的关注，领导层多次做出指示。省级政府的相关负责人迅速组织了直属部门领导和专家团队前往事故现场，为当地提供应急处理的指导和支援。紫金矿业集团股份有限公司的紫金山金铜矿湿法厂已被勒令暂停生产，同时对发现的环境安全问题立即采取整改措施，并开展全面的环境安全隐患排查和整治。目前，省政府已经成立了专门的联合调查团队，对事故原因进行全面调查，以查明真相和明确责

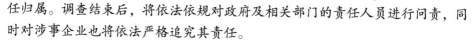

任归属。调查结束后，将依法依规对政府及相关部门的责任人员进行问责，同时对涉事企业也将依法严格追究其责任。

思考：基于上市公司公开披露的财务信息、环境信息，能否对其环境负债与环境成本进行会计确认、计量和核算？

[案例 4]

潮汐新能源的环境收益分析

潮汐能作为一种清洁且环境友好的新型海洋能源，不仅不会对周边环境造成损害，还能有效削减 CO_2、SO_2、NO_x、粉尘等污染物的排放，与核能相比，更无放射性污染的顾虑。20 世纪 80 年代初，我国东南沿海一座紧邻东海的潮汐实验站，在水电站周边进行了大规模的开垦，覆盖面积达 373.35 公顷。根据地方政府的激励政策，若按 500 元 /0.667 公顷的标准给予奖励，该开垦项目的投资回报可达 280 万元。此外，水库周边的滩涂、水域及网箱养殖业的经济效益也颇为可观。该潮汐电站于 1980 年 5 月首度投入运行，配备 6 台500 千瓦双向贯流式水轮发电机，总装机容量达 3 000 千瓦，每日可发电 14~15 小时，年均供电量约 1 000 万千瓦时。电站水域最大潮差 8.39 米，平均潮差 5.08 米，水库容量 490 万立方米，可利用潮汐发电量 270 万千瓦时。

2020 年，针对潮汐电站水库区域内的 5 个水产养殖经营户（规模从小到大不等，但均有自备车辆）开展了一项问卷调查。同年 8 月，调查团队深入PLTU 水库沿岸养殖区，通过与受访对象一对一交谈，详细了解网箱养殖的实际情况。参与调查的养殖品种包括淡水鲈鱼、大黄鱼、子鱼（乌鳢）、黑鲷等，养殖规模多为家庭式经营（2~4 人，多为夫妻档），无须雇用额外劳动力，亦无劳务费用支出。养殖鱼种和饲料的采购及销售主要依赖两艘运输船，产品主要供应本地市场，也有销往其他城市的案例。养殖成品由自家车辆运送至上海、杭州及浙江省内各地销售。

潮汐能的环境效益主要体现在替代燃煤发电产生的废气污染治理成本，即节省的排污费。燃煤发电的主要大气污染物为烟尘、SO_2、NO_x，同时伴有CO_2、CO 等温室气体排放。其中，烟尘、二氧化硫、氮氧化物是火力发电的主要污染源，也是国家环保管控的重点。燃煤电厂的直接环保成本可通过环保指标和等量发电情况下的年污染排放量计算。鉴于国内燃煤电厂普遍采用超低排放标准，且 90% 的燃煤烟气脱硫采用石灰 – 石膏工艺。在脱硫装置运行后，燃煤电厂的烟气排放成本为 0.03~0.04 元 / 千瓦时，取上限值 0.04 元，结合 90% 的脱硫效率，潮汐电站年发电量 $0.103\ 8 \times 10^8$ 千瓦时，由此计算得出的污染排放效益为 9196.59 万元 / 年。

中国参与全球碳交易市场的途径主要包括：一是充当中介角色，连接国内低成本减排项目与海外买家；二是通过国际知名投资银行融资，收购中国的低碳项目。目前，中国已成为全球最大的碳排放权提供商。在采用有效的碳中和技术或由成熟的发展机构主导的减排计划中，碳中和计划交易成本约为 8~10 美元 / 吨。基于此，假设每吨二氧化碳的交易价格为 10 美元，按 2019 年汇率折合人民币 89 元 / 吨。鉴于温岭江厦潮汐电站设定的年发电目标为 1.038×10^8 千瓦时，其所对应的年二氧化碳减排量可达 653 300 吨。基于此减排量计算得出的二氧化碳减排碳交易收益约为 5 879.7 万元 / 年。依据《水电建设项目经济评价规范》，在工程实施中采用 8% 的折现率，整个项目的生态效益总计为 28 796.29 万元。

从公众对潮汐能的认知来看，73.2% 的受访者了解潮汐能。75.6% 的受访者认为潮汐能在开发利用上具有显著优势，对于是否继续利用潮汐能发电，多数持赞同态度。这反映出大众对潮汐发电站建设和运营的广泛理解和支持。调查中，过半数受访者认为潮汐发电工程对地方经济有益，24.5% 表示该工程"非常有利"。社会福利调查中，超过 50% 的受访者认为该计划将给当地带来"显著"（其中包括"极其显著"）的社会福利，尤其是在促进地方经济发展和创造就业方面。约 50% 的受访者相信，该计划将为地方带来"显著"的环保效益，其中包括"极其显著"的评价。深入调研环保效益，68.4% 的受访者认同潮汐能可在一定程度上替代传统矿物能源，有助于改善大气质量和环境品质。

思考：基于上述案例，你认为环境收益的评估角度可以从哪些方面出发？

第3章
环境资源会计信息披露

🎯 学习目标

（1）掌握两种环境资源会计信息披露模式，理解两种会计信息披露模式的特点和异同。

（2）了解环境资源会计报告的分类。

（3）熟悉环境资源会计报告的构成情况。

（4）掌握环境资产负债表、环境利润表和环境现金流量表等环境资源会计报表的结构和内容，能初步编制和阅读环境资源会计报表。

（5）了解环境资源会计信息披露的国外发展现状，熟悉我国环境资源会计信息披露相关政策和现状。

💬 案例引导

2011年6月4日，美国康菲石油中国有限公司（以下简称康菲）负责的蓬莱19-3油田在作业期间发生了连续地层裂缝溢油事故，导致严重环境损害。然而，康菲对此次事故的态度却被认为是"傲慢"的。事故发生后，直至7月初，康菲才首次对外公开回应此事。8月24日，才有人在网上看到康菲的一则道歉声明，但声明中并未提及赔偿问题。直至12月，百名养殖户联合起诉康菲，要求其赔偿损失。2012年1月25日，距离溢油事故过去半年之后，康菲首次公开发布了赔偿方案。4月下旬，康菲支付了10.9亿元人民币的赔偿。由于康菲公司的疏忽和不透明的处理方式，公众对该事件的愤怒情绪不断升级，这反映了公众对于企业能够及时、透明地披露环境信息的期望和诉求。值得注意的是，国务院在2011年11月2日召开了关于康菲事件的专门会议，提出要全面、及时、准确地发布事故信息，以回应社会关切。这表明了国家层面对环境信息披露的诉求。以下，本章将对环境会计信息披露问题展开讨论。

康菲漏油事件

辉丰股份环保处罚及
环境信息披露新闻报道

3.1 环境资源会计信息披露模式

3.1.1 环境资源会计信息披露概述

环境资源会计信息的披露是对企业的环境资源会计信息通过公开的途径向社会公布的过程。为了满足社会对企业环境信息全面了解的需求，环境资源会计信息要及时、客观地披露，同时需要遵循重要性、强制性和一致性原则。

（1）重要性。环境信息的披露应考虑对信息使用者当前和未来的决策足以产生重大的影响，在权衡全面披露和披露成本的基础上进行重点揭示。

（2）强制性。强制性指企业的会计核算和报告应遵守国家统一的会计准则和相关法律的规定。企业应根据国家颁布的环境法律法规及会计准则的相关要求进行披露。

（3）一致性。一致性指企业披露的环境资源会计信息应与企业披露的一般财务信息保持一致。

环境资源会计信息披露模式主要包括补充式和独立式，以下分别进行详细介绍。

3.1.2 补充环境资源会计信息披露模式

补充环境资源会计报告的设计，旨在传统财务报告框架内补充和扩展企业环境信息的披露。通过增设会计科目、编制新的财务报表附表和编写相关报告内容，简化报告流程、降低操作难度，极大地方便对于传统报表未能涵盖的环境信息的披露。这种方法能有效弥补传统财务报告在环境信息披露方面的不足，为企业提供了一个更加全面、透明的环境绩效评价工具。对于推动环境友好型会计信息系统的建立具有重要意义。

补充环境资源会计报告披露模式包括在财务报告的框架内报告和在管理当局声明书中披露两种。

3.1.2.1　在财务报告的框架内报告

（1）表内披露是在现有的财务报表框架内披露环境资源会计信息，可通过在资产负债表、利润表、现金流量表和附注增加新的会计项目、增加相关附表（如环境成本明细表）和分部报表实现。比如，在资产负债表中增设"环境固定资产""环境无形资产""应交环保税费"和"预计环境负债"等项目，以反映企业因改善环境而增加的资产及因已经发生的交易或事项而产生的未来需支付的环境成本费用。在利润表中，可以增设"环境预防成本""环境维持成本""环境损失成本"及"补贴收入"等项目反映企业环境方面的收入和支出。在"经营活动产生的现金流量"部分，企业应明确披露与环境保护相关的现金支出。具体而言，包括但不限于因环境污染而向第三方支付的赔款或赔偿金、因违反环保法规而受到的罚款及滞纳金、因超标排放污染物而产生的排污费及治理费用。此外，企业应详细披露处置环境无形资产及环境固定资产所收到的现金净额。"投资活动产生的现金流量"一栏中应包含企业与环境相关的支出，如对环境治理项目的投资。在该栏下，需要注明与环保相关的项目支出情况。"筹资活动产生的现金流量"一栏中，企业同样需要披露与环境保护相关的支出，如环保租赁费用、为节约能源进行的设备更新改造和环保技术研发投入等。这些数据有助于全面反映企业在环境保护方面的财务状况和经营成果。这种表内披露的方法看起来比较直观，便于财务人员操作，但对于报表使用者来说，企业的其他财务信息与环境财务信息掺杂在一起，不便查看，各种企业财务能力指标也不便于计算，降低了环境资源会计信息的有用性。

（2）表外披露是保留原有的会计报表，在报表附注、财务状况说明书等揭示企业环境方面的信息，披露内容包括财务信息和非财务信息。这种披露方式灵活性大，可以同时提供当期环境资源会计信息和环境预测信息，不会被限制于货币计量假设中。但这种方式也有不足之处，如没有规定的格式，难以满足会计信息质量要求的可比性，企业可操作性大，往往会出现选择性报告的情况，使得报告使用者很难全面了解企业对环境的不利影响。

3.1.2.2　在管理当局声明书中披露

采用在管理当局声明书中披露环境资源会计信息的方法时，企业保留现有的财务报告框架，只是通过招股说明书、上市公告书、公司告示、产品说明、新闻发布会等形式向外界传递企业环境资源会计信息，主要内容应与财务报告披露的环境资源会计信息基本一致。

然而，补充环境资源会计报告本身也存在很多缺点。第一，会计要素匹配难。财务团队在处理环境资源会计信息时，需识别并适应其独特性，确保其会计要素与会计基础理论的六大要素间的匹配既精确又合理。第二，报表整合的复杂性。将环境活动纳入现有财务报表可能会造成信息的重叠或遗漏，需要精心设计以确保报表的完整性和准确性。第三，多维度计量的挑战要求环境资源会计采用多元化的计量方法，包括但不限于货币计量，这在传统会计报表中难以全面展现，需要创新的报告方式来满足需求。第四，如果企业将环境信息与现行会计报表合并披露，可能会存在企业为了美化财务状况而操纵环境数据的风险。这种做法会导致企业通过调整与环境相关的会计处理，而改变报告的利润情况，以实现税收规避或满足上市要求等不正当商业目的。此外，在补充环境资源会计报告中，环境资源会计信息可能被分散在财务报告的许多地方，降低了环境资源会计信息的有用性，也为环境资源会计报告规则的制订带来困难，而采用独立报告模式，将使环境资源会计信息的披露更加集中、全面、系统和规范，也有利于环境资源会计信息使用者直接获取自己想要的信息。

3.1.3　独立环境资源会计报告披露模式

独立报告模式是当前西方国家跨国公司倾向采用的环境报告模式，它要求企业对其承担的环境受托责任进行全面的报告。独立式环境资源会计报表包括环境资产负债表、环境利润表、环境现金流量表、环境资产增减明细表、环保专用基金明细表、环保业绩评价表等。企业可以将环境相关的细节与主要的财务数据分开展示，这样的分离策略有助于清晰地传达信息，确保了财务报告的清晰度和环境责任的透明度，也突出了环境信息的重要性。这种方法鼓励企业开发专门的环境资源会计报表，并以独立报告的形式，结合文字描述和图表展示，详尽地披露企业的环境表现和影响。其主要内容包括：企业简介与环境方针；环境标准指标和实际指标；废弃物、污染排放等信息；环境资源会计信息；环境业绩信息；环境审计报告等。环境资源会计领域内的核心要素——环境资产、环境负债、成本和收益正受到越来越多的关注和研究，公众对于获取这些环境相关会计信息的需求不断上升。因此，单独编制环境资源会计报告已成为信息披露的必然趋势。

3.2　环境资源会计报告设计

环境资源会计报告是反映企业在某一特定日期的环境资源状况和某一会计期间环境成本、收益与效益情况等的综合报告，为利益相关者提供决策有用信息，具体的主要组成部分包括：环境资源会计报表、附注及其他应向利益相关者揭示和说明的相关信息。设计环境资源会计报告需要从理论上和实践上考虑环境财务指标的设置。报告的设计应从识别环境资源会计的关键信息和满足信息使用者需求入手。它应该在全面揭示企业的财务状况和经营成果的同时，能对决策有重大影响的经济事项进行专门的核算和反映。该报告应明确地反映出企业的环境经营成果，详尽地展示企业的环境资产、负债、成本、收益以及处理环境问题的财务能力。信息的呈现和披露应具有适应性，无论是通过独立的报告还是作为附表，都能够全面地反映企业的环境信息。

3.2.1　按照制度约束性分类

（1）强制式。由国家法律机构或政府相关部门出台的规范性文件所规定，要求企业必须按照既定的统一标准公开其环境信息。

（2）自愿式。企业根据自身的利益和社会责任对外披露环境信息，这种披露是出于企业内在的动机，而非外部的强制规定。

3.2.2　按照披露内容分类

（1）财务信息。以货币金额披露的信息项目，如环境资产、环境负债和环境权益、环境收入、环境费用和环境利润，环境政策执行的定量分析和环境管理活动成效等。

（2）非财务信息。包括不易直接用货币衡量的信息，如环境风险的描述、环境管理的制度框架、污染减排措施的实施情况、员工健康与安全的数据、企业绿化程度、污染物排放量和能源消耗的统计数据，以及企业设定的环境目标和相关的关键性能指标等。

3.2.3　按照披露方式分类

（1）在财务报告框架内报告。为了在财务报告中反映环境信息，需要对现有的财务报告模式进行一定的优化。这可以通过两种方法完成：一是在财务报表主体中直接展示环境要素；二是在报表之外提供额外的披露。具体来说，可以在主要的财务报表中增添环境相关的科目、在附录中包含环境数据、在业务分部报告中体现环境考量，或者通过在报告的附注或财务状况说明书中增加环境信息的描述。

（2）在管理当局声明书中披露。公司将保持其标准的财务报告框架不受影响，同时利用管理层对外发布的声明文件作为渠道，以披露公司环境信息。

3.2.4　环境资产负债表

环境资产负债表是一种专门报表，用以揭示企业在某一特定日期的环境资产、因环境防护和治理而产生的负债以及所有者权益。它以账户式格式呈现，环境资产位于报表的左方，环境负债和所有者权益位于右方。报表遵循的会计公式是：环境资产＝环境负债＋环境所有者权益，所记录的数字代表期末的账户余额。环境资产包括环境流动资产、环保证券投资、环境固定资产、环境无形资产和环境递延资产、资源资产等项目。环境负债涵盖环境借款、环境补偿费用、环境税费、预计环境负债等项目。环境所有者权益包括环境资本、环境利润和环境基金等项目，如表 3-1 所示。

表 3-1　环境资产负债表

编制单位：　　　　　　　编制时间：　　年　月　　　　　　单位：元

环境资产	期初数	期末数	环境负债及权益	期初数	期末数
环境流动资产：			环境负债：		
环保材料			短期环保贷款		
环保低值易耗品			应付生态补偿款		
环保产品			应交环境税费		
环保证券性投资现值			应交资源补偿费		
环境固定资产：			应付环境赔款		
环境固定资产原值			应付环境罚款		
减：环境固定资产累计折旧			应付环境资产租赁款		
环境固定资产净值			预计环境保险基金		
减：环境固定资产减值			预计环境或有负债		
环境固定资产现值			长期环保贷款		
环保工程物资			其他环境负债		
环保在建工程			环境负债合计：		
环境无形资产：			环境权益：		
减：环境无形资产累计折耗			环境资本		
减：环境无形资产减值			环境利润		
环境无形资产现值			环保专用基金		

续表

环境资产	期初数	期末数	环境负债及权益	期初数	期末数
环境递延资产			其中：政府环保补助基金		
资源资产：			无偿获取排污权交易收益基金		
自然资源资产原值			环保捐赠收益基金		
减：资源资产累计折耗			环境退税		
自然资源资产净值			生态环境受损补偿基金结余		
生态资源资产原值			税后提留环保基金		
减：生态资源资产累计折耗			环境所有者权益合计		
生态资源资产净值					
其他环境资产					
环境资产总计			环境负债及所有者权益合计		

3.2.5　环境利润表

环境利润表是一种财务报表，它详细展示了企业在特定会计期间内通过环境保护和污染治理活动所实现的收益，以及在这些活动中产生的资源消耗、成本和费用。该报表还体现了企业对自然生态环境改善所做的贡献，从而反映出企业在环境保护和污染控制方面的整体表现和成效。

环境利润表的核心计算公式是：环境利润 = 环境收益、收入 – 环境成本、费用。报表的编制依据来源于企业在环境收入和环境费用账户上的实际发生额，如表 3-2 所示。

表 3-2　利润表

编制单位：　　　　　　　编制时间：　　年　月　　　　　　　单位：元

项目	本月数	本年累计数
一、环境收益、收入		
1. 资源收益：		
自然资源资产实现收益		

续表

项目	本月数	本年累计数
生态资源资产实现收益		
2. 环境保护收入：		
政府环境补助收入		
生态受损补偿收入		
排污权交易收入		
碳排放权交易收入		
退税收入		
3. 资源和"三废"产品销售收入		
4. 其他环境收入		
5. 环境营业外收入		
环境收益、收入小计		
二、环境成本、费用		
1. 环境成本：		
资源耗减成本		
资源降级成本		
资源维护成本		
环境保护成本		
2. 环境费用		
环境管理费用		
其他环境费用		
3. 资源和"三废"产品销售成本		
4. 环境营业外支出		
5. 环境资产减值损失		
环境成本、费用小计		
三、环境利润总额		
减：转出环保专用基金		
其中：政府环境补助收入		
无偿获取的排污权交易收入		
无偿获取的碳排放权交易收入		

续表

项目	本月数	本年累计数
有指定专门用途的捐赠收入		
债务性环境生态补偿基金结余		
环境退税收入		
四、税前环境利润		

3.2.6　环境现金流量表

环境现金流量表的核心作用在于展示企业在履行其环境保护责任过程中，现金流及等价物的增减变化情况，如表 3-3 所示。

表 3-3　环境现金流量表

编制单位：　　　　　　　　编制时间：　　年　　月　　　　　　　单位：元

项目	年初数	年末数
一、与环境活动有关的现金流入		
销售利用"三废"生产产品收到的现金		
销售排污权收到的现金		
销售碳排放权收到的现金		
收到的国家环保补助或税费返还		
处置环境资产收回的现金		
取得环保借款收到的现金		
收到的其他与环境活动有关的现金		
现金流入合计		
二、与环境活动有关的现金流出		
构建环保设备支付的现金		
购买排污权支付的现金		
支付的矿产资源补偿费		
支付的环境税		
支付的环境污染罚款、赔偿金		
偿还环保借款支付的现金		
偿还环保借款利息支付的现金		

右上角：续表

项目	年初数	年末数
支付的其他与环境活动有关的现金		
现金流出合计		
三、汇率变动对现金流量的影响		
四、环境现金流量净增加额		

3.2.7　环境资产减值明细表

环境资产减值明细表作为环境资产负债表的附表，专门用来呈现企业在管理其环境资产过程中，由于环境污染或其他损害因素引起的资产减值的情况，如表 3-4 所示。

表 3-4　环境资产减值明细表

编制单位：　　　　　　　编制时间：　　年　月　　　　　　单位：元

项目	期初余额	本期增加额	本期转回数	期末余额
一、环境流动资产跌价准备合计				
其中：环保产品				
环保材料				
二、环保固定资产减值准备合计				
其中：环保设备				
房屋、建筑物				
三、环保无形资产减值准备				
其中：环保专利权				
排污权				
碳排放权				
四、环保在建工程减值准备				
五、环境证券投资减值				
六、资源资产减值				
其中：自然资源				
生态资源				
环境资产减值合计				

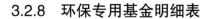

3.2.8 环保专用基金明细表

环保专用基金明细表与环境资产减值明细表一样，都是环境会计报表的附表，它的作用是对环境资产负债表和环境利润表中的特定项目提供更详尽的解释并补充信息，如表 3–5 所示。

表 3–5 环保专用基金明细表

编制单位： 编制时间： 年 月 单位：元

项目	年初数	年末数
一、环境保护收入转做环保专用基金		
政府环境补助收入		
无偿获取排污权交易收入		
无偿获取碳排放权交易收入		
有指定专门用途的捐赠收入		
环境退税收入		
二、环境保护提留基金		
生态环境受损提留基金结余		
环境退税		
合计		

3.2.9 环境业绩评价表

企业环境业绩评价表提供了一套系统化的方法，用以连续追踪和衡量企业的环境表现。它关注的焦点包括企业的管理体系、运营成效以及与周边环境的互动状态。通过具体的指标，如资源消耗量、污染物排放量和环境相关的成本效益比等，进行综合性的分析和评价。

在评估企业的环境业绩时，借鉴了与常规企业业绩评价相似的分类方法，将评价指标划分为定量指标和定性指标。定量指标进一步被分为财务指标和非财务指标。财务指标关注于企业在环境治理方面的成本和收益，以及环保活动所形成的资产和负债。非财务指标着眼于资源消耗、污染排放量、排放浓度、污水处理率和废物回收率等具体数据。定性指标包含了一些难以量化的因素，如企业对环境法规的遵守情况、环境管理体系的构建与执行效率、环境投诉的频率以及污染事故的发生情况等。这些指标综合起来，形成了对企业环境绩效的全面评估，如表 3–6 所示。

表 3-6 企业环境绩效评价表

编制单位： 编制时间： 年 月

定量评价指标（80%）			定性评价指标（20%）	
指标类别	基本指标	指标值	辅助指标	指标值
资源消耗（30%）	1. 单位产品新鲜水耗系数		1. 新、改、扩建项目环评和"三同时"手续是否齐全	
	2. 单位产品综合能耗系数		2. 排污许可的合法性	
	3. 单位产品原材料耗用系数		3. 主要污染物总量减排的要求是否得到落实	
	……		4. 污染物排放超标率	
污染物排放（30%）	1. COD 排放系数		5. 环保设施稳定运转率	
	2. SO_2 排放系数		6. 排污费是否按规定缴纳	
	3. 氮排放系数		7. 环境管理体系的建立	
	4. 氮氧化物排放系数		8. 环境信息披露情况	
	5. CO_2 排放系数		9. 年度相关诉讼件数	
	6. 颗粒物（PM10，PM2.5）排放系数		10. 环境事故发生情况	
	⋮		⋮	
环境成本与效益（40%）	1. 环境成本占总成本的比率			
	2. 环境资产占总资产的比率			
	3. 环境负债占总负债的比率			
	4. 环境收益占总收益的比率			
	5. 环保投资占总投资的比率			
	⋮			
综合评价	综合定量评价值		综合定性评价值	

3.2.10 环境报表附注

会计报表附注是对会计报表的补充，它阐明了报表的编制原则、依据、方法和关键科目等方面的额外细节。对于那些无法用货币量化，或不便于在环境会计报表中直接体现的环境资源会计信息，如果这些信息对于用户准确把握企业的环保状况极为关键，企业应通过文字说明或采用其他计量手段，全面而客观地向外界披露这些环境信息。在会计报表的附注中，企业应主要披露以下内容：

（1）企业环境资源会计所采用的特定会计政策和具体目标，如企业环境状况及环境目标完成情况简介、环境资产的计价与摊销政策，环境利润的确认政策等。

（2）企业的环境管理系统，企业采用的主要环境监测制度及监测技术。

（3）企业对重大环境事故做出补救的措施及不可计量的后果，企业面临的环保风险，包括国家环保政策的可能变动、上市公司所处行业的环保情况及未来发展趋势分析等。

（4）由于政府立法而采取环境保护措施的程度和按照政府要求应达到的程度，可分为依据的环境法律、法规内容及标准以及执行的成绩和未能执行的原因等。

（5）企业主要污染物排放量、消耗和污染的环境资源情况、所在环境的资源质量情况，对污染物的处理措施。

（6）企业本期或未来的环保投入情况，治理环境污染或采取环保措施而获得的经济效益和社会效益。

（7）企业内部环保制度、机构设置、环保技术研发、环保培训、环保活动等开展情况。

（8）环境资源会计变更事项，包括环境资源会计方法的变更、报告主体的改变、会计估计的改变等。

（9）按环境法律法规进行的重大活动等。

3.2.11　其他补充形式的环境信息报告

3.2.11.1　上市公告书

上市公告书是股票上市前的重要信息披露材料，该信息披露说明股票的发行工作已结束。我国证监会在《公开发行证券公司信息披露内容与格式准则第9号——首次公开发行股票申请文件》和《公开发行证券公司信息披露的编报规则第12号——公开发行证券的法律意见书和律师工作报告》中要求股票发行人对其业务及募股资金拟投资项目是否符合环境保护要求进行说明。

3.2.11.2　可持续发展报告

《可持续发展报告指南》中对环境指标的描述包括：

（1）物料。所用物料的重量或体积、采用经循环再造的物料的百分比。

（2）能源。初级能源的直接能源消耗量、初级能源的间接能源消耗量、通过节约和提高能效节省的能源、提供具有能源效益或基于可再生能源的产品及服务的计划以及计划的成效、减少间接能源消耗的计划以及计划的成效。

【可持续发展报告指南】

（3）水。按源头说明总耗水量、因取水而受重大影响的水源、循环及再利用水的百分比及总量、生物多样性、机构在环境保护区或其他具有重要生物多样性意义的地区或其毗邻地区，拥有、租赁或管理土地的位置及面积、描述机构的活动、产品及服务在生物多样性方面对保护区或其他具有重要生物多样性意义地区的重大影响、受保护或经修复的栖息地、管理对生物多样性影响的战略、目前的行动及未来计划、按濒危风险水平说明栖息地受机构运营影响，列入世界自然保护联盟（IUCN）红色名录及国家保护名册的物种数量。

（4）废气、污水及废弃物。按质量说明直接与间接温室气体总排放量；按质量说明其他相关间接温室气体排放量、减少温室气体排放的计划及其成效；按质量说明臭氧消耗性物质的排放量；按类别及质量说明氮氧化物（NO_x）、硫氧化物（SO_x）及其他主要气体的排放量；按重量及排放目的地说明污水排放总量；按类别及处理方法说明废弃物总重量、严重泄漏的总次数及总量、按照《巴塞尔公约》附录Ⅰ、Ⅱ、Ⅲ、Ⅳ的条款视为有毒的废弃物经运输、输入、输出或处理的重量，以及运往全世界的废弃物的百分比、受机构污水及其他（地表）径流排放严重影响的水体及相关栖息地的位置、面积、保护状态及生物多样性价值。

（5）产品及服务。降低产品及服务环境影响的计划及其成效；按类别说明售出产品及回收售出产品包装物料的百分比。

（6）遵守法规。违反环境法律法规被处重大罚款的金额，以及所受非经济处罚的次数。

（7）交通运输。为机构运营目的而运输产品、其他货物及物料以及机构员工交通所产生的重大环境影响。

（8）整体情况。按类别说明总环保开支及投资。

3.2.11.3　环境业绩评价表

根据企业对环境责任的承担，其表现应涵盖对环境资源的使用效率、控制污染的能力、环境保护措施的成效以及环境报告的透明度和质量，并应对这些

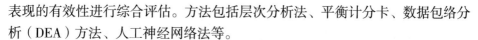

表现的有效性进行综合评估。方法包括层次分析法、平衡计分卡、数据包络分析（DEA）方法、人工神经网络法等。

（1）层次分析法。层次分析法是一种应用网络系统理论和多目标综合评价方法，提出的一种层次权重决策分析方法。它通过建立一个多层次的结构模型，将与企业环境绩效评价问题有关的影响因素按总目标、各层子目标、评价准则直至具体的备选方案的顺序分解为不同的层次结构，利用判断矩阵计算各层次元素的相对权重，然后逐层向上汇总，最终确定各备选方案对总体目标的权重，最终权重最大者即为最优方案。这种方法结合了定量和定性分析，让决策者能够根据经验判断各目标的重要性，并为环境绩效评价等复杂问题提供了一种有效的解决方案。

（2）平衡计分卡。平衡计分卡是一种与企业战略紧密相连的指标系统。它通过将战略目标分解成多个层面的具体指标，形成了一个平衡的绩效评价体系，并通过对这些指标在不同时间的考核，确保了战略目标的顺利实施。平衡计分卡不但有财务评价的传统指标，而且一些非财务指标也包含其中，其对企业环境绩效进行全面考核具有重大意义。

（3）数据包络分析方法。数据包络分析是一种在运筹学领域内用于衡量生产效率的分析工具。它特别适用于评估那些涉及多个输入和多个输出的决策单元。通过对比不同的投入与产出，DEA 能够提供一种相对效率的评估，这在绩效评价中非常有用。与其他评价方法相比，数据包络分析法有许多优点：一是数据包络分析方法能够考虑多种输入输出指标，能够更全面地衡量组织或个体的效率。二是数据包络分析方法能够对规模效应进行调整，能够公平地评估不同规模的组织或个体。三是数据包络分析方法在数据缺乏的情况下仍然能够进行评估。但数据包络分析方法只能评估相对效率，即与其他组织或个体相比的效率，而无法评估绝对效率，同时数据包络分析方法依赖于假设条件，如果假设条件不成立，则评价结果难以准确。

（4）人工神经网络法。人工神经网络是一种数学模型，它模仿大脑中神经元的连接方式处理信息。这种网络由多个基本单元，即人工神经元构成，每个神经元通过加权和的方法处理来自其他神经元的信号，并将结果传递给后续的神经元。在某些情况下，神经元的输出会经过激活函数的处理，以增强或抑制信号。整个网络结构通常由输入层、隐藏层和输出层组成：输入层负责接收外部数据，隐藏层负责数据的处理，输出层根据网络的设计目的输出相应的结果。

3.2.11.4　社会责任报告

企业社会责任（CSR）是企业在社会中承担责任的全面体现，它涵盖了企业如何通过各种方式履行其对社会的责任。企业社会责任报告是一种正式的文档，用以展示企业所承担的社会责任及其履行这些责任的具体做法。这份报告不仅是企业社会责任管理的组成部分，也是对外公布企业社会责任成果的重要方式。报告的功能是双重的：一方面，它是企业与各利益相关方沟通的渠道，通过它，企业向外界公开其对社会的贡献和影响；另一方面，它也是利益相关方评估企业社会责任表现的参考。简而言之，企业社会责任报告是企业与社会沟通的桥梁，它反映了企业在经济、社会和环境方面的影响，并且是企业履行社会责任的全面展示。此外，这份报告在企业内部扮演着重要角色。它有助于提升管理层和员工对社会责任的认识，促进企业内部形成一种以责任为核心的文化。通过这份报告，企业可以重新审视自己的经营哲学、制度和策略，以避免潜在的社会责任风险，并寻找新的增长机会。同时，它可以帮助企业通过与内外部的比较，识别自身的不足之处，进而提升企业的市场竞争力。

企业社会责任报告需要阐明和解答五个基本问题：一是责任范围，报告需要明确企业所承担的社会责任具体包括哪些方面，即企业在社会中的角色和所承担的义务；二是社会责任驱动因素，即报告需要解释企业承担这些社会责任的动机，包括内在的价值观和外在的压力，以及企业为何认为履行这些责任是必要的；三是履行社会责任方法，展示企业是如何具体实施这些社会责任的，包括采取的策略、行动计划以及执行过程；四是责任绩效评估，评估企业在社会责任方面的绩效，即企业的行为、流程和结果在多大程度上符合其社会责任的标准和目标，以及对经济、社会和环境产生的影响；五是企业社会责任的未来规划，报告需要展望未来，基于现有的成就和经验，制定新的目标和行动计划，以持续推进企业社会责任的履行，并实现更深远的社会责任愿景。

社会责任报告可以分为两大类：单项报告和综合报告。单项报告专注于企业在特定领域的社会责任表现，如环境报告、环境健康与安全报告以及慈善活动报告等。综合报告涵盖了企业在多个社会责任领域的整体表现，如企业社会责任报告、可持续发展报告以及社会与环境的综合报告等。

根据报告内容的全面性，社会责任报告可以进一步细分为广义和狭义两种类型。广义的社会责任报告，也被称作非财务报告，它包括了所有正式反映企业在社会责任方面承担的某一方面或多个方面责任的报告。狭义的社会责任报告通常指综合报告中的一种，这种报告以正式的形式全面展示了企业在社会责任方面的整体承诺和实践。

根据《中国企业社会责任报告编写指南（CASS–CSR4.0 报告编写指南）》企业社会责任报告包括环境责任、社会责任、市场责任三个主要方面。在社会责任报告中披露的环境责任信息包括环境管理、节约资源能源、降污减排等。

3.2.11.5 ESG 报告

ESG 是环境（Environmental）、社会责任（Social Responsibility）和公司治理（Governance）的英文首字母缩写，ESG 报告是关于环境、社会与公司治理的综合性报告，以此反映企业在践行绿色可持续发展理念和履行社会责任等方面的贡献。环境（E），关注企业对于环境的影响，如碳排放、自然资源的使用、能源的消耗、污染和废弃物的处理等方面；社会（S），针对企业与社会中各利益相关者的影响，包括员工管理、产品质量管控、供应链管理、隐私和数据安全、对当地社会的贡献等方面；治理（G），主要聚焦企业管理方面，如董事会的独立性和有效性、高管薪酬、公司的风险控制能力等。

中国香港地区是中国内地最早采纳 ESG 报告的地区之一。2012 年，香港联合交易所首次发布了《环境、社会及管治报告指引》，并在 2015 年将指引中的部分要求提升至"不遵守即解释"的半强制性标准。该指引涵盖了环境保护和社会治理等维度，并规定了上市公司必须遵循的信息披露标准。同时，鼓励有能力的公司按照更严格的国际标准披露 ESG 信息。2022 年，香港全面实施了新版的 ESG 指引。与此同时，中国内地的证监会也在逐步推出相似的披露要求。因本书最后一章专门讨论 ESG 报告，此处不再赘述。

3.3 环境资源会计信息披露内容

3.3.1 环境资源会计信息披露基本内容

环境保护部环境规划院和中国会计学会环境会计专业委员会组织国内高校和科研单位的专家学者，在环境会计领域开展了广泛的研究和指南编制工作，认为企业环境资源会计信息披露一般包括如下内容：

3.3.1.1 企业的基本情况

主要内容有企业名称、地址、法定代表人；企业年度资源消耗总量；主要污染物的名称、排放方式、排放浓度和总量、超标、超总量情况等。

3.3.1.2 环境保护政策

主要介绍企业环境保护方针、年度环境保护目标及成效；企业环保设施系统的建设和运行情况；企业对环境法规的遵守情况；企业对环境保护事业的态度；企业为了降低环境污染和负荷或者为了恢复和复原环境所做出的努力等。

3.3.1.3 环境资源会计核算信息

包括环境资产、环境负债、环境成本和环境收益的确认、计量和报告。这是以货币表现的、定量的财务信息为主的环境经济活动信息，其信息表现形式主要为会计凭证、账簿、报表及其他相关资料。

3.3.1.4 环境绩效情况

包括企业进行环境保护活动所产生的环境效益、经济效益和社会效益，并通过一些环境绩效指标对所造成环境影响进行分析，说明企业环境治理情况。

3.3.1.5 其他需要披露的环境资源会计信息

包括与环保部门签订的改善环境行为的自愿协议；企业履行社会责任的情况；对环境损害事项的说明，要求企业对环境损害做出补救的法律法规的说明，以及可能赔偿的金额，企业已采取或将要采取的环境保护措施及其实施效果等。

3.3.2 环境资源会计信息披露内容要求

根据环境受托责任制的理论，环境受托责任的主体包括委托方和受托方。这种责任的确立基于多种来源，并且表现形式多样。其核心要求是对管理和使用的环境资源状况进行说明和报告。为了确保报告的真实性和可靠性，受托责任的履行情况必须经过第三方的独立审核和验证。在环境资源会计领域，这种受托责任意味着环境资源的使用者有责任妥善管理和使用这些资源，并向委托方报告其履行职责的情况。为了实现这一目标，公司在披露环境资源会计信息时，需要满足一定的标准和要求。

3.3.2.1 信息社会性

企业在进行环境资源会计时，需要从整个社会的视角出发，对企业的经营成果进行全面评估。这意味着，企业不仅要关注自身的经济效益，还要考虑其经济活动对社会带来的利益和成本。通过这种方式，企业能够更真实地反映其在履行环境责任方面的实际情况。企业的管理层在决策时，应该超越企业自身的利益，站在社会整体利益的角度进行考虑。他们需要将社会性原则纳入到企业的经营活动中，确保企业的发展既符合经济效益，也兼顾社会效益。通过这种方式，企业可以更好地履行其社会责任，实现可持续发展。

3.3.2.2 强制与自愿相结合

强制指企业的会计核算和报告应该遵守国家统一的会计准则和相关法律的规定。关于环境资源会计信息强制披露有以下理论依据：解决信息垄断问题以充分限制信息的不对称性；解决虚假信息问题以充分保证信息的真实性；通过提高信息的可比性以提高信息的有用性；通过规范信息披露方式以维护企业间的公平竞争；通过建立一种通用信息披露模式以减轻企业负担。

自愿指企业根据社会公认的责任标准和企业自身应该承担的环境义务主动

披露环境信息的意愿，这是在没有法律强制规定时企业负有的推定义务。关于环境资源会计信息自愿披露有以下理论依据：①代理人观点。股东与管理者之间存在委托代理关系，为协调二者之间的关系，节约监督成本，需要定期向股东提供可靠的环境资源会计信息。②竞争者资本市场观点。资本市场存在竞争，企业要从资本市场获取资本，必须满足资本提供者资信审查的需要。③公共产品观点。会计信息具有公共产品特性，利益相关方有权提出信息需求，以满足各方信息需要。

我国企业在环境资源会计领域尚处于起步阶段，目前还没有形成一套统一的报告标准。同时，环境因素本身的复杂性和多样性增加了报告的难度。鉴于这些情况，我国在推行环境资源会计报告时采取强制性和自愿性相结合的策略。

3.3.2.3　允许偏差

企业在进行环境资源会计时，由于计量对象的界限和形态存在不确定性，使计量结果难以达到绝对的精确度，带有一定的不确定性和模糊性。因此，在环境资源会计的计量过程中，允许存在一定程度的误差。

3.3.3　环境资源会计信息披露的意义

3.3.3.1　更好地保护环境，降低企业环境风险，促进企业经营的可持续

公开披露环境信息能够推动企业更加重视自身的环境保护工作，培养环保意识，这有助于减少企业可能面临的环境风险。此外，一个企业如果能够积极履行其法定的环境责任，建立并实施有效的环境管理体系，采取切实的环保措施，那么它就能够最大限度地减少未来可能因环境问题而引发的财务损失。

3.3.3.2　树立企业的良好形象，提升企业的业绩和竞争力

通过公开环境信息，企业能够让外界了解其环保策略、为环境保护所做的努力以及承担的社会责任和对社会的积极态度。这种做法有助于提升企业在公众心目中的形象，进而增加其销售收入。同时，通过环境信息的披露，企业还可能在财务方面获得额外的好处。例如，通过减少环境违规行为，企业可以降低因违反环保法规而产生的税费、罚款等成本。此外，有效的废弃物处理和资源循环利用措施能降低企业在废弃物处理方面的成本，从而为企业带来额外的经济收益。

3.3.3.3　有助于企业吸引顾客和投资者，扩大企业融资渠道

当公司盈利时，其环境报告可以展示相应的证据，证明这些利润并非以牺牲环境为代价获得的。如果公司尚未盈利，环境报告可以阐述公司近期在环境保护方面的支出或投资，说明这些投入是如何为提升企业未来的市场竞争力打

下基础的。无论企业的经营状况如何，发布环境报告都能向市场传递积极的信号。这有助于拓宽企业的融资途径，优化其资本结构。

3.3.3.4 获得进入国际市场通行证，增强企业开放力度

随着全球经济一体化的不断深入，中国企业走向国际市场已成为一种趋势。为了获得国际市场的准入资格，企业需要承担社会责任，并且公开其环境资源会计信息。企业只有通过国际社会对合作伙伴的社会责任进行评估和审核，才能与国际伙伴建立长期稳定的合作关系。

因此，披露包含环境资源会计信息的企业社会责任信息，不仅对企业自身的发展至关重要，对全球的可持续发展也具有深远的影响。特别是对于那些依赖出口的外向型企业，这种信息披露已经成为提升其国际竞争力、获得国际市场准入的有效手段。

3.4 环境资源会计信息披露发展现状

3.4.1 国际环境资源会计信息披露发展现状

1989 年 3 月，在国际会计和报告准则政府间专家工作组第七次会议上，首次就全球范围内环境会计及其信息披露的进展进行了深入讨论。自此之后，众多国际机构纷纷成立了专门的组织或工作组，通过调查研究的方式，专注于环境问题及其信息的公开。1998 年，第十五届国际会计和报告标准政府间专家工作组会议召开，会议重点讨论了《企业环境会计和报告》的工作文件。该文件分为两个部分：第一部分《实现环境业绩与财务指标的结合：最佳实用技术调查》，深入分析了传统财务会计在环境会计方面的不足，以及一些企业在环境业绩报告方面的实践，并建议企业在年度报告中包含环境业绩信息；第二部分《企业环境会计和报告最佳实务的中期报告》，是一份系统性文件，涵盖了环境会计概念的定义，以及环境成本及环境负债的确认、计量和披露方法。经过与会者的深入讨论，大家普遍同意将这份工作文件命名为《环境会计和财务报告的立场公告》，旨在使其成为一份权威、系统、完整的国际指导性文件。

美国在环境会计信息披露方面起步较早，1974 年时已有 40% 的公司发布了正式的环境报告。1995 年，这一比例进一步上升，几乎有一半的《财富》500 强企业公开了环境负债等关键信息。美国的环境信息主要来源于三个渠道：环境保护机构（EPA）、媒体以及各企业自身。企业披露的环境信息分为

强制性和自愿性两种类型。强制性披露是根据证券交易委员会的规定，企业必须公开所有受联邦和州环境法规影响的重要事项，包括环保设施的重大开支。自愿性披露取决于管理层的决策以及相关法规的要求。环境信息披露可以是定量的，也可以是定性的，形式灵活。在编制环境报告时，会计和审计人员通常会参考财务会计准则委员会（FASB）第 5 号指南——"或有事项会计"，尽管在估计方面存在一定的差异。随着互联网的普及，许多公司开始在官方网站上发布环境报告。这些在线环境报告与传统的年度财务报告有相似之处，内容涵盖了报告的范围、公司的环保价值观和承诺、与环境目标相关的具体目标和行动、环境管理体系、执行的措施和责任、特定行业面临的环境问题、媒体对公司环保行为的评价，以及与环境问题相关的财务数据和第三方审计或评论。

欧洲国家的大部分企业选择健康、安全和环境报告的独立报告的方式而非补充报告模式（Holland，2003），这是因为独立环境资源会计报告的披露效果远远好于年报，因此企业应编制独立环境报告（Frost，2011）。但由于政府尚未在制度和法律上明确规定企业的披露方式，所以企业通常自由选择多样化的环境资源会计披露方式（Ren，2018），其披露模式往往与经营战略挂钩的，战略指向投资方；多选择年报方式的，战略指向社会公众（De Villiers，2014）。一般而言，规模越大的企业越愿意披露完整的环境资源会计信息（Matsuo，2017）。专家学者也对环境资源会计信息的披露内容进行了研究，认为环境资源会计信息可以披露相关的法律法规、企业环境污染与治理（Patten，2012）、与环境相关的财务信息、环保诉讼（Frost，2012）、环境责任、企业节能减排措施、环保奖励以及环保方针（Chaklader and Gulati，2015）。

日本的环境保护规则倾向于合作和自愿性原则。1992 年，超过 70% 的受访日本公司已经开始采纳国际环境宪章。这些公司在社会责任信息披露方面，主要关注环境、社区和员工关系等方面。从 1999 年起，日本的环境保护机构开始着手研究"环境会计系统"，并在 2000 年 3 月正式发布了《环境会计指南》，旨在为企业披露环境信息提供指导。在日本，企业编制的环境报告是独立于其年度财务报告的，并且是企业基于自愿原则编制的。这些报告通常包含两部分内容：企业的环境保护措施和环境会计信息。环境会计信息主要通过图表形式展示企业在环境保护方面的投入和产出，包括货币和实物量的数据。近年来，日本企业披露环境会计信息无论从数量上还是在内容上都有了较快的增长，绝大多数公司已经实施环境会计指南的规定。

当然，环境资源会计信息的披露现状研究也不应仅仅着眼于发达国家，撒哈拉以南非洲的环境信息披露水平还非常低。这在一定程度上取决于在特定地区经营的公司类型以及这些地区居民对环境风险因素的认识（Stewart et al.，2021），但其中也不乏积极承担社会责任，披露环境信息的企业。随着环境信息披露这种环境治理工具知名度的提高，南非矿业公司不仅披露环境信息，还披露社会信息（Davies and Anshelevich，2021）。与这种大公司相比，小公司的环境信息披露水平往往较低，统一规范的制订也倾向于大公司，因为大公司的财务会比较成熟（de Villiers et al.，2014），能较好地进行环境资源会计信息的披露。发达经济体的企业绩效研究和企业社会责任结果好坏参半，与撒哈拉以南非洲地区有明显的差距（Sampong et al.，2018）。政府和管理生态可持续发展的相关机构应在环境资源会计信息披露中起到重要作用，但当地政府机构没有将非洲环境可持续化视为工作重点（Adekunle，2021），导致非洲地区企业的环境资源会计信息披露缺乏。

3.4.2 我国环境资源会计信息披露发展现状

我国企业环境会计信息披露的方式并不统一，可以分为独立报告和补充报告两种。目前，中国多数企业倾向于在年报中包含环境数据（崔成，2017），即使用补充报告，但独立报告的披露方式有诸多优点，这种方式将成为未来环境会计信息披露发展的方向（袁广达和洪燕云，2016）。为满足外部信息使用者对环保信息安全的需求，需要建立独立的环境报告体系，确保环境会计信息的完整性（聂建平，2018）。国内学者通过比较独立环境报告与政府财务报告在四个方面的新进展，提出了中国企业对独立环境报告的意见需求（高历红和李山梅，2007）。独立报告可以提高企业环境会计信息披露的透明度和及时性（钟笠文，2017），防止利益相关者承担隐性环境风险（赵海霞，2018）。此外，有学者提出，不同的公司可以选择不同的披露模式。对于重污染行业，可以考虑单独编制重污染上市公司的年度环境报告；若发生突发环境事件或受到重大环保处罚，还应发布临时环境报告（由晓琴，2019）。同时，环境信用评价制度有利于提高企业环境信息披露质量（钟海燕和王江寒，2023），所以国家应加快推广、落实和完善环境信用评价制度体系，适时扩大环境信用等级评价强制参评范围，将环境信用评价体系一纳入社会信用体系中。关于环境会计信息披露方法的发展，学者认为环境会计独立报告是未来发展趋势，但由于目前中国没有强制企业披露环境会计信息，导致多数企业采用补充报告的形式，在财务报告和年报中披露环境会计信息。

我国企业披露的环境会计信息多为一般性的文字描述，缺乏定量分析（见表3-7和表3-8）。这在一定程度上模糊了企业的真实情况，环境信息披露使得审计风险和成本增加，导致审计费用上升，企业为了节约成本而选择"傍绿"（何春燕和郑义，2023），披露的信息往往不可靠。企业应增加可以货币计量的定量分析内容和环境信息内容的披露（陈碧君，2019）。例如，企业可以主动披露环境问题，特别是实际发生的环境成本和估计承担的环境负债（王楠和杨雯，2015）。对于农化企业来说，尤其要注意对环境污染产生的补偿费用、资源使用成本、美化支出等信息的描述，并以会计信息为主，注重数据描述（谭庆美和徐华敏，2015）。付飞翔（2018）建议引导企业将会计与环境会计相结合，明确规定企业环境会计的内容要素。环境方面的财务信息可通过资产负债表和环境损益表体现，环境成本和效益应以货币形式披露（秦军，2020），企业应重点披露对环境不利的相关信息（刘燕华，2021）。学者们根据环境会计信息披露的内容有不同的研究结果，但在要求企业保证环境会计信息披露的准确性和有效性的观点上是一致的，即环境会计信息披露不仅要做到"定性"，而且要做到"定量"。不过目前大多数公司的披露报告只包括大段文字描述，并试图忽略披露不利信息。因此，将"数量"与"质量"相结合的披露内容可以提高企业环境会计信息披露的质量。

【深市上市公司环境信息披露白皮书】

表 3-7　我国政府环境信息公开的相关政策

时间	发文单位	文件名称	文件编号
1989 年 12 月	全国人民代表大会常务委员会	中华人民共和国环境保护法	主席令第 22 号
2002 年 6 月	全国人民代表大会常务委员会	中华人民共和国清洁生产促进法	主席令第 72 号
2003 年 4 月	环境保护总局	环境保护行政主管部门政务公开管理办法	环发〔2003〕24 号
2004 年 6 月	环境保护总局	环境保护行政许可听证暂行办法	环境保护总局令第 22 号
2007 年 5 月	环境保护总局	关于加强全国环保系统政务公开工作的意见	环发〔2007〕68 号

续表

时间	发文单位	文件名称	文件编号
2008 年 5 月	国务院	中华人民共和国政府信息公开条例	国务院令第 492 号
2008 年 5 月	环境保护部	环境信息公开办法（试行）	环境保护总局令第 35 号
2010 年 7 月	环境保护部	环境保护公共事业单位信息公开实施办法（试行）	环发〔2010〕82 号
2011 年 6 月	环境保护部	企业环境报告书编制导则	HJ 617—2011
2012 年 10 月	环境保护部	关于进一步加强环境保护信息公开工作的通知	环办〔2012〕34 号
2013 年 7 月	环境保护部	关于加强污染源环境监管信息公开工作的通知	环发〔2013〕74 号
2014 年 4 月	全国人民代表大会常务委员会	中华人民共和国环境保护法	主席令第 9 号
2018 年 5 月	全国人民代表大会常务委员会	中华人民共和国海洋环境保护法	主席令第 26 号

表 3-8　我国上市公司环境信息公开的相关政策

时间	发文单位	文件名称	文件编号
1997 年 1 月	证监会	公开发行证券公司信息披露内容与格式准则第 1 号——招股说明书	证监〔1997〕2 号
2001 年 3 月	证监会	公开发行证券公司信息披露内容与格式准则第 9 号——首次公开发行股票申请文件	证监〔2001〕36 号
		公开发行证券公司信息披露内容与格式准则第 12 号——上市公司发行可转换公司债券申请文件	
2001 年 9 月	环境保护总局	关于做好上市公司环保情况核查工作的通知	证监〔2001〕37 号
2003 年 6 月	环境保护总局	关于对申请上市的企业和申请再融资的上市企业进行环境保护核查的规定	环发〔2001〕156 号

续表

时间	发文单位	文件名称	文件编号
2005 年 12 月	国务院	关于落实科学发展观加强环境保护的决定	环发〔2003〕101 号
2006 年 9 月	深圳证券交易所	深圳证券交易所上市公司社会责任指引	国发〔2005〕39 号
2008 年 2 月	环境保护总局	关于加强上市公司环境保护监督管理工作的指导意见	环发〔2008〕24 号
2008 年 5 月	上海证券交易所	上海证券交易所上市公司环境信息披露指引	监管〔2008〕18 号
2009 年 7 月	证监会	公开发行证券公司信息披露内容与格式准则第 29 号——首次公开发行股票并在创业板上市申请文件	证监〔2009〕18 号
2010 年 9 月	环境保护部	上市公司环境信息披露指南（征求意见稿）	环发〔2010〕78 号
2011 年 6 月	环境保护部	企业环境报告书编制导则	HJ 617—2011
2012 年 10 月	环境保护部	关于进一步加强环境保护信息公开工作的通知	环办〔2012〕34 号
2021 年 12 月	环境保护部	关于《企业环境信息依法披露格式准则》的通知	环办综合〔2021〕32 号

【2006 深交所《上市公司社会责任指引》】

【2008 上交所《上市公司环境信息披露指引》】

【2011 环保部《企业环境报告书编制导则》】

【2021- 生态环境部：《企业环境信息依法披露格式准则》】

课后习题

一、思考题

（1）环境资源会计信息披露模式主要包括哪几种？请进行简要介绍。

（2）环境资源会计信息披露一般包括哪些内容？都有哪些具体要求？

（3）结合自身想法，谈谈环境资源会计信息披露的意义。

（4）国内外环境资源会计信息披露的差异是什么？我国能从中得到哪些启发？

二、案例分析题

ZB集团环境资源会计信息披露

1. ZB集团简介

ZB集团是农业产业化国家重点龙头企业，名列中国企业500强第240位、中国制造业500强第103位、中国民营企业500强第72位、江西民营企业100强第1位。集团设立了博士后科研工作站、院士工作站、ZB农业科学研究院，拥有国家企业技术中心、省工程技术研究中心等技术研发平台，承担了包括国家"863计划"在内的国家及省市科研项目。集团饲料生产、生猪繁育与养殖、农药生产、兽药生产、种鸭繁育均居全国前10强。

2. ZB集团环境资源会计信息披露现状

自2007年上市以来，ZB集团以发展绿色农业为使命，始终秉持精益求精、绿色发展理念。2016~2020年，ZB集团使用最多的披露方式是年报，其次是企业社会责任报告，尚未发布独立的环境报告书。ZB集团从2019年开始单独发布企业年度社会责任报告，此前一直通过年报中的经营情况讨论与分析以及重要事项等信息栏对企业环境会计信息进行披露，且多为定性的文字描述。在企业社会责任报告中，ZB集团对环境会计信息的描述相对较少，而且披露内容也比较单一，缺乏全面性、多样性和系统性。例如，ZB集团提出要按照我国政策措施规定采取相应的环保管理办法，却没有详尽阐述具体的工作措施及其采用后果；在公布废弃物处置信息时，也没有详尽地说明处理数量和结果。ZB集团环境会计信息披露的可比性存在明显缺陷，既缺乏横向分析比较，也缺乏纵向的企业不同时期信息比较。ZB集团在节能减排、可持续发展情况、环保风险等方面并未与其他企业展开对比说明，仅在年报中简要透露了固废回收利用水平、污水治理技术能力、废气处理设备等。并且未将近两年的相关数据加以对比，也并未对下年度的目标做出明确说明。

问题：

（1）ZB 集团环境资源会计信息披露存在着哪些问题？这些问题可能的成因有什么？

（2）请结合案例说一说完善 ZB 集团环境资源会计信息披露的对策。

第4章
环境投资决策

学习目标

（1）了解环境投资决策的概念与特点。

（2）掌握多种环境投资决策方法。

（3）掌握环境投资决策方法在企业中的具体应用。

案例引导

四川攀枝花地区某矿业公司的废石场对土地环境造成污染，如果公司能够对土地进行复垦、清理废石、使用附近湖泊淤泥进行生态修复、加强灌溉，以此改良当地的生态环境状况的话，能够有效降低周围环境的污染程度。对于无人监管的废石场进行再利用，实施投资后可以在第四年通过种植蔬菜的方式获取收益，激活土地的使用价值，并为投入的资金回笼提供帮助。根据当地的土地复垦情况，预计实施复垦完工后土壤达到二级菜地肥力标准。该项目所需投资 817.62 万元，平均分两阶段投入，根据当地情况预计年产值 285.1 万元，年净收益 131.8 万元，政策鼓励 300 万元。请问该公司应该如何对此项环境投资做出决策？在决策中应注意哪些问题？

带着以上问题，本章将具体讨论环境投资的概念与特点、环境投资决策的各种方法及其具体应用。

4.1　环境投资概述

4.1.1　环境投资与环境投资决策

4.1.1.1　环境投资

环境投资概念

从宏观层面而言，环境投资指在国民经济和社会发展过程中，社会各相关投资主体从社会积累资金和各种补偿资金、生产经营基金中，支付的主要用于污染防治、保护和改善生态环境的资金。从微观企业而言，环境投资的界定主要存在两类观点：

一类是将企业环境支出归为费用，对环境投资与环境费用不作区分，将一切环境保护用途的资金都归为环境保护费用，其中包括环境污染和生态破坏费用、防护费用、消除或减缓环境污染和生态破坏的费用，以及预防环境污染和生态破坏的费用。

另一类是将环境支出看作投资，即企业为了在未来获取一定收益，向环保活动投入一定资源（包括人力、物力或财力等资源）的经济行为，如企业主动加强环境保护投入所进行的环保设备采购、清洁生产线布局、节能减排技术研发、环保机构设置和人员配备等。本书从更广义的层面看待环境投资，即包括一切用于环境保护的资金投入，如企业在生产经营过程中用于环保技术研发与改造、环保基础设施与系统建设、环境污染治理、清洁生产、环境税费和生态环保等方面的支出。

企业积极参与环境投资能够直接或间接产生某种经济收益，常见的收益包括：

（1）利用"三废"生产产品所享受到的流转税、所得税等免税或减税的优惠政策；

（2）从国有银行或环保机关取得低息或无息贷款从而形成的隐性收益；

（3）由于采用某种污染控制措施而从政府取得的不需要偿还的补助或价格

补贴；

（4）企业进行环境治理而少缴纳的排污费、罚款和赔款；

（5）在实行排污权交易的地方，企业通过出售多余排污权而产生的收益。

4.1.1.2　环境投资决策

环境投资决策指企业借助于科学的理论和方法，进行必要的计算、分析和判断，进而从可供选择的众多环境投资方案中，选取最满意并可行的方案。作为理性市场主体，企业环境投资行为有其合理动机，总结而言，主要包括：

（1）政治动机。在深入探讨企业的环境投资行为时，我们必须明确，这种投资并非企业自主选择的结果，而是深受政府政治动机的影响。进一步而言，企业进行环境投资并非出于自愿和主动，而是出于对政府环境规制要求的遵从和响应。这样的投资行为主要是为了降低企业面临的环境风险，确保其在经营活动中符合政府的法规和政策，从而维持其合规性。

（2）自主动机。企业的环境投资实际上是一种自主行为，它体现了企业对于环境保护的积极态度和自愿投入。尽管从短期的财务视角看，环境投资可能被视为一项成本支出，增加了企业的运营成本。然而，从长远的战略视角看，这种投资将为企业带来显著的益处。因此，环境投资能够帮助企业树立正面的品牌形象，赢得消费者的信任和市场的认可，从而为企业带来更大的市场份额和利润。

（3）其他动机。公众参与度和媒体关注度在企业环境投资决策中扮演着举足轻重的角色。一旦企业意识到公众和媒体对环境保护议题的高度关切与压力，它们往往会选择增加环境投资，以此作为对保护环境的积极回应和履行社会责任的具体行动。这样的决策不仅有助于塑造企业更加环保和负责任的品牌形象，还能显著增强企业的社会声誉，从而为企业带来源源不断的可持续发展动力。

4.1.2　环境投资的特点

从统计口径看，企业环境投资主要包括环保产品及技术研发与改造投资、环保设施及系统购置与改造投资、清洁生产类投资、污染治理技术研发与改造投资、污染治理设备及系统购置与改造投资。这些投资形式与传统的金融投资、固定资产投资与人力投资相比，具有收益外溢、投资金额大、回报周期长、收益不确定等特点，具体如下：

4.1.2.1　投资主体与利益获取者往往不一致

环境投资的不一致性主要源于其独特的外部性特征。外部性，指在经济活动中，某个生产者或消费者的行为对其他生产者或消费者产生的非市场性影响，这种影响并非通过市场机制和价格体系体现。在环境投资的情境中，其外部性主要体现在对社会的广泛效益上，如为人们创造一个更加舒适、宜居、有利于娱乐、工作和学习的环境。这使投资所产生的多数收益往往被广大社会成员无偿分享，而非仅仅由投资主体独享。这导致了环境投资的投资主体与最终收益的不一致性，即投资主体付出了成本，但大部分收益却流向了更广泛的社会群体。

4.1.2.2　投资金额大与回报周期长

对于企业，特别是重污染企业而言，环境投资是一项系统性且长期性的资本投入，往往需要依赖资本市场进行融资以满足资金需求。在回报方面，环境投资的成效通常不会立即显现，需要经历相对较长的等待期。更为复杂的是，投资与收益之间的关系并不总是清晰明了，其效果的呈现具有模糊性。尽管如此，从长远视角看，随着全球环境问题的日益严峻和可持续发展的重要性不断提升，环境投资将获得越来越显著的回报。

4.1.2.3　投资过程具有不确定性

环境投资项目因其固有的特性，往往受到环境因素的显著影响，这使对未来现金流的预测变得尤为困难，不确定性相对较高。

4.1.3　环境投资的类型

企业的环境投资类型包括多个方面，旨在解决现实或潜在的环境问题，并改善环境状况。这些投资可以依据不同的标准进行分类：

4.1.3.1　基于环境保护对象分类

例如，企业可能会投资于污染治理，包括：减少废气、废水和固体废物的排放和处理；自然资源和生态环境保护投入，涉及自然资源的保护和生态系统的维护；环境管理与科技投入，如引入先进的环境监测和管理系统等。

4.1.3.2　基于资金的使用方向分类

例如，企业可能会进行环保固定资产投资，如购买或升级环保设备；环境管理与科研费用，用于开展环境管理研究和相关环保产品研发、环保技术改造等环境科研项目；环保工程与设施运行费用，确保环保设施的正常运行和维护。

4.1.3.3　按基于环境投资的具体内容分类

例如，三废治理、清洁生产、减排降噪、节能节水、脱硫脱硝除尘、锅炉燃煤升级改造以及生态建设绿化治理等。这些投资环节占环境投资总额的比例，组成了企业的环境投资结构。

4.1.4　环境投资现状

【2022 年中国生态环境统计年报】

改革开放 40 年来，我国经济实现了飞速的增长，但与此同时，环境问题也日益严峻。空气污染、水污染、土地荒漠化以及水土流失等问题频频出现，给人民的日常生活带来了极大的困扰，并对经济的可持续发展造成了严重制约。深入剖析这些问题的根源，我们发现当前超过 80% 的环境污染都源于企业的日常生产经营活动。基于《中华人民共和国环境保护法》中"谁污染谁治理"的原则，企业作为环境污染的主要制造者，自然应承担起环境治理的首要责任。然而，在实际操作中，企业的主要驱动力是追求利润。同时，环境投资作为一种特殊的投资方式，其效益往往涵盖经济、环境和社会三个方面，且后两者往往占据更重的比例。这意味着，在环境投资中，企业可能难以获得直接的经济回报，这大大降低了企业主动进行环境投资的意愿。因此，尽管企业在环境治理中扮演着至关重要的角色，但由于经济利益的驱动以及环境投资回报的不确定性，我国企业的环境投资严重不足。为了解决这一问题，需要政府、企业和社会各界共同努力，通过政策引导、资金支持和技术创新等手段，推动企业积极履行环境责任，实现经济效益与环境效益的双赢。

根据我国 A 股上市公司 2008~2022 年披露的环境信息，本书总结出企业环境投资的以下现状。

从图 4-1 可以看出，每年实施环境投资的上市公司数量在 2008~2017 年呈现上升趋势，从 72 家增加到 272 家，占比从 3% 上升到 7%。2015 年，新《环保法》实施，环境投资公司数出现一波快速增长，第三年出现下降趋势。截至 2022 年，有过环境投资经历的公司是 1 107 家，但也只占 A 股全部上市公司的 22%。

从表 4-1 中可以看出，在重污染行业中，钢铁行业的环境投资金额最大，年均达到 92.30 亿元，煤炭行业其次。四个代表性行业每年的投资金额存在较大波动，钢铁行业的最高年度投资额出现在 2022 年，达到 283.17 亿元；煤炭行业最高年度投资额在 2014 年，达到 200.83 亿元；化工行业最高年度投资额在 2022 年，达到 162.60 亿元；医药行业最高年度投资额在 2019 年，达到 140.90 亿元。在近五年的环境投资中，钢铁行业投资占比 52%，煤炭行业投

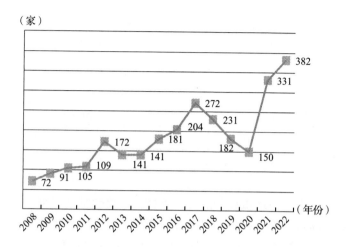

图 4-1　每年实施环境投资的上市公司数量

资料来源：根据 Wind 数据库整理。

资占比 18%，化工行业投资占比 63%，医药行业投资占比 81%。由表中数据可知，化工行业与医药行业的环境投资主要集中在最近五年，钢铁行业的环境投资比较均匀，而煤炭行业的环境投资主要集中在 5 年前。

表 4-1　重污染行业每年环境投资金额　　　　　　　单位：亿元

年份	钢铁行业	煤炭行业	化工行业	医药行业
2008	28.45	44.43	1.58	0.45
2009	93.25	20.84	2.34	0.41
2010	37.57	24.51	3.29	1.51
2011	73.54	36.33	1.47	1.96
2012	47.00	56.12	22.96	2.88
2013	53.88	65.88	15.55	8.66
2014	100.64	200.83	11.15	12.82
2015	47.59	198.69	9.07	8.52
2016	66.06	81.43	57.76	4.06
2017	111.42	82.04	23.71	8.43
2018	69.23	51.13	19.80	17.67
2019	50.95	19.53	15.03	140.90
2020	44.20	21.51	13.47	12.34

续表

年份	钢铁行业	煤炭行业	化工行业	医药行业
2021	277.61	63.03	42.88	19.49
2022	283.17	28.84	162.60	25.16
总计	1384.57	995.14	402.64	265.26
平均（%）	92.30	66.34	26.84	17.68

资料来源：根据 Wind 数据库整理。

据统计，上市公司环境投资的具体项目，主要包括"三废"处理、危废处理、节能减排项目、除尘设施、固废综合利用项目、节能降耗管理系统、环保技改、环境绿化、新能源投资、绿色产品投资、资源循环利用项目、生态建设、复垦绿化、噪声技改、绿色采购、环保培训支出、环境监测投入、环保科研支出等。

4.2 环境投资决策方法

4.2.1 传统决策方法

4.2.1.1 净现值法

净现值是未来资金流入现值与未来资金流出现值的差额。在环保项目中，它是环境投资方案所产生的现金流入以资金成本为贴现率折现之后与现金流出现值的差额。净现值大于零则方案可行，且净现值越大，方案越优，投资效益越好。净现值法的公式为：

$$NPV = \sum_{t=0}^{n} \frac{I_t}{(1+i)^t} - \sum_{t=0}^{n} \frac{O_t}{(1+i)^t}$$

式中，NPV 表示项目现金流净现值；t 表示项目周期；I_t 表示第 t 年现金流入量；O_t 表示第 t 年现金流出量；i 表示贴现率。

如果环保项目风险与企业当前的经营风险相同，并且采用相同的资本结构为项目融资，则可以使用企业当前的资本成本作为项目的贴现率。企业一般使用加权平均资本成本，即加权平均资本成本 = 税后债务资本成本 × 债务比重 + 权益资本成本 × 权益比重。权益资本成本的计算使用资本资产定价模型（CAPM）：

$$R_s = R_f + \beta\ (R_m - R_f)$$

式中，R_s 是权益资本的预期回报率，R_f 是无风险利率，β 是资产的系统性风险，R_m 是市场组合的收益率，$R_m - R_f$ 是市场风险溢价。

环境投资决策使用净现值法的评估步骤为：

第一，确定项目寿命与折现率。

第二，计算每年的净现金流量。项目的现金流量包括现金流入量和现金流出量。环境投资项目的现金流入量主要包括两个方面：一是因环境污染治理而减少的污染损失费用，如排污费、罚款支出等；二是环境投资项目本身带来的经济效益，如碳排放权交易收入、节约的资源成本等。现金流出量指环境投资中的各种支出，如购买环保固定资产、环保项目建设支出、投入的人力与材料等。

第三，将每年的净现金流量折算成现值。

第四，计算项目的净现值。如果每年的净现金流量相等，则按年金法折算成现值；如果每年的净现金流量不相等，则先对每年的净现金流量进行折现，然后加以合计。

4.2.1.2　内含报酬率法

内含报酬率指投资项目的净现值为零时的折现率。不同于净现值，内含报酬率能够揭示环保项目本身可以达到的报酬率。该法的步骤是：①令现金流入量现值和现金流出量现值相等。②求出内含报酬率。③比较内含报酬率与企业的资本成本或要求达到的最低报酬率，决定环境投资项目的取舍。

内含报酬率的计算，主要有两种方法：

一种方法是"逐步测试法"，它适合于各期现金流入量不相等的非年金形式。计算方法是，先估计一个贴现率，用它计算方案的净现值；如果净现值为正数，说明方案本身的报酬率超过估计的贴现率，应提高贴现率后进一步测试；如果净现值为负数，说明方案本身的报酬率低于估计的贴现率，应降低贴现率后进一步测试。经过多次测试，找出使净现值接近于零的贴现率，即为方案本身的内含报酬率。

另一种方法是"年金法"，它适合于各期现金流入量相等，符合年金形式，内含报酬率可直接查年金现值系数表而确定，不需要进行逐步测试。

4.2.1.3　回收期法

回收期法指根据回收原始投资额所需时间的长短进行投资决策的方法。一般而言，投资者总希望尽快地收回投资，回收期越短越好。

在原始投资一次支出，每年现金流入量相等时：

$$回收期 = \frac{原始投资额}{每年现金净流入量}$$

如果现金流入量每年不等或原始投资是分几年投入的，则分年预计现金流入量和原始投资量，并求出这两者的累计量达到相等时的年限。

首先，回收期法的计算过程简单、结果易于理解；其次，回收期是基于现金流计算，不是基于损益计算；最后，回收期长短本身可粗略衡量项目的风险和流动性。它的缺点是：忽略了时间价值，把不同时间的货币收支看成等效的；没有考虑回收期以后的现金流；促使公司接受短期项目，放弃有战略意义的长期项目。

为了克服回收期未考虑时间价值的缺点，人们提出了折现回收期法（即动态回收期），指在考虑货币时间价值的情况下以项目贴现现金流量抵偿全部投资所需要的时间，即下式中的 n。

$$\sum_{t=0}^{n} \frac{I_t - O_t}{(1+i)^t} = 0$$

4.2.1.4　会计报酬率法

会计报酬率指项目年均净利润与原始投资额的比率。它在计算时使用会计报表上的数据，计算简便，易于理解，并且考虑了整个项目寿命期的全部利润。它的缺点是使用账面收益而非现金流量，忽视了折旧对现金流量的影响；忽视了净收益的时间分布对于项目经济价值的影响。

4.2.2　决策树分析法

决策树分析法是运用概率与图论中的树对决策中的不同方案进行比较，从而获得最优方案的风险型决策方法。决策树由树根（决策节点）、其他内点（方案节点、状态节点）、树叶（终点）、树枝（方案枝、概率枝）、概率值、损益值组成。假定需要对项目 A 和项目 B 做出投资决策，随着对假定项目投资条件和效果分析的展开，预计不同的事项会发生，需要做出不同的预见性决定，并用树形格式表示，考虑各条路径上的条件概率和结果值可以产生最高的期望值。

决策步骤为：

第一，绘制决策树图。从左到右（或从上至下）的顺序画决策树，此过程本身是对决策问题的再分析过程。

第二，按从右到左（或从下至上）的顺序计算各方案的期望值，并将结果写在相应方案节点上方。期望值的计算是从右到左（或从下至上）沿着决策树的反方向进行计算的。

第三，对比各方案的期望值的大小，进行剪枝优选。

两方案决策树分析的简单示例。如图 4-2 所示。

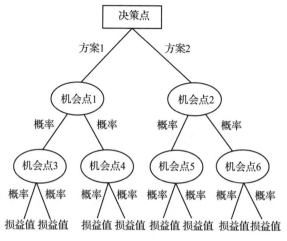

图 4-2　两方案决策树示例

决策树分析法的显著优点体现在其全面性和直观性上。它能够详尽地罗列出决策过程中遇到的所有可行方案以及可能发生的各种自然状态，并进一步计算各可行方案在不同状态下的期望值。这一步骤为决策者提供了量化的数据支持，使得决策过程更加科学、客观。更为重要的是，决策树能够直观地展示出整个决策问题在不同时间阶段和决策顺序上的具体过程。这种可视化的呈现方式使决策者能够清晰地看到决策的全貌，理解各个决策节点间的逻辑关系，从而更容易地做出正确的决策。

4.2.3　实物期权法

传统的环境投资决策在很大程度上未能充分考虑环境问题特有的基本特征，即不确定性。在当前这个市场变动频繁的时代，特别是环保项目，它们深受自然环境变化和国家政策调整的影响，使未来现金流量的预测变得异常困难，投资的最佳时机也难以确定。以节能减排项目为例，其投资决策受到多个方面因素的共同影响，包括碳交易价格的波动、化石燃料价格的变动、国家减排政策的调整、企业自身的运营与发展战略以及宏观经济环境的变化等。任何一项条件的变化都可能对最终的投资决策产生显著影响。然而，如果我们在决策过程中赋予企业一定的选择权，那么企业就能更加灵活地应对这些不确定性因素，从而提高投资的价值。例如，当环保设备或材料的市场价格存在高度不确定性时，企业可以选择延迟投资，这种灵活性可以降低项目失败的风险。同样，当市场条件严重恶化，现金流远低于预期时，企业可以选择放弃投资，通过收回项目工厂、设备或其他资产来增加正在进行中的投资的价值。在传统决策方法中，我们主要关注的是项目是否应该进行投资，但在面对环境和经济的不确定性时，选择何时进行投资变得尤为重要。实物期权法正是一种能够有效管理这种灵活性的方法，它允许企业在面对不确定性时做出更加明智的决策，从而实现投资价值的最大化。

4.2.3.1 实物期权的概念与种类

实物期权（Real Option）的核心思想是，项目投资所产生的价值，不仅包含本项目所直接产生的现金流，还包括因拥有对未来投资机会的选择权所隐含的价值。因此，在期权的有效期内，投资者可以在立即投资、等待、永远放弃三种决策中自由选择，并寻找有利的投资机会和投资时点。

实物期权主要有以下几种类型：

（1）延迟投资期权，也称为等待期权。决策者拥有推迟投资的权利，可以根据市场的情况决定何时投资，这种选择权可以减少项目失败的风险，被称为延迟投资期权。

（2）放弃期权。如果项目的收益不足以弥补投入的成本或市场条件变坏，则决策者有权放弃对项目的继续投资，并可能收回成本。

（3）阶段性投资期权。一项投资具有多个阶段，决策者可以根据市场条件灵活处理投资活动。

（4）变更期权。包括扩张期权、紧缩期权、停业期权、再运营期权等。在未来的时期内，决策者若发现市场不景气、达不到预期效果，可以选择缩减规模，这是紧缩期权；如果市场效益较原先预期乐观，可以选择扩大规模，这是扩张期权。

（5）转换期权。在项目的实施过程中，决策者可以根据外部环境的变化进行投入要素或产品的转换。

（6）增长期权。如果决策者获得初始的投资成功后，在未来的时期内，能够获得一些新的投资机会。

4.2.3.2 实物期权对环境投资的适用性

以节能减排项目为例，实物期权法在环境投资领域的适用性尤为显著。它允许企业根据当前的经营状况、未来的发展战略，并结合碳交易价格、化石燃料价格以及气候政策的不确定性，灵活地管理投资决策，实现多阶段、动态调整。具体而言，在碳交易价格和化石燃料价格相对较低，且国家减排政策鼓励的情境下，企业可以选择投资成本较低、规模较小的节能减排技术。如果企业经营状况良好，也可以考虑对传统产业进行技术升级，提升行业技术水平，增加产品的科技含量和附加值，从而增强产品竞争力。

相反，在碳交易价格和化石燃料价格较高，且企业经营状况依然稳健的情境下，企业可以依据国家减排政策，选择投资成本较高、规模较大的节能减排技术。同时，企业可以根据市场变化，调整自身的能源消费结构，以适应更加严格的环保要求。

从期权的角度看，节能减排项目的投资期权可以视为一个美式看涨期权。在这个期权中，节能减排项目投入后所带来的节能减排期的净现值相当于标的资产的市场价格，而节能减排项目的投资现值相当于执行价格。期权的期限与合同约定的国家节能减排政策规划期限相匹配。

节能减排项目的风险主要来源于碳交易价格、化石燃料价格、技术投入成本以及节能减排政策等市场条件的变化。实物期权法正是为了应对这种不确定性而设计的。由于节能减排量的价值具有较大的波动性，决策者可根据市场情况选择最佳时机进行投资。

4.2.3.3　环境投资实物期权模型构建

（1）二项式期权定价模型。二项式期权定价模型建立在以下假设之上：①市场投资没有交易成本；②投资者都是价格的接受者；③允许完全使用卖空所得款项；④允许以无风险利率借入或贷出款项；⑤未来股票的价格将是两种可能值中的一个。

1）单期二项式定价模型。设 S_0= 项目价值，一般等于项目预期现金流现值；u= 项目价值的上行乘数；d= 项目价值的下行乘数；r= 无风险利率；C_0= 实物期权的价值；C_u= 现金流升高时实物期权到期日的价值；C_d= 项目现金流降低时实物期权到期日的价值。

单期二项式模型实物期权的计算公式为：

$$C_0 = \frac{1+r-d}{u-d} \times \frac{C_u}{1+r} + \frac{u-1-r}{u-d} \times \frac{C_d}{1+r}$$

即：期权价值 = 上行概率 $\times \dfrac{C_u}{1+r}$ + 下行概率 $\times \dfrac{C_d}{1+r}$

其中，上行概率 = $\dfrac{1+r-d}{u-d}$，下行概率 = $\dfrac{u-1-r}{u-d}$

2）多期二项式定价模型。单期的项目现金流只有两种状态，而现实中，项目现金流可以有多种状态。假设从项目开始到项目结束期间有多个时间段，在每个时间点上，项目价值都以一定的波动率上下波动，呈现"二项式分布"，划分的时间段越多，越能反映项目价值可能出现的所有情况。计算多期实物期权的价值，需要从最后一个时间点往回逐个时间点计算到初始时间点。如图 4-3 所示，这是典型的两期二项式期权，项目的价值 S_0 在时段 1 可能上升

为 S_u，也可能下降为 S_d；在时段 2，S_u 状态可以继续上升为 S_{uu}，也可能下降为 S_{ud}，S_d 可能上升为 S_{ud}，也可能继续下降为 S_{uu}。如果要计算期权价值 C_0，就要知道 C_u 与 C_d 的价值，而要知道 C_u 的价值，就需要根据 C_{uu} 与 C_{ud} 的值，使用单期二项式进行计算。同理，要计算 C_d 的价值，就要根据 C_{ud} 与 C_{dd} 的值继续使用单期二项式进行计算。如果继续增加分割的期数，就可以使期权价值更接近实际。从原理上看，与两期模型一样，从后向前逐级推进，只不过多了一个层次。

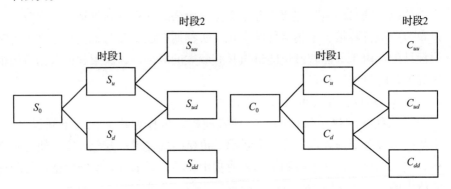

图 4-3 两期二项式定价模型示例

（2）环境投资决策的连续型 B-S 模型。二项式模型划分的期数越多，计算结果就越接近布莱克 – 斯科尔斯定价模型（以下简称 B-S 模型）。B-S 模型由布莱克（Black）、莫顿（Merton）和舒尔斯（Scholes）创建，推导过程复杂，但使用方便。该模型具有实用性，被期权交易者广泛使用，实际的期权价格与模型计算得到的价格非常接近。

B-S 模型的公式如下：

$$C_0 = S_0 \times N\left(d_1\right) - X \times \mathrm{e}^{-r,\ t} \times N\left(d_2\right)$$

其中：

$$d_1 = \frac{\ln\left(S_0 \div X\right) + \left[r + \left(\sigma^2 \div 2\right)\right] \times t}{\sigma\sqrt{t}}$$

$$d_2 = d_1 - \sigma\sqrt{t}$$

式中，C_0 表示期权价值；S_0 表示项目价值；$N(d_1)$ 与 $N(d_2)$ 表示 d_1，d_2 的标准正态分布；X 表示环境投资实物期权的执行价格，即投资者在实施延迟期权、扩张期权或转换期权时需要付出的经济代价；e 表示自然对数；r 表示无风险利率；t 表示期权期限。

4.2.4　动态规划模型

《煤矿开采中环境投资决策的动态规划模型》

在现实生活中，我们经常会遇到一类特殊的活动，这些活动因其内在的逻辑和流程，可以自然地划分为若干个相互依赖、紧密相连的阶段。在每个阶段，我们都需要做出明智的决策，以确保整个活动能够达到最佳效果。这些阶段的决策并非随意选定，它们不仅取决于当前我们所面临的具体状态，而且直接影响后续的进展。当我们做出决策时，就会串联成一个决策序列，从而确定整个活动的一条特定行进路线。这种将一个问题视为由多个相互关联、前后衔接的阶段组成的多阶段过程，我们称为多阶段决策过程。这种问题，我们称为多阶段决策问题。在多阶段决策问题中，每个阶段的决策往往与时间紧密相关。这些决策不仅依赖于当前的状态，而且会触发状态的转变。一个决策序列就是在这样的动态变化状态中逐步形成的，因此，它具有"动态"的特性。

4.2.4.1　动态规划的基本概念

动态规划（Dynamic Programming，DP），是运筹学的一个分支，是求解决策过程最优化的过程。在建模中，DP 将具有多个决策目标和有限资源的复杂问题转化为一系列相互关联的分阶段排列的子问题，从而使每个子问题比原始问题更易于处理。

动态规划问题中的基本术语：

（1）阶段：把所求解问题的过程恰当地分成若干个相互联系的阶段，描述阶段的变量称为阶段变量。在多数情况下，阶段变量是离散的，用 k 表示。

（2）状态：状态表示每个阶段开始面临的自然状况或客观条件，也称为不可控因素。

（3）无后效性：如果给定某一阶段的状态，则在这一阶段以后过程的发展不受该阶段以前各段状态的影响，所有各阶段都确定时，整个过程就确定了。从某一阶段以后的线路开始，当这段的始点给定时，不受以前线路的影响。

（4）决策：一个阶段的状态给定以后，从该状态演变到下一阶段某个状态的一种选择（行动）称为决策。描述决策的变量称为决策变量，因状态满足无后效性，故在每个阶段选择决策时只需考虑当前的状态而无须考虑过程的历史。决策变量的范围称为允许决策集合。

（5）策略：由每个阶段的决策组成的序列称为策略。对于每一个实际的多阶段决策过程，可供选取的策略有一定的范围限制，这个范围称为允许策略集合。

4.2.4.2 环境投资的动态规划模型 [①]

企业的环境投资决策取决于污染的数量和类型、项目处理能力、资金约束，以及环境保护方面的立法要求。这个一般性的投资决策优化问题可以描述为：

设 p_{tj} 为污染物 j（j=1，2，3，$\cdots$，M）在第 t 年（t=1，2，3，$\cdots$，T）的排放量。S_{tj} 为第 t 年对污染物 j 的处理能力。但是，现有的污染处理能力 s_{0j} 不足以满足第 t 年的污染物 p_{tj}。因此，企业必须投资相应的污染物治理项目 j 以满足法规要求。假设项目 j 处理相应的污染物 j。每个项目的工期和资金要求是不同的。项目 j 的工期为 N_j。污染物 j 在第 t 年初的投资金额为 I_{tj}（t=1，2，3，$\cdots$，N_j）。项目一旦开工建设，则投资在建设期内是连续的。每年年初所有项目的总投资应小于投资约束 maxI 且大于 0。建成后新增污染物 j 处理能力为 PT_j，PT_j 能长期满足污染物 j 的处理标准。根据相关环境法律，如果污染物不符合立法要求（即出现 $p_{tj}-s_{tj}>0$），环境部将对企业进行处罚，在 t 年每单位排放量处罚 pf_{tj} 元。在限定时间 T 后，如果污染物仍不能达到排放标准，政府将强制关闭企业。因此，污染处理项目需要在规划阶段尽早完成。但是，如果项目过早完成，虽然不受处罚，但当产生的污染物小于处理能力时，企业将遭受资金占用损失。因此，企业应根据各种污染物的产出量、建设周期、各项目的资金要求以及可用于环境设备投资的资金，对项目投资进行合理的决策，以最大限度地减少总损失，包括处罚损失和资金占用损失。

综上所述，污染物 j 的总资本投资为 $TI_j = \sum_{i=1}^{N_j} I_{ij}(1+r)^{n_j-i+1}$（$r$ 为折现率）。单位污染物处理能力的实际投资为 $CP_j = \dfrac{TI_j}{PT_j}$。假设项目 j 的空闲处理能力为（$S_{it}-P_{tj}$）>0，则项目 j 在第一年的资本占用损失为 $LO_{j1}=r \times (s_{1j}-p_{1j}) \times CP_j$，每单位空闲处理能力的损失为 $PL_{1j} = \dfrac{LO_{1j}}{s_{1j}-p_{1j}}$，如果有两年以上的空闲能力，除资金占用损失 $r \times (s_{1j}-p_{1j}) \times CP_j$，还有之前（$t$-1，$t$-2，$\cdots$，1）空闲能力占用资金 $(s_{tj}-p_{tj}) \times PL_{t-1, j}$，$(s_{tj}-p_{tj}) \times PL_{t-2, j}$，$\cdots$，$(s_{tj}-p_{tj}) \times PL_{1, j}$ 的再生资本收益损失 $r \times IC_{jt} \times (PL_{t-1}+PL_{t-2}+\cdots+PL_1)$。

---

① 原始模型来自 Yu 等（2016）。

动态规划从原始问题的一小部分开始，为这个小问题找到最优解。然后逐步扩大问题，从前一阶段开始寻找当前最优解，直到原始问题得到完整解决。DP 的目的是找到处理项目的最佳投资策略，使污染物的排放标准得到满足，并使总成本（包括空闲成本和罚款）最小。根据动态规划原理，建立以下动态规划模型：

（1）阶段（k）：使用年份表示阶段，即 $k=1$，2，3，$\cdots$，T。

（2）状态（S_k）：企业的环境投资损失与各阶段污染治理能力直接相关，而且在某一阶段，j 项目是否投产对处理能力有影响。因此，设状态变量 S_k 为第 k 阶段污染物 j 的处理能力，即 $S_k = \{s_{k1}, s_{k2}, s_{k3}, \cdots, s_{km}\}^T$，其中 S_{kj} 为 k 阶段污染物 j 的处理能力。

（3）决策变量（X_k）：本项目的决策问题是何时开始建设污染治理项目，以使企业污染治理投资损失最小。若项目 j 在 h 年初开始建设，则污染物 j 在 $h+N_{1j}$ 的处理能力变为 PT_j。由于投资损失是由处理量和污染排放量决定的，所以我们将 k 阶段新增处理量决策变量设为 X_k。即 $X_k = \{x_{k1}, x_{k2}, x_{k3}, \cdots, x_{km}\}^T$，如果 $x_{kj} \neq 0$，企业应该在 $k-i$（$i=1$，2，3，$\cdots$，N_{1j}）阶段初期投资 I_{ji} 元。此外，所有项目的总投资不得超过 maxI，即 $\sum_{j=1}^{M} I_{ji} \leqslant$ maxI。

（4）贡献函数（$D_k(S_k, X_k)$）：这个函数在给定决策变量 X_k 的情况下提供阶段 k 的值。根据动态规划原理，贡献函数使用 k 阶段污染治理的总投资损失表示，即，

$$D_k(S_k, X_k) = \sum_{j=1}^{M}(LO_{kj} + PN_{kj})$$

式中，LO_{kj} 和 PN_{kj} 分别为项目 j 阶段 k 的资金占用损失和罚款损失。

$$LO_{kj} = r \times (s_{kj} - p_{kj}) \times (CP_j + PL'_{kj}) \quad if \ s_{kj} - p_{kj} \geqslant 0$$

$$PN_{kj} = (p_{kj} - s_{kj}) \times PF_{kj} \quad if \ s_{kj} - p_{kj} < 0$$

$$PL'_{kj} = \begin{cases} 0 & if \ s_{k-ij} - p_{k-ij} \leqslant 0 \\ PL_{k-1j} + PL_{k-2j} + \cdots + PL_{k-ij} & if \ s_{k-ij} - p_{k-ij} > 0 \end{cases}, \ i=1, 2, 3, \cdots, N_{2j}$$

（5）转换函数（$T_k(S_k, X_k)$）：这个函数展示了基于当前状态、阶段和决策，阶段 k 的污染物处理能力如何变化到 $k+1$ 阶段。

$$S_{k+1} = T_k(S_k, X_k) = S_k + X_k$$

（6）最优值目标函数（$f_k(S)$）：在阶段 k 的状态下，阶段 1 到阶段 k 的污染治理的最小投资损失为 S_k。

（7）递归方程：在DP模型中，有两种循环过程：反向方式和正向方式。逆向解从最后时刻T开始。DP算法在该时刻为离散状态向量的每个值找到一组最优解，并在每个时刻瞬时向后继续该过程，直到在阶段1结束。该方案保证了全局最优性，但同时造成了数值上的低效率。在正向解中，从已知的初始状态1开始，从先前存储的最优解依次重构最优输入向量。

由于正向方式可以显著减少计算量，所以我们采用前向递归解作为企业污染治理投资决策优化算法。结果为：

$$\begin{cases} f_k(S_k) = \min\left(D_k(S_k,\ X_k) + f_{k-1}(S_{k-1})\right) \\ f_0(S_0) = 0 \end{cases},\ k=1,\ 2,\ 3,\ \cdots,\ T$$

DP的运算过程如图4-4所示。

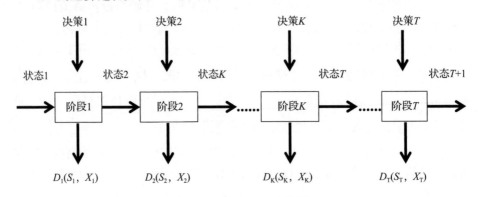

图4-4　动态规划各阶段图解

4.3　环境投资决策案例

4.3.1　传统决策方法的应用案例

近年来，国家对环境保护越来越重视，对污染企业的惩罚力度越来越大，排污费（环境税）和环保罚款成为众多企业的一项重大支出。因此，钢铁生产企业砚湖公司决定建设一套污水处理设施，该设施预计投资额为500万元，建设期一年，寿命为8年。公司的必要报酬率为10%，无风险利率为6%。污水处理项目各年现金流如表4-2所示。

表 4-2　污水处理项目各年现金流　　　　　单位：万元

年份	0	1	2	3	4	5	6	7	8
净利润		80	80	80	80	80	80	80	80
折旧		20	20	20	20	20	20	20	20
现金流入量	−500	100	100	100	100	100	100	100	100

（1）项目净现值（NPV）=−500+100×（P/A，10%，8）=33.49（万元）。

（2）内含报酬率：令 100×（P/A，r，8）=500，使用插值法得到 r=11.82%。

（3）静态回收期：5 年。

（4）动态回收期：7.28 年。

（5）会计报酬率：$\dfrac{80}{500}$×100%=16%。

4.3.2　决策树分析法的应用案例

砚湖公司为了应对国家环保法规，决定建设一套节能减排设备。现有三个方案可供选择：A 设备投资较大，需要 600 万元，可使用 10 年，煤炭行情较好时，每年可节约用煤 200 万元，煤炭行情较差时，每年只能节约用煤 100 万元。B 设备投资较小，需要 250 万元，也可用 10 年，煤炭行情较好时，每年可节约用煤 90 万元，煤炭行情较差时，每年只能节约用煤 60 万元。C 设备与 B 设备一样，但如果煤炭价格上升，3 年后可以扩建，扩建需要 400 万元，扩建后每年节约用煤 220 万元，可以使用 7 年。每个方案的信息如图 4-5 所示，请判断哪个方案更好（不考虑时间价值）?

解析：

A 设备的期望收益为：200×0.5×10+100×0.5×10−600=900（万元）。

B 设备的期望收益为：90×0.7×10+60×0.3×10−250=560（万元）。

C 设备的期望收益为：（90×0.7+60×0.3）×3+(220×0.7+60×0.3)×7−250−400=797（万元）。

可以看出，A 设备的期望收益 >C 设备 >B 设备，因此，应该选择 A 设备。

4.3.3　实物期权法的应用案例

4.3.3.1　延迟投资期权的案例

随着生活水平的提高，居民对环境质量低的产品越来越排斥，认为这种产品会影响身体健康。砚湖公司捕捉到这一商机，准备购入设备生产环保产品。

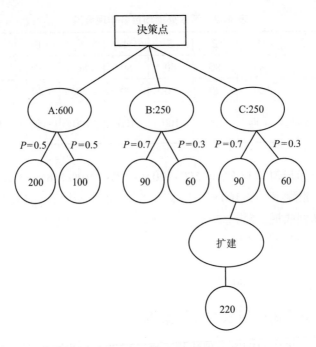

图 4-5　决策树分析过程

砚湖公司计划投资 1 600 万元，正常情况下每年产生净现金流量 180 万元。目前，政府对该环保产品的补贴政策正在酝酿中，是否落地存在一定不确定性，需要等待一年。经过测算：如果补贴政策能够成功出台，每年预计现金净流量为 200 万元；如果补贴政策不能成功出台，将影响市场情绪，每年预计现金净流量降低为 140 万元。砚湖公司的无风险利率为 5%，风险报酬率为 5%。

决策过程如下：

（1）资本成本 =5%+5%=10%。

（2）净现值 =180/10%－1 600=200（万元）。

由于净现值为正，按照传统决策方法，项目可以投资。但未来市场存在不确定性，必须考虑实物期权的价值。如果立刻投资，意味着失去等待期权的价值，我们需要计算等待期权的价值看是否值得等待，是应该立刻投资还是延迟投资。

利用离散型二项式模型计算等待期权的价值：

（1）上行经营现金流量现值：S_u=200/10%=2 000（万元）。

（2）下行经营现金流量现值：S_d=140/10%=1 400（万元）。

（3）期权到期时间 t=1 年。

（4）现金流量上行时实物期权价：C_u=2 000－1 600=400（万元）。

（5）由于现金流量下行时项目价值 S_d=1 400 万元小于投资成本 1 600 万元，实物期权价值为零（C_d=0），放弃投资。

（6）上行报酬率：u=2 000/1 600=1.25。

（7）下行报酬率：d=1 400/1 600=0.88。

（8）上行概率 $=\dfrac{1+r-d}{u-d}=$（1+5%−0.88）/（1.25−0.88）=0.46。

（9）下行概率 =1−0.46=0.54。

（10）等待期权价值 C_0= 上行概率 $\times \dfrac{c_u}{1+r}+$ 下行概率 $\times \dfrac{c_d}{1+r}=$（0.46×400+0.54×0）/（1+5%）=175.24（万元）。

由上述计算可知，如果立刻投资可以获得 200 万元的净现金流现值，如果推迟一年投资，行使等待期权带来的项目价值为 175.24 万元，小于立刻投资获得的收益，此环境投资项目应该选择立刻投资。

但是，如果此案例的投资成本为 1 700 万元，则：

（1）净现值 =180/10%−1 700=100（万元）。

（2）上行经营现金流量现值：S_u=200/10%=2 000（万元）。

（3）下行经营现金流量现值：S_d=140/10%=1 400（万元）。

（4）现金流量上行时实物期权价：C_u=2 000−1 700=300（万元）

（5）由于现金流量下行时项目价值 S_d=1 400 小于投资成本 1 700，实物期权价值为零（C_d=0），放弃投资。

（6）上行报酬率：u=2 000/1 700=1.18。

（7）下行报酬率：d=1 400/1 700=0.82。

（8）上行概率 $=\dfrac{1+r-d}{u-d}=$（1+5%−0.82）/（1.18−0.82）=0.64。

（9）下行概率 =1−0.64=0.36。

（10）等待期权价值 C_0= 上行概率 $\times \dfrac{c_u}{1+r}+$ 下行概率 $\times \dfrac{c_d}{1+r}=$（0.64×300+0.36×0）/（1+5%）=182.86（万元）。

此时，行使等待期权的项目价值为 182.86 万元，大于净现金流的现值 100 万元，应该选择等待。

4.3.3.2　扩张期权的案例

延用上例，砚湖公司准备购入设备生产环保产品。考虑到市场成熟需要一段时间，该项目分两期进行。第一期投资额 1 000 万元，投产三年后，可以选择进行扩建；第二期投资额 2 000 万元，现金流量如表 4-3 所示。砚湖公司的无风险利率为 5%，风险报酬率为 5%。可比公司股票价格标准差为 35%，作为项目现金流量的标准差。

表 4-3　各年末现金流量表　　　　　　　　单位：万元

时间	期数	1	2	3	4	5	6	7	8
现金流	第一期	200	200	300	300	300			
	第二期				500	500	500	500	500

决策过程：

（1）资本成本 =5%+5%=10%。

（2）第一期净现值 =$-1\,000+200\times$（P/A，10%，2）$+300\times$（P/A，10%，3）$\times$（P/F，10%，2）$=-36.32$（万元）。

第二期净现值 =$-2\,000\times$（P/F，10%，3）$+500\times$（P/A，10%，5）$\times$（P/F，10%，3）$=-78.59$（万元）。

由于两期的净现值均小于零，两期方案均不可取。但该项目包含一个三年后再决定是否实施的扩张期权的价值。接下来，运用环境投资的 B-S 实物期权模型评估该项目价值。

（3）该期权标的资产价格 S_0 为第二期现金流量现值：$500\times$（P/A，10%，5）$\times$（P/F，10%，3）$=1\,424.37$（万元）。

（4）该期权的执行价格现值 X 为第二期投资额现值：$2\,000\times$（P/F，10%，3）$=1\,502.63$（万元）。

（5）期权到期日时间 $t=3$ 年，标准差 $\sigma=35\%$，无风险利率 $r=5\%$。

（6）B-S 模型计算结果：

$$d_1=\frac{\ln\left(\dfrac{S_0}{X}\right)}{\sigma\sqrt{t}}+\frac{\sigma\sqrt{t}}{2}=\frac{\ln\left(1424.37\div1502.63\right)}{0.35\times\sqrt{3}}+\frac{0.35\times\sqrt{3}}{2}=0.21$$

（7）$d_2=d_1-\sigma\sqrt{t}=0.21-0.61=-0.4$

（8）$N(d_1)=N(0.21)=0.583\,2$；$N(d_2)=1-N(0.4)=1-0.655\,4=0.344\,6$

（9）扩张期权 $C_0=S_0\times N(d_1)-X\times e^{-rt}\times N(d_2)=1\,424.37\times0.583\,2-1\,502.63\times0.86\times0.344\,6=385.38$（万元）

项目中扩张期权的价值为 385.38 万元。第一期的投资除给企业带来 -36.32 万元的净现值外，还带来第二期价值 385.38 万元的扩张期权。项目的总价值 $V=-36.32+385.38=349.06$（万元）>0，该环境投资项目可行。

课后习题

一、思考题

（1）随着我国出台一系列政策法规对企业污染排放问题进行规制，这迫使企业在做投资决策时不得不考虑环境规制的影响。同时，随着环境问题日益严重，广大人民对环境问题日益关注，消费者开始偏好环保型产品。企业绿色生产已经成为其创造额外价值，带来良好声誉的战略之一。这为企业在做投资决策时充分考虑环境因素，努力实行绿色生产提供了足够的动力。但政府应该选择何种环境规制工具，何种程度的环境规制强度，才能为企业自主投资低碳技术，自主进行绿色生产提供条件呢？

（2）当前，使用实物期权方法进行环境保护投资决策所出现的问题主要表现为对实物期权理论的认知度不够和方法技巧落后，以至于在会计处理过程中出现相关数据数值上运算差错，从而造成评判结果的偏差，对于最后的投资决策带来错误。另外，在运用实物期权方法对环境保护投资产生正确的决策后，又因为没有触及至财务战略管理的高度，没有及时派生出相应的企业发展策略，很多企业在日后的经营过程中虽然获得了较为顺利的经营状况，但在竞争的市场层面却难以维持现有的格局，对于风险预期不足导致企业在数十年的发展规划上呈现策略缺失。面对这个问题，作为企业的决策人员，应该如何处理？

二、案例分析题

环境保护设备制造公司决定应对政策形势下排污费（环境税）和罚款费用大幅增加的问题，计划生产一种较为通用且适合大部分制造业进行环境保护革新的新型环境保护设备，以此迎合发展趋势，减少企业不必要的开支。已知，无风险利率为5%，公司必要报酬率为10%，政府内部人士透露，一年后政府将与该地区的一家环保企业合作，购买其设备并用于为污染企业融资租赁提供服务。环境保护设备制造公司计划投资1 600万元，估计每年产生稳定的现金流为180万元；另外，一年后如果该企业能成为政府的合作伙伴，则每年现金流预计达到200万元，如果尚未构成合作，则为140万元。企业在财务管理上的需求目标为：提升投资价值，确保企业正确的运作周转，避开各类风险，实现收益。请问企业应该如何决策？

第 5 章

环境绩效评价

学习目标

（1）了解环境绩效评价的意义与步骤。

（2）掌握环境绩效评价指标体系的构建方法。

（3）掌握环境绩效评价的具体方法。

（4）掌握环境绩效评价的实际应用。

案例引导

作为《财富》世界 500 强中排名前列的中国石化，始终坚持绿色低碳的可持续发展道路，是我国石油化工行业在环境管理方面的领军者，连续十二年获得"中国低碳榜样"奖，并先后多次荣获"中国石化绿色企业""最具责任感企业""最具社会责任品牌"和"最佳环境信息披露奖"等多个奖项。

中国石化积极完善绿色企业评价体系，修订印发《绿色企业复核评价指南（2023 版）》，通过现场服务、线上抽查、现场审核等形式，指导督促企业开展绿色基层建设。2023 年，中国石化实施了 497 项"能效提升"项目，节能 86 万吨标准煤，工业万元产值综合能耗（2020 年可比价）同比下降 2.64%。太阳能光伏发电量大幅增加，2023 年达到 132 百万千瓦时，同比增加 200%，折标准煤约为 4 万吨。公司在环保设施建设和项目投资方面持续投入，2023 年的环保投入达到了 226.1 亿元，建设了多套污水处理、废气治理、固废处理等环保设施，确保污染物达标排放。2023 年，公司废水排放量同比下降 4%，外排废水 100% 达标，CPD、氨氮排放量同比下降 4% 以上；二氧化硫排放量同比下降 5%，废气综合达标率 99.9%；固废合规处理率 100%，固废综合利用率 90.2%，危险废物单位营收产生量同比下降 6.5%。经过多年努力，其旗下 113 家企业全部完成绿色企业创建，21 家企业被工业和信息化部评为国家级绿色工厂。2023 年 7 月，生态环境部发布《2022 年石化行业绿色发展水平评估报告》，中国石化 4 家企业上榜炼化一体化企业绿色发展先进水平，5 家企业上榜石油炼制企业绿色发展先进水平，1 家企业上榜独立乙烯企业绿色发展先进水平。

鉴于此，国内其他企业也应重视环境管理和环境绩效评价，并根据自身情况选择适合的环境绩效评价体系。除参考国际 ISO14031 环境绩效评价指标体系、GRI《可持续发展报告标准》外，还有诸如我国的《企业环境报告书编制导则》《企业环境信用评价办法》等其他环境绩效评价体系，只有在企业积极实行环境绩效评价的前提下，才能更加全面了解企业自身的环保状况，从而推动之后的环保革新与改进，制定出更有利于自身发展的环保战略与计划。

5.1　环境绩效评价概述

5.1.1　环境绩效与环境绩效评价

5.1.1.1　环境绩效

目前，学者对环境绩效的概念内涵与边界尚未取得共识，学术界围绕环境绩效包含的维度问题提出了三种主要观点：①包含财务业绩和环境业绩两个维度；②涵盖对自然环境和对企业自身影响两个方面；③包括环境质量的变动和由此引发的价值变化两个方面（沈洪涛，2020）。

许家林和孟凡利（2004）在研究中强调了环境绩效的双重方面，即财务业绩和环境业绩。财务业绩指企业面对环境问题所造成的财务影响，这些影响可以是直接的成本或间接的财务损失。而环境业绩指企业在改善或破坏环境方面的表现，涵盖了企业对环境质量的影响。

杨东宁和周长辉（2004）提出了环境绩效评估应从两个维度考虑的观点。首先是企业行为对自然环境的影响，即企业在其生产过程中对环境资源的消耗和污染物排放等。其次是企业环境行为对企业自身组织能力的影响，即企业在管理和技术水平上如何通过环境管理措施提升自身的竞争力和可持续性。

郑季良和邹平（2005）强调了环境绩效在防治环境污染、减少生态破坏、改善环境质量等方面的成绩。他们认为企业通过调整行为约束和控制活动，可以降低对生态环境的不利影响，并取得积极的效果。环境绩效主要通过环境质量的变动和由此引起的社会价值变化来体现，涉及污染物排放水平、资源消耗、有毒有害物质管理等方面。

因此，企业环境绩效的概念可以从狭义和广义两个角度进行理解。狭义上，指企业在符合现有环境标准和可直接测量的环境指标上的表现，用于评估其环境合规性和进行企业间的比较。广义上，企业环境绩效涵盖了企业在持续改善污染防治、资源利用效率和生态影响等方面的综合效率和累积效果，体现了其系统性和动态性。

5.1.1.2　环境绩效评价

企业环境绩效评价涉及对企业环境保护与资源使用情况进行评估，评价的主体和客体在评估过程中起着关键作用。评价的主体可以分为企业内部和企业外部两个方面。

企业内部评价通常由企业自身或内部部门进行，而这种评价可以分为两种类型（宋建波和李丹妮，2013）：

（1）被动性环境绩效评价。企业被动地按照政府法规或行业组织的要求进行。企业需要持续提供相关和可验证的信息，以确保其环境绩效符合设定的标准和法规要求。这种评价是内部管理工具，旨在确保企业在环境管理方面的合规性和透明性。

（2）主动性环境绩效评价。企业自主进行的评价，通常利用适当的指标体系将环保绩效转化为直观的信息。这种评价旨在评估和改进企业的环境管理实践，以提升环境绩效和实现可持续发展目标。它为企业提供了衡量环境管理过程和环境保护效果的标准，为管理者和其他利益相关者提供相关、可靠的环境信息，支持环境方面的决策。

企业外部评价由独立的第三方、政府监管机构或社会公众进行。这种评价是一种系统化的程序，用于对企业或其他组织的环境绩效进行全面测量和评估。评价的具体过程包括选择评估指标、收集和分析相关数据、根据环境绩效标准评估信息、制作报告并进行信息交流，同时定期进行评审和改进。外部评价的目的是确保企业的环境绩效对公众和社会具有透明度和可信度，推动企业在环境保护方面的改进和贡献（刘丽敏和底萌妍，2007）。

因此，企业环境绩效评价在不同的主体参与和不同的评价方法下，可以提供不同层面和目的的评估结果，从而促进企业在环境管理和可持续发展方面的持续进步。

5.1.2　环境绩效评价的意义

环境绩效通常用来评估工作努力程度和工作质量对环境产生的实际影响，可以说，环境绩效是衡量环境政策执行成效的最终标准，其实施的重要意义如下：

5.1.2.1　监测和评估

实施环境绩效评价可以帮助组织监测和评估其环境管理实践的有效性和效果，通过收集、分析和解释与环境相关的数据和指标，了解组织在环境保护方面的具体表现，并就所识别发现的问题进行改进和反馈。

5.1.2.2　持续改进

环境绩效评价是组织能够进行持续改进的基础之一。通过环境绩效实施过程中识别发现的弱点和值得改进的领域，组织可以对此制定目标、计划和措施，逐步提高其环境绩效。此外，环境绩效评价可以帮助组织确定优先事项，并采取相应的行动，以实现更可持续的运营和管理。

5.1.2.3　合规要求

实施环境绩效评价可以帮助组织确保其符合相关法律、法规和标准的环境要求。通过评估自身的环境表现，组织可以识别自身是否存在合规风险，并采取必要的措施遵守相关规定。这有助于降低法律诉讼、罚款和声誉损害等风险。

5.1.2.4　透明度和沟通

实施环境绩效评价可以提供组织的透明度和增加沟通渠道。公开披露环境绩效评价的结果可以增加组织的透明度，让利益相关者（如客户、投资者、监管机构和社区）了解组织在环境方面的表现和努力。这有助于建立信任并满足利益相关者的期望，进而促进组织与各方的良好关系。

5.1.3　环境绩效评价流程

企业环境绩效评价是把企业历史的、当前的环境参数同环境绩效目标加以比较，一般遵循以下流程：

5.1.3.1　评价策划

首要任务是设立清晰的环境绩效目标，以确保选择适当的评估指标。这一步骤旨在帮助企业持续提升环境绩效水平，并解决在实施环境绩效管理过程中可能遇到的障碍。

5.1.3.2　指标选择

企业选择关键指标的目的是以更易理解和实用的形式提供定性或定量的数据和信息。这些指标有助于将相关数据转化为简洁明了的管理信息，从而影响企业的运营和环境状况的环境绩效。企业应选择足够数量的相关且易于理解的指标来评估其环境绩效，并应反映企业运营的性质、规模及其对环境的影响程度。

5.1.3.3 数据收集

企业定期从适当的源头系统地收集数据以进行环境绩效评价。数据收集的过程必须确保数据的可靠性，包括数据的可获得性、适宜性、科学性、统计有效性和可验证性等因素。为确保数据达到环境绩效评价所需的类型和质量标准，数据的收集应采用质量控制和保证方法。数据收集程序应包括数据和信息的识别、归档、存储、检索和处理。企业可以利用其自身的环境管理系统数据或来自企业内部来源的数据进行这些过程，确保能够系统地获取并利用准确且全面的数据，用于评估和改进其环境绩效。

5.1.3.4 数据分析与转化

对收集到的数据进行详细分析，并将其转化为组织的环境绩效信息。数据分析包括对数据质量、有效性、充分性和完整性的分析，确保生成可靠的评估信息。首先，数据质量分析确保数据的准确性和可靠性，包括数据的来源、采集方法和处理过程。其次，数据有效性分析能评估数据是否反映了所关注的环境绩效方面，如污染物排放、资源利用效率等。再次，数据充分性分析确认数据是否足够全面和详尽，以支持对环境绩效的全面评估。最后，数据完整性分析检查数据是否包含了所有必要的信息，没有遗漏关键细节或数据点。通过综合进行这些分析，企业可以确保从收集到的数据中提炼出准确、全面且具有参考价值的环境绩效信息，为制定策略和决策提供科学依据。

5.1.3.5 确定评价方法

评价方法的选择对评价结果的真实性至关重要，尤其在企业环境绩效领域。常用的评价方法包括层次分析法、模糊综合评价法和数据包络分析法等。在选择评价方法时，需考虑评价方法本身的特性，以及企业环境绩效的特点和评价的具体目的。例如，层次分析法（AHP）适用于需要考虑多个层次、多个因素相互关系的复杂决策问题；模糊综合评价法能够处理评价因素间信息不确定性和模糊性较大的情况，使评价结果更具鲁棒性；数据包络分析法（DEA）常用于评估效率和效能，特别适用于比较各个单位或部门的效率和绩效水平。企业应根据自身的环境绩效特点和评价目的综合考量而选择适当的评价方法。

5.1.3.6 信息评价

将分析数据得出的环境绩效指标同企业的环境绩效目标进行比较，从比较中得出环境管理的进步与不足，并分析其原因。对企业环境绩效评价结果进行分析具有多重好处。首先，分析能帮助企业了解其在特定区域或行业中实施环境绩效管理的整体情况，包括与竞争对手的比较和行业标准的对比。通过这种分析，企业可以评估自身在环境绩效方面的相对位置，并识别领先或滞后的领域。其次，分析评价结果有助于发现企业在实施环境绩效管理过程中存在的问题和挑战。通过深入分析评价数据，企业可以识别出环境绩效管理体系中的短板和改进的机会。这些问题可能涉及资源利用效率、污染物控制、环境保护政策遵从性等方面，分析结果可以指导企业采取相应的措施和策略。此外，分析评价结果能帮助企业识别出现有环境绩效管理策略的有效性和可行性。通过评估不同策略对环境绩效的影响，企业可以优化和调整其管理方法，提升绩效水平并实现可持续发展目标。而且在宏观方面，有利于政府制定相应的环境政策法规和策略。

5.2　环境绩效评价指标体系

5.2.1　环境绩效评价指标设置

5.2.1.1　环境绩效评价指标选取的理论基础

环境绩效指标的选取应融入可持续发展理论、循环经济理论和利益相关者理论的思想内涵，以确保评价的综合性和长远性。以下是对这些理论在环境绩效评价中应用的详细阐述。

（1）可持续发展理论。可持续发展理论强调在发展过程中要平衡经济增长、社会公正和环境保护，以满足当前需求而不损害未来世代需求的能力。环境绩效评价指标的选取应基于可持续发展原则，综合考虑环境、经济和社会因素。这确保了评价过程不会片面偏向某一方面，能够全面反映企业在各个方面的绩效表现，支持企业朝着长期可持续的方向发展。

（2）循环经济理论。循环经济理论强调资源的高效利用和废物的减少，通过循环利用资源、优化产品设计、转型能源和保护生态系统来减少对环境的负面影响。在环境绩效评价中，选择指标应能反映企业在资源循环利用和减少环境影响方面的努力。例如，评估企业的物质流和能源效率，以及废物管理和循环利用的实际效果，这些都是循环经济理论的核心内容。

（3）利益相关者理论。利益相关者理论认为，企业不仅要考虑股东利益，还需平衡和满足其他相关方的期望和利益，如政府、供应商、顾客、员工和社会公众等。在环境绩效评价中，企业应综合考虑各利益相关者的需求和期望，以确保评价的全面性和公正性。通过积极履行社会责任、提升环境管理水平和与利益相关者的积极互动，企业能够建立起稳固的社会信任和良好的企业声誉，从而增强其长期竞争力。

综上所述，企业可以设计出能够全面评估环境绩效的指标体系，这些指标不仅能够量化环境影响和资源利用效率，还能够反映企业在社会责任和可持续发展方面的实际努力及成效。这样的评价体系有助于企业在全球竞争中树立领先地位，并为未来的可持续发展目标奠定坚实基础。

5.2.1.2　环境绩效评价指标选取的原则

（1）关联性原则。一方面，环境绩效信息应与企业对环境因素的管理密切相关，并且与企业的主要业务活动紧密关联。这意味着评价指标能够准确反映企业的环境管理实践，以及其在日常运营中对环境影响的控制和改善措施。另一方面，评价指标之间以及指标与评价目标之间需要有一定的关联性。这种关联性有助于确保评价体系的内部一致性和有效性。例如，选取的指标能够全面覆盖企业在环境管理各个方面的表现，并与设定的环境绩效目标保持一致。此外，指标体系的各个子系统间应该彼此关联，以确保企业在整体环境绩效管理过程中能够系统性地评估和改进其环境影响。

（2）重要性原则。重要性指在环境绩效评价中，一个指标对于企业的环境绩效的重要程度。重要性是基于其对企业的环境、风险和机会的影响程度而确定的。企业所选取的指标能够涵盖与组织活动和业务相关的关键环境方面，如能源使用、废物管理、水资源利用、碳排放等。

（3）可获取性原则。设计指标体系的主要目的是实施，而非仅仅停留在理论层面。在设计指标体系时，确保指标的信息可取性和可行性至关重要，这样的设计方案才能够具体实施并产生实际效果。以下是在设计指标体系时需要注意的几个关键点：数据能够从可靠的来源中收集到，而且收集过程是可行的，不会受到技术或资源限制的影响；能够通过具体的数据和数字来度量和评估指标所反映的现象或情况；体系所使用的数据来源是可靠的，数据的获取过程是可控的，并且数据的更新和维护是连续的，指标体系在实际操作中能够顺利执行和应用。

（4）可比性原则。可比性包括纵向可比与横向可比，前者指同一企业相同环境因素的衡量在不同时间点可比；后者指相同环境因素在不同企业间可比。企业在选择环境指标时，应该尽量保持衡量标准与口径的稳定，并应参考可比公司的经验做法。同时，在设计指标体系时，应考虑采用标准化的处理方法，以确保不同时间点、不同部门或不同单位之间的指标数据具有可比性。

（5）其他原则。除以上四点外，选择环境指标时还需遵循以下原则：

1）定量与定性相结合。环境指标体系应综合考虑定量和定性指标。定量指标能够通过具体数据量化环境绩效，定性指标能够提供对环境管理实践和影响因素的深入理解。结合两者能够全面评估企业的环境绩效，并为决策提供多角度的支持。

2）财务与非财务相结合。环境指标体系不仅应包括财务性指标（如成本和效益），还应涵盖非财务性指标（如能源消耗、废物处理效率等）。这种综合性可以帮助企业在经济效益和环境效益间找到平衡，从而推动可持续发展战略的实施。

3）动态与静态相统一。环境指标体系应考虑到环境绩效的变化性和发展趋势，既要有反映当前状态的静态指标，也要有反映变化和发展趋势的动态指标。这样能够确保评估的及时性和实效性，帮助企业及时调整和改进环境管理策略。

4）与其他指标体系相结合。环境指标体系应与其他相关指标体系相结合，如质量管理体系、安全管理体系等。这种整合有助于实现资源的高效利用和协同效应，提升企业综合管理水平和整体绩效。

5）简洁性和适应性。环境指标体系设计应简洁明了，避免指标过多或冗杂，以确保易于理解和操作。同时，指标体系应具有适应性，能够根据企业特点、行业环境、市场变化进行调整和优化，以支持长期的环境绩效改进和持续发展。

5.2.1.3　环境绩效评价指标选取的方法

（1）因果方法。这种方法通过分解环境要素间的因果关系来寻找评价指标。例如，企业认为大量的颗粒物排放是由于预防性维修不充分或频次低导致的。而选择"用于设备预防性维修的费用和频次"作为评价指标，是可以帮助企业评估其环境绩效的一部分。可以预期，当设备预防性维修更充分和更经常时，企业的颗粒物排放量就会减少。

（2）基于风险的方法。企业的某些风险与特定的活动、产品或服务有关，基于对风险的考虑可以对绩效评价指标进行选择。例如，一个关注其运行活动可能导致严重环境破坏的企业，可以使用基于概率风险的方法确定哪些特定过程最可能引起环境污染物的大量产生或排放。基于对各种风险的分析，企业可以选择最相关的指标。以下是几种常见的风险种类。

1）基于人体健康风险的方法。关注员工长期健康影响的企业，可以识别某种对员工健康构成重大威胁，具有最大风险的物质。可以选择的评价指标包括：企业运行过程中员工可接触到的该种物质的量；为应对此类物质意外释放所进行应急培训的时间等。

2）基于财务风险的方法。可以帮助企业识别与环境绩效相关且具有显著成本的要素，从而选择适当的环境绩效评价指标。可以选择的评价指标包括：企业运行中使用的材料费用；企业在特定时间段内消耗的特定类型的材料数量；企业从废物中回收和再利用特定材料所涉及的成本；特定材料在企业产生的特定废物流中的比例等。

3）基于环境风险的方法。这类风险主要是威胁环境或组织竞争力的环境因素，可以选择的指标包括：企业减少重要污染物的投资；企业用以取代关键污染物的投资等。

（3）生命周期方法。根据企业对特定产品的输入和输出以及产品生命周期中关键环境因素的识别，选择合适的环境绩效评价指标至关重要。以下是一些说明如何根据具体情况选择指标的例子：①产品使用中的单位能耗量，如果企业发现某种产品在使用阶段的能源效率有改进空间，可以选择衡量单位能耗量作为评价指标。这可以帮助企业了解产品使用阶段的能源消耗情况，并衡量改进措施的效果。②产品设计变更的数量，可作为衡量企业为提高产品燃料效率所做的产品设计变更的指标。这种指标可以反映企业在产品设计阶段采取的环境友好措施，如改进燃料效率的设计变更，以减少产品的环境影响。③单位产品使用的不可再生原料量：如果不可再生原料在产品生产过程中是关键的环境因素，企业可以选择衡量单位产品使用的不可再生原料量作为指标。这有助于评估企业在资源利用方面的效率，并促使企业寻找替代品或减少不可再生资源的使用。④研究不可再生原料替代物的资源投入量，作为衡量企业在研究和开发替代品方面所投入资源的指标。这种指标可以反映企业在创新和技术发展方面的努力，以减少对不可再生原料的依赖。

（4）强制性或自愿性的方法。企业根据强制性要求选择环境绩效评价指标，如法规要求的某污染物的年排放量。同时，企业可以根据自愿性规则选择相关的评价指标。

5.2.2 国内外的环境绩效评估指标体系

5.2.2.1 国外环境绩效评价指标体系

【GB/T 24031—2021 环境管理、环境绩效评价指南】

（1）ISO14031 环境绩效标准体系。自 20 世纪 90 年代以来，国际标准化组织（ISO）一直在制定环境绩效评估标准。1999 年 11 月 15 日，ISO 发布了ISO14031 标准，即企业环境绩效评估标准。该标准考虑到了组织的地理、环境和技术条件等各种差异，为组织内部设计和实施环境绩效审核提供了指导。

ISO14031 标准并未规定具体的环境绩效指标，而是提供了一个指标库，包括以下几个方面：

1）环境状况指标（Environmental Condition Indicators，ECIs）。环境状况指标以可量化的方式反映企业的生产经营对周围环境可能产生的影响，如排放对周边居民健康的影响、废水对当地农作物的影响等。这些指标可以帮助管理者在新的投资决策中全面考虑项目对周边环境的潜在影响。在公共机构中，通常使用这些指标研究国家或地区政府机构、非政府组织和科研团体对环境保护的责任。环境状况指标体系如表 5-1 所示。

表 5-1 环境状况指标体系

类别	指标
大气	监测站周围特定污染物的大气浓度
	温室气体的减少、消除情况
	企业设施附近一定范围内的环境气温
	企业设施上、下风向的环境气温
	企业设施上、下风向的能见度
	界定区域内光化学烟雾事件的发生频率
	企业设施周边一定范围内的异味测量数据
水体	地下或地表水体中特定污染物的浓度
	企业设施附近废水排放点上下游邻近水域的浊度测量数据
	纳污水体中的溶解氧浓度
	企业设施附近的地表水体温度
	地下水水位变化
	每升水中的大肠杆菌数量
土壤	企业设施附近选定范围内表层土壤中特定污染物的浓度测量值
	企业设施周边地区土壤中特定养分的浓度
	界定区域内治理修复的土地面积
	界定区域内用于填埋、旅游或湿地的面积
	界定区域内被铺设或贫瘠土地的面积确定
	界定区域内保护区域的面积
	界定区域内表层土壤的侵蚀程度

续表

类别	指标
植物群落	所在地区内发现的特定种类植物体内污染物的浓度
	周边地区农田的作物产量
	企业设施附近一定范围内特定植物物种的数量
	一定区域内植物物种的数量
	一定区域内的农作物品种和数量
	地方区域内特定物种生长环境质量的专项测量值
	一定区域内植被数量的具体测量数据
	一定区域内植物多样性的专项测量值
动物群落	特定地方或地区特定种类动物体内特定污染物的浓度
	企业设施附近一定范围内特定动物物种的数量
	有害的噪声水平
	对地方特定物种栖息地质量的专项测量值
	界定区域内动物物种总数
人类	特定人群的寿命数据
	地方或所在地区流行病学研究中关于特定疾病的发病率
	地方或所在地区的人口增长率
	企业设施周围的加权平均噪声和噪声烦恼度
	地方或所在地区的人口密度
	地方人群血液中有毒物质的含量
美学、遗产与文化	敏感性建筑物的状况
	企业设施附近区域内宗教场所的状况
	地方历史建筑的外观完整性

2）管理绩效指标（Management Performance Indicators，MPIs）是评估企业在环境保护方面努力和成就的重要工具，向公众和政府展示企业管理层的努力。MPIs有效评估企业的环境管理效率，主要包括对污染项目的内部控制和与外部利益相关者的沟通等方面。通过这些指标，可以客观评估企业在环境保护方面的管理实践，以及在与利益相关者合作和信息披露方面的表现。管理绩效指标体系如表5-2所示。

表 5–2　管理绩效指标体系

类别	指标
与管理方针有关的绩效指标	企业环境管理的收益和成本
	用于实施管理方针的资源
	目标的实现情况
	污染预防措施的成效
	已培训员工数与需要培训员工数之比
	来自员工的环境改进建议数量
与法规符合性有关的绩效指标	违反法规要求的次数和严重程度
	违反组织要求的次数和严重程度
	对环境事故做出响应的时间
	经确认的已完成和尚未完成的纠正措施的比例
	与环境绩效有关的财务绩效指标
	运行程序评审的频率
	应急演练的次数
与产品或过程的环境因素相关的指标	环境改进项目的投资回报率
	通过减少资源使用、预防污染或废物再循环而节省的成本
	为了实现环境绩效或设计目标而设计的新产品或副产品的销售收入
	用于重要环境项目研究和开发的资金
	对企业的财务状况有实质性影响的环境责任
与公众关系有关的绩效指标	对环境问题进行外部调查或意见征询的数量
	企业环境绩效报告的印刷数量
	投入支持当地社区环境项目的资源
	建立保护野生生物方案的场所的数量
	地方环境恢复活动的进展
	社区调查满意度

　　3）运行绩效指标（Operational Performance Indicators，OPIs）是企业环境绩效评价中的关键指标之一，它涵盖了企业生产过程的各个环节。这些环节包括原材料的采购、生产车间中的加工过程，以及最终产品的制造完成过程。运行绩效指标体系如表 5–3 所示。

表 5-3 运行绩效指标体系

类别	指标
材料	单位产品所用材料量
	经过加工的、再循环或再利用的材料量
	单位产品废弃的或再利用的包装材料量
	再循环或再利用的辅助材料量
	生产过程中再利用的原材料量
	单位产品用水量
	水的回用量
	生产过程中有毒材料量
能源	每年或每单位产品所用的能源量
	每项服务或每个客户所用的能源量
	每种能源的使用量
	副产品或生产过程中所产生的能源量
	通过实施节能措施所节约的能源量
支持企业运行的服务	合同服务提供方使用的有毒材料的量
	合同服务提供方使用的有害清洁剂的量
	合同服务提供方使用的可循环和可再利用材料的量
	合同服务提供方产生的废物和种类
物理设施与设备	易于再循环和再利用设计的设备部件占总部件比例
	设定设备部件的年运转时间
	每年的紧急事件或非正常运行次数
	用于生产目的的总土地面积
	生产单位能量所使用的土地面积
	单位车程的二氧化碳当量
	车队中采用污染削减技术的车辆所占比例
供应和交付	车辆单位车程的平均二氧化碳当量
	单位时间内运输交付的货物量
	开展的远程商务会议的比例
	采用各种运输方式的差旅次数

续表

类别	指标
产品	市场上中低危害性产品的百分比
	可再循环或再利用的产品量
	缺陷产品率
	产品使用中的资源消耗量
	产品使用寿命
	具备环境安全使用与处置说明的产品占比
	明确"产品监管"计划的产品占比
	设计的可再循环或再利用的产品占比
	说明书中涉及安全使用和处置的产品占比
服务	所提供的单位服务的资源消耗量
	所提供的单位服务的二氧化碳当量
	所提供的单位服务的污染物排放量
废物	每度量单位所产生的废物量
	每度量单位所产生的危险的、可再循环或再利用的废物量
	分类处置的废物总量
	现场存放和受法规管制的危险废物量
	每单位量转化为可再利用材料的废物量
	由污染防治计划而消除的危险废物量
排放	特定物质的年排放量
	每单位产品排放到水体中特定物质的数量
	排入水体的废弃能量
	单位产品送交填埋的物质的数量
	每项服务或每个客户的排污量
	每度量单位产生的辐射排放量
	每度量单位产生的热、振动或光的排放量

（2）世界可持续发展企业委员会（WBCSD）的生态效率指标。2000年8月，世界可持续发展企业委员会提出了全球首套生态效益评估标准。这套标准不仅为管理者在内部设定目标和提出改进方案提供了参考标准，同时成为企业与内部外部利益相关者之间重要的沟通工具。根据 WBCSD 的指标框架，生态效益的计算公式为生态效益 = 产品与服务的价值 / 环境影响。其中，分子与经济效益相关，如产量、产能和总营业额等；分母与环境绩效相关，如资源消耗总量和温室气体排放量等。类似于《可持续发展报告指南》中的核心指标和附加指标，WBCSD 将指标分为核心指标和辅助指标。核心指标适用于大多数企业，如主营业务收入和有毒废水排放量；辅助指标仅适用于个别企业。这种分类使得不同行业的环境绩效可以进行比较。通过遵循 WBCSD 的生态效益评价标准，企业可以更好地制定目标、提出改进方案，并与利益相关者进行有效的沟通，WBCSD 生态效益核心指标如表 5-4 所示。

表 5-4　WBCSD 生态效益核心指标

类别	指标
产品或服务的价值	生产、销售的产品或服务的数量
	销售净额
产品或服务的过程对环境的影响	能源消耗
	原材料消耗
	水资源消耗
	温室效应气体排放
	破坏臭氧层的气体排放

（3）全球报告倡议可持续发展报告指南环境绩效指标（GRI）。全球报告倡议组织（GRI）是一家在早期专注于环境绩效评估的组织，其主要贡献是发布了全球适用的《可持续发展报告指南》。这一指南旨在为全球范围内的可持续发展报告提供指导，并促使企业承担环境责任。在向外界披露信息时，企业不仅应披露财务信息，还应清晰地披露与其经营活动相关的环境信息，以便外部信息使用者能够监督企业的生产活动。该报告的核心内容是绩效指标，这些指标涵盖经济、环境和社会三个方面。绩效指标进一步分为核心指标和附加指标。核心指标适用范围广泛，与大多数利益相关者相关联，而附加指标仅涉及部分利益相关者，只需企业向少数信息使用者提供相应的披露。通过遵循《可持续发展报告指南》的绩效指标体系，企业能够更全面地衡量和报告其在经

济、环境和社会方面的可持续进展，如表 5-5 所示。

【可持续发展报告指南】

表 5-5　GRI 指南环境绩效指标体系

类别	指标
物料	EN1 物料消耗的数量
	EN2 可循环再生物料的使用比重
能源	EN3 组织内部的能源消耗量
	EN4 组织外部的能源消耗量
	EN5 能源消耗强度
	EN6 通过节能和利用效率而减少的能源消耗量
	EN7 产品或服务所需要能源的降低
水	EN8 按源头说明的总耗水量
	EN9 因取水而受到重大影响的水源
	EN10 可循环利用的水量及比重
生物多样性	EN11 拥有生物多样性地区土地的面积
	EN12 组织对保护区或企业具有重要生物多样性意义的地区的重大影响
	EN13 受保护或已修复的栖息地
	EN14 按濒危风险水平，说明栖息地受机构运营影响的列入国际自然保护联盟红色名录及国家保护名册的物种总数
废气排放	EN15 直接温室气体排放量
	EN16 间接温室气体排放量（购买或取得的用于内部消耗的电力、供暖、制冷或蒸汽的生产造成的排放）
	EN17 其他间接温室气体排放量（上下游机构的排放）
	EN18 温室气体排放强度
	EN19 温室气体排放量的减少量
	EN20 臭氧消耗性物质的排放量
	EN21 氮氧化物、硫氧化物及其他主要气体的排放

续表

类别	指标
污水和废弃物	EN22 按水质及排放目的地统计的污水排放量
	EN23 按类别及处理方法统计的废弃物排放量
	EN24 严重泄漏的总次数与总数（油料、燃料与化学物质等泄漏）
	EN25 按照巴塞尔公约视为有害废弃物运输、输入输出或处理的重量，以及运往境外的废弃物中有害废弃物的百分比
	EN26 受污水排放影响的水体及相关栖息地的位置、面积、受保护状态和生物多样性价值
产品和服务	EN27 降低产品和服务环境影响的程度
	EN28 可回收的售出产品及其包装材料的百分比

5.2.2.2　国内环境绩效评价指标体系

（1）中华人民共和国生态环境部发布的《企业环境报告书编制导则》（HJ 617–2011）。为贯彻《中华人民共和国环境保护法》保护环境、防治污染、规范企业环境信息公开行为，中华人民共和国生态环境部于 2011 年发布了《企业环境报告书编制导则》。该标准规定了企业环境报告书的框架结构、编制原则、工作程序、编制内容和方法。标准还规定了环境绩效相关指标体系，分为基本指标与选择指标。基本指标是必须披露的指标，选择指标是可选择性披露的指标，具体指标如表 5–6 所示。

【企业环境报告书编制导则】

表 5–6　《企业环境报告书编制导则》中的环境绩效指标体系

类别	指标	基本指标	选择指标
环境友好型技术及产品的开发	环境友好型生产技术与服务模式的研发		√
	生命周期评价的应用及实施		√
	企业环境友好型产品的定义及标准		√
	产品节能降耗、有毒有害物质替代	√	
	举例说明环境友好型产品或服务		√
	产品获得环境标志认证情况		√
	环境标志产品的生产量或销售量		√

续表

类别	指标	基本指标	选择指标
废弃产品的回收和再生利用情况	产品生产总量或商品销售总量	√	
	包装容器使用量		√
	废弃产品及包装容器的回收量	√	
	产品再生利用情况		√
能源消耗及节能情况	消耗总量	√	
	构成及来源	√	
	利用效率及节能措施	√	
	可再生能源的开发及利用		√
温室气体排放量及削减措施	排放种类及排放量	√	
	削减排放量的措施	√	
废气排放量及削减措施	排放种类及排放量	√	
	处理工艺、达标情况	√	
	二氧化硫的排放量及减排效果	√	
	氮氧化物的排放量及减排效果	√	
	烟尘等污染物的排放量及削减措施	√	
	特征污染物的排放量及削减措施（包括重金属）	√	
物流过程的环境负荷及削减措施	降低物流过程环境负荷的方针及目标	√	
	总运输量及运输形式	√	
	物流过程中污染物产生情况及削减措施		√
资源（除水资源）消耗量及削减措施	消耗总量及削减措施	√	
	各种资源的消耗量及所占比例	√	
	主要原材料消耗量及削减措施	√	
	资源产出率及提高措施	√	
	资源循环利用率及提高措施	√	
水资源消耗量及节水措施	来源、构成比及消耗量	√	
	重复利用率及提高措施	√	
废水产生总量及削减措施	废水产生总量及排水所占比例	√	
	处理工艺、水质达标情况及排放去向	√	
	化学需氧量、氨氮排放量及削减措施	√	
	特征污染物排放量及削减措施（包括重金属）	√	

续表

类别	指标	基本指标	选择指标
固体废物产生及处理处置情况	产生总量及减量化措施	√	
	综合利用情况及最终处置情况（包括重金属）	√	
	相关管理制度情况	√	
	危险废物管理情况	√	
危险化学品管理	产生、使用和储存情况	√	
	排放和暴露情况	√	
	减少向环境排放的控制措施及减少有毒有害化学物质产生的措施	√	
	运输、储存、使用及废弃各阶段的环境管理措施	√	
噪声污染状况及控制措施	厂界噪声污染状况	√	
	采取的主要控制措施	√	
绿色采购状况及相关对策	方针、目标和计划	√	
	相关管理措施		√
	现状及实际效果	√	
	环境标志产品或服务的采购情况		√

（2）《企业环境信用评价办法（试行）》。2013 年 12 月，原国家环境保护总局为了加快建立环境保护"守信激励、失信惩戒"机制，督促企业持续改进环境行为，自觉履行环境保护法定义务，发布了《关于印发〈企业环境信用评价办法（试行）〉的通知》。企业环境信用评价包括污染防治、生态保护、环境管理以及社会监督四个方面共 21 个指标，并对每个指标分别赋予权重。最后根据评分将企业分为环保诚信企业、环保良好企业、环保警示企业、环保不良企业四个等级。该评价指标体系的 21 个指标涉及企业环境表现的各个方面，也可作为企业环境绩效评价的指标，如表 5-7 所示。

【企业环境信用评价办法】

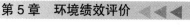

表 5-7　环保部企业环境信用评价办法指标体系

类别	指标	权重（%）
污染防治	大气及水污染物达标排放	15
	一般固体废物处理处置	5
	危险废物规范化管理	5
	噪声污染防治	4
生态保护	选址布局中的生态保护	2
	资源利用中的生态保护	1
	开发建设中的生态保护	2
环境管理	排污许可证	6
	排污申报	2
	排污费缴纳	2
	污染治理设施运行	6
	排污口规范化整治	3
	企业自行监测	2
	内部环境管理情况	5
	环境风险管理	10
	强制性清洁生产审核	3
	行政处罚与行政命令	15
社会监督	群众投诉	4
	媒体监督	2
	信息公开	4
	自行监测信息公开	2

（3）企业制度中的环境绩效评价指标体系。由于企业、行业管理部门以及政府部门在环境管理方面具有不同的角度和职能，因此它们对环境绩效评价的指标和获取的信息也存在差异。这导致在部门规章、行业法规和企业制度中，关于环境绩效评价的指标各不相同。为了梳理我国企业制度中的绩效评价指标，需要进行归纳和总结。具体梳理如表 5-8 所示。

表 5–8　我国企业的环境绩效评价指标体系

类别	指标
环保设施指标	废弃物治理设施的数量
	环保设备的运转费用
	废水处理能力
	废气处理能力
环境污染及资源耗费指标	单位产品能源消耗量
	温室气体排放量
	不可再生资源使用量
	单位产品危险废弃物产生量
	废水排放总量
	水土流失总面积
企业自主治理指标	环保技术研发费用
	水污染治理投资
	实施减排对策的积极性
	环境管理者的数量
	环境事故应急预案
循环利用指标	废水重复利用率
	废弃物无害化处理效率
	废物再处理的比重
法规制度遵循指标	执行环境法律法规的自觉性
	及时缴纳排污费
	排污许可证的及时申报
	违法排污的次数
社会反响指标	周围河流水质情况
	群众投诉数
	环境信访事件数
	周围群众满意度
	获得政府或环保组织的认可程度

资料来源：王立彦，蒋洪强．环境会计［M］．北京：中国环境出版社，2014.

5.2.3 重污染行业常用环境绩效评价指标体系

重污染行业在国民经济中占有重要地位，但也是资源消耗的大户和环境污染的重要来源，不可避免地成为承担环保责任的主体。因此，重污染行业的环境绩效评价更具有现实意义。本书通过梳理重污染行业的社会责任报告、可持续发展报告、ESG 报告等，总结了这些企业常用的自我评价指标，如表 5–9 所示。我们将相同条目进行合并，归纳出 11 项指标类别，分别为环保投入方面、能源消耗方面、气体污染物排放方面、水体污染物排放方面、废弃物排放方面、水资源使用方面、温室气体排放方面、包装材料方面、环保培训方面、环境管理方面、供应商管理方面。

表 5–9　重污染行业常用环境绩效评价指标

类别	指标
环保投入	环保投入占比
	节能减排投入占比
	环境治理时间投入
能源消耗	万元产值综合能耗
	直接能源使用量
	间接能源使用量
	清洁能源使用量
气体污染物排放	废气排放总量
	废气处理达标排放率
	万元产值氮氧化物排放量
	万元产值硫氧化物排放量
水体污染物排放	万元产值废水排放量
	废水循环使用量
	污废水利用率
	废水排放达标率
废弃物排放	危险废弃物处置率
	固废综合利用率
	废弃物回收利用率
	固废合规处置率

续表

类别	指标
水资源使用	市政购水量
	水资源循环利用率
	万元产值耗水量
	节水量
温室气体排放	二氧化碳排放量
	碳排放强度
	温室气体减排量目标执行率
包装材料	包装材料消耗量
	包装材料消耗密度
环保培训	环保培训人数
	环保培训次数
	环保培训支出
环境管理	环境污染事故数
	环保处罚金额
	环境监测达标合格率
	环境安全责任书签订率
供应商管理	供应商拥有 ISO14001 环境管理体系认证比例
	供应商拥有 ISO9001 质量管理体系认证比例
	供应商拥有 ISO45001 职业健康安全管理体系认证比例

资料来源：根据重污染企业披露的社会责任报告、可持续发展报告、ESG 报告等整理得到。

5.3 环境绩效评价方法

企业环境绩效评价就其技术来讲，首先是对环境指标的计算与量化，其次根据指标的量化值采用一定的方法加以评价。通过对众多国内外有关企业环境绩效评价方法的文献梳理发现，目前主要的综合评价方法有层次分析法、模糊综合评价法、数据包络分析法、平衡计分卡法、生命周期评估法等。

5.3.1　层次分析法

5.3.1.1　含义

层次分析法（Analytic Hierarchy Process，AHP）是美国著名运筹学家萨迪于 20 世纪 70 年代末提出的一种多层次权重解析方法。层次分析法是先将决策问题按总目标、各层子目标、评价准则直至具体的备择方案的顺序分解为不同的层次结构，然后用求解判断矩阵特征向量的办法，求得每一层次的各元素对上一层次某元素的优先权重，再用加权求和的方法递阶归并，得到各备择方案对总目标的最终权重，最终权重最大者即为最优方案。

5.3.1.2　步骤

第一步：明确目标问题，划分层次结构。将决策的目标、考虑的因素（决策准则）和决策对象按它们之间的相互关系分为最高层、中间层和最低层，绘出层次结构图。最高层是指决策的目的、要解决的问题；最低层是指决策时的备选方案；中间层是指考虑的因素、决策的准则。对于相邻的两层，称高层为目标层，低层为因素层。

第二步：构建判断矩阵。引用萨迪提出的 1~9 级标度法，对指标层各指标进行两两比较，得到相应分数并形成一系列判断矩阵。

$$E=\begin{bmatrix} e_{11} & e_{1j} & e_{1n} \\ e_{i1} & e_{ij} & e_{in} \\ e_{n1} & e_{nj} & _{nn} \end{bmatrix}$$

式中，e_{ij} 的含义是指标 e_i 和 e_j 相比，谁更重要，$e_{ji}=1/e_{ij}$，e_{ij} 的值越大，说明指标 e_i 相对 e_j 的重要程度越高。如表 5-10 所示。

表 5-10　判断矩阵标度及含义

标度	含义
1	指标 A 与指标 B 同等重要
3	指标 A 比指标 B 稍微重要
5	指标 A 比指标 B 明显重要
7	指标 A 比指标 B 强烈重要
9	指标 A 比指标 B 极端重要
2、4、6、8	重要程度介于上述判断的中间值

第三步：运用方根法计算指标权重。

（1）计算判断矩阵每一行元素的乘积：

$$m_i = \prod_{i=1}^{n} e_{ij}, \quad i=1, 2, \cdots, n$$

（2）计算 m_i 的 n 次方根：

$$\overline{W_i} = \sqrt[n]{m_i}, \quad i=1, 2, \cdots, n$$

（3）将向量 $\overline{W} = \left(\overline{w_1}, \overline{w_2}, \cdots, \overline{w_n} \right)^T$ 进行归一化处理：

$$W_i = \frac{\overline{w_i}}{\sum_{i=1}^{n} \overline{w_i}}, \quad i=1, 2, \cdots, n$$

判断矩阵的特征向量，即指标权重 $W = (W_1, W_2, \cdots, W_n)^T$

（4）计算最大特征根：

$$\lambda_{\max} = \frac{1}{n} \sum_{i=1}^{n} \frac{E_i W}{W_i}, \quad i=1, 2, \cdots, n$$

第四步：一致性检验。由于 a_{ij} 既可以由指标 a_i 和 a_j 直接比较得出，也可以由其他指标比较结果进行运算间接获得，一致性检验的目的是避免由于主观指标排序等原因导致的相同两个指标重要性判断结果矛盾，引入矩阵 E 的一致性检验指标 CI 和一致性比率 CR：

$$CI = \frac{\lambda_{\max} - n}{n-1}$$

$$CR = \frac{CI}{RI}$$

$RI = \begin{bmatrix} 0 & 0 & 0.58 & 0.90 & 1.12 & 1.24 & 1.32 & 1.41 & 1.45 & 1.49 & 1.52 & 1.54 & 1.56 & 1.58 & 1.59 \end{bmatrix}$，是平均随机一致性指标，通过查表获取。

通常来说，CR 越小，判断矩阵的一致性越好。当 $CR=0$ 时，一般认为矩阵 A 为完全一致性矩阵；当 CR 介于 0~0.1 时，认为矩阵 E 是通过一致性检验的；当 CR 大于 0.1 时，认为矩阵 E 不具有一致性，需要及时对矩阵元素取值做出调整。

5.3.1.3 优缺点

层次分析法的优点：①它所需的数据较少。层次分析法主要是从评价者对评价问题的本质、要素的理解出发，比一般的定量方法更讲求定性的分析和判断。因此，层次分析法所需要的环境绩效数据量较少，能够克服一般评价方法要求样本点多、数据量大的特点，可靠度比较高，误差小，从而使环境绩效评价系统指标间的量化分析成为可能。②层次分析法具有系统性。它把研究对象作为一个系统，按照分解、比较判断、综合的思维方式进行决策，层次分析法中每一层的权重设置最后都会直接或间接影响到结果，而且每个层次中的每个因素对结果的影响程度都是量化的，非常清晰明确。③层次分析法简洁实用。这种方法把定性方法与定量方法有机地结合起来，使复杂的系统分解，能将人们的思维过程数学化、系统化，便于人们接受，且能把多目标、多准则又难以全部量化处理的决策问题化为多层次单目标问题，通过两两比较确定同一层次元素相对上一层次元素的数量关系后，最后进行简单的数学运算。

层次分析法的缺点：①指标过多时，数据统计量大，且权重难以确定。一般情况下，决策者对层次分析法的两两比较是用 1~9 说明其相对重要性，如果有越来越多的指标，决策者对每两个指标间的重要程度的判断就可能出现困难。而且，当某一指标的下一层直属分指标超过 9 个时，其有效性降低，则判断矩阵往往难以满足一致性要求。②定量数据较少，定性成分多。层次分析法是一种带有模拟人脑决策方式的方法，因此必然带有较多的定性色彩。③它不能为决策提供新方案。层次分析法的作用是从备选方案中选择较优者，受到决策者自身能力的限制，不能替决策者分析已知所有方案里的最优者，也不能对方案提出改进意见。

5.3.2　模糊综合评价法

5.3.2.1　含义

在现实生活中，除精确现象和随机现象外，还存在第三种现象，即模糊现象。模糊现象是指有些事物的归属不明确，无法进行确切的分类。环境绩效就属于这一类模糊现象，它受很多因素影响，而且这些因素既具有模糊性，又或多或少存在着一定的相关性，因此难以用一个确定的数值评价，考虑到这些不确定的因素，很多学者将这一模糊现象采用模糊数学的方法对环境绩效进行评价。

模糊综合评价法是一种经过改进的评价方法，结合了模糊数学和层次分析法的理论基础。该方法将定性评价转化为定量评价，利用模糊数学的隶属度理论进行评价。其主要特点是通过相互比较评价因素，以最优因素为评价基准，给予其评价值为 1（或 100 分），而其他次优因素则根据相对优劣程度获得相应的评价值。模糊综合评价法在综合性、合理性和科学性等方面进行了改进，能够较好地结合定性评价和定量评价，并有效控制人为扰动因素。其目标是构建一个运算公式，将指标值和权重相结合，经过模糊综合分析得出评价值。简而言之，模糊综合评价法是一种通过改进的评价方法，将定性评价转化为定量评价，并结合模糊数学和层次分析法的理论基础。它能够综合考虑多个因素，

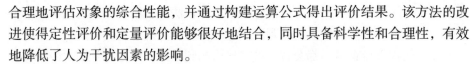

合理地评估对象的综合性能，并通过构建运算公式得出评价结果。该方法的改进使得定性评价和定量评价能够很好地结合，同时具备科学性和合理性，有效地降低了人为干扰因素的影响。

5.3.2.2 步骤

第一步：设定各级评价因素。

第二步：设定评价等级集。

第三步：设定各级评价因素的权重分配。

第四步：进行复合运算得到综合评价结果，这是模糊综合评价法的核心。

第五步：对评价结果进行归一化处理。

5.3.2.3 优缺点

模糊综合评价法的优点：它能够处理不确定性和模糊性的信息，充分考虑了多指标决策中的主观性和不确定性因素。它可以灵活地处理各个指标间的相互影响和权重关系，提供了一个相对全面和准确的评价结果。

模糊综合评价法的缺点：首先，模糊综合评价法在模糊推理和计算过程中需要依赖专家经验和知识，对数据和信息的质量要求较高。其次，模糊综合评价方法可能存在结果的主观性和不确定性，不同的权重和模糊集合划分可能导致不同的评价结果。

5.3.3　数据包络分析法

5.3.3.1 含义

数据包络分析（Data Envelopment Analysis，DEA）融合了运筹学与数理经济学，它是根据多项投入指标和多项产出指标，利用线性规划方法，对具有可比性的同类型决策单元进行相对有效性评价的一种非参数分析方法。与参数方法相比，非参数方法的主要优点是不需要设定具体的函数形式，从而避免因错误的生产函数而带来的相关问题，且能够对不同量纲的指标进行评价。

目前国内对 DEA 方法在效率与效益方面的应用研究比较多。但是，国内利用数据包络分析法对微观经济体的研究，在经营效率和效益的分析方面仅仅考虑到了微观经济体的内部指标，没有顾及到宏观经济环境对经营个体的影响，在一定程度上会影响 DEA 分析结果的准确性。一个微观经济体的生产和发展除了受到内部的经营管理水平和投入要素规模的影响外，还会受到外部经济环境的影响。外部环境变量是决策单元无法控制的，但却又影响决策单元效率。所以，适当地引入宏观经济指标会提升 DEA 分析结果的准确性和合理性。

5.3.3.2 步骤

下面以对火力发电行业进行环境绩效评价的实证研究为例，将数据包络分析法运用过程中一般所要涉及的步骤做举例说明。

第一步：了解具体问题，明确评价目的。

第二步：选择决策单元。决策单元是能将一定的输入转化为相应的产出的运营主体。如果对火力发电行业进行环境绩效研究，那么该行业中彼此独立的火力发电厂可以被选择作为我们研究过程中的决策单元。

第三步：建立评价体系，明确输入指标与输出指标。在如何选择输入指标和输出指标上，可以参考世界可持续发展委员会（World Business Council for Sustainable Development，WBCSD）对环境绩效的内涵进行了详细界定后所提出的环境绩效评价七大原则——产品与劳务消耗原材料密度最小化、产品与劳务消耗能源密度最小化、有毒物质排放最小化、废物回收与利用最大化、可再生资源的使用最大化、扩大产品的耐用性、提高产品与劳务的服务密集度，从而辅助筛选合适的变量指标。比如，在对火力发电行业进行环境绩效评价研究时，具体可以考虑将单位电量排污费额、单位电量煤耗量、单位电量水耗量作为研究的输入变量；将固体废弃物利用率、二氧化硫节约排放率作为研究的输出变量。

第四步：收集与整理数据。根据所选择的变量指标通过查询专门的数据网站或是对目标企业进行调研获取所需数据。

第五步：DEA 模型的选择。作为一种计算相对效率的有效工具，自 Charnes 等（1978）首先提出后，得到了众多学者的广泛关注，并不断得到扩展。经典 DEA 模型有 CCR 模型和 BCC 模型，前者假设规模收益不变，后者假设规模收益可变。

CCR 模型是最早也是最经典的 DEA 模型。假设有 n 个被评估的决策单元，每个 DMU 使用同种类型的投入，产生同种类型的产出。$X_j = (x_{1j}, \cdots, x_{mj})^T$ 和 $Y_j = (y_{1j}, \cdots, y_{sj})^T$ 分别为 DMU_j 的投入向量和产出向量；w_j 表示第 i 种投入的权值，u_r 表示第 r 种产出的权值。每个决策单元的绩效（效率）为加权产出值与加权投入值的比值，被评估决策单元记为 DMU_0，其 CCR 模型表示如下：

$$\max \frac{\sum\limits_{r=1}^{s} u_r y_{r0}}{\sum\limits_{i=1}^{m} w_i x_{i0}}$$

$$\text{s. t.} \frac{\sum\limits_{r=1}^{s} u_r y_{rj}}{\sum\limits_{i=1}^{m} w_i x_{ij}} \leqslant 1$$

$$u_r \geqslant 0, \ r=1, \ \cdots, \ s$$

$$w_r \geqslant 0, \ r=1, \ \cdots, \ m$$

通过 Charnes-Cooper 变换，令 $t = \dfrac{\sum\limits_{r=1}^{s} u_r y_{r0}}{\sum\limits_{i=1}^{m} w_i x_{i0}}$，$\mu = tu$，$\omega = tw$，模型可以转换

为如下线性规划：

$$\max \sum_{r=1}^{s} \mu_r y_{r0}$$

$$\text{s.t.} \sum_{r=1}^{s} \mu_r y_{rj} - \sum_{i=1}^{m} \omega_i x_{ij} \leqslant 0$$

$$\sum_{i=1}^{m} \omega_i x_{i0} = 1$$

$$u_r \geqslant 0, \ r=1, \ \cdots, \ s$$

$$\omega_i \geqslant 0, \ i=1, \ \cdots, \ m$$

CCR 是一种很朴素的线性规划模型，目标函数是产出乘以权重比上投入乘以权重。效率评价指数越大，说明投入产出的效率越高。约束条件是将投入约定为 1，效率评价指数小于 1，权重大于 0。

BBC 模型是很经典的 DEA 模型，它考虑到可变规模收益情况，与 CCR 模型的区别就是增加了等式约束 $\sum\limits_{j=1}^{n} = 1$。其数学模型如下，式中，$\theta$ 代表决策单元的效率值，λ_j 代表权重：

$$\min \theta$$

$$\text{s.t.} \sum_{j=1}^{n} x_{ij} \leqslant \theta x_{i0}, \ i=1, \ \cdots, \ m$$

$$\sum_{j=1}^{n} y_{rj} \geqslant y_{r0}, \ r=1, \ \cdots, \ s$$

$$\sum_{j=1}^{n} = 1$$

$$\lambda_j \geqslant 0, \ j=1, \ \cdots, \ n$$

第六步：模型求解。首先，通过效率值分析得出决策单元环境绩效总体水平以及个体之间的差异状况，提供部门间的环境业绩横向比较的信息。其次，通过投影值分析找出环境绩效不佳决策单元的薄弱环节，揭示其环境风险节点，对企业今后环境绩效改进工作提供导向性决策依据。最后，通过敏感度分析挖掘各种输入、输出变量因素对于企业环境绩效值的具体影响力强弱状况，为不同企业的环境绩效管理找到工作重点。

第七步：分析评价结果。

5.3.3.3 优缺点

数据包络分析法的优点：第一，它可以处理复杂的多投入产出系统，可以分析权重无法确定的指标；第二，它不需要对生产函数的关系表达式进行预先假设，从而避免了参数估计问题；第三，它可以处理具有非期望输出的模型，如有些产出变量可能存在上限，超过上限会导致效率评分下降，而数据包络分析法可以很好地处理这类问题；第四，它能够揭示其他方法中隐藏和忽略的关系；第五，它定量分析了部分决策单元效率低下的根本原因。

数据包络分析法的缺点：第一，数据包络分析法对于样本的数量和样本质量的要求较高，如果样本数量过少或者样本质量不高，将会影响其效率评估的准确性和稳定性。第二，数据包络分析法只能评估静态效率，无法评估动态效率，即无法考虑决策单元的动态演化和技术创新等因素的影响。第三，它只能评估相对效率，即与其他组织或个体相比的效率，无法评估绝对效率。

5.3.4 平衡计分卡法

5.3.4.1 含义

平衡计分卡（Balanced Score Card，BSC）是由卡普兰（Robert S. Kaplan）和诺顿（David P. Norton）于 1992 年提出的一种综合绩效评价方法，是从财务、客户、内部流程、学习与成长四个角度，将组织的战略落实为可操作的衡量指标和目标值的一种新型绩效管理体系。平衡计分卡要求财务指标和非财务指标的平衡、企业的长期目标和短期目标的平衡、结果性指标与动因性指标间的平衡、企业组织内部群体与外部群体的平衡、领先指标与滞后指标间的平衡。虽然环境绩效评价只是对企业环境方面的绩效做出评价，但离不开财务绩效指标和社会绩效指标的支持。同样，环境绩效指标要同时采用财务和非财务指标、外部和内部指标，兼顾长短期目标的平衡。将平衡计分卡引入环境绩效评价，将环境绩效评价提到战略的高度，可以更好地管理企业的环境行为，实现可持续发展。企业可以根据自身的环境愿景，制定环境目标，选择关键成功因素，确定环境成功因素的衡量指标，并将其纳入平衡计分卡工具中，这既是对传统企业绩效评价的改进，也是对平衡计分卡理论的完善。

5.3.4.2 步骤

基于平衡计分卡的环境绩效评价方法主要通过两种形式来实施。其一，将环境指标纳入平衡计分卡的各个维度，也称嵌入式 BSC，即在不改变平衡计分卡现有四个维度的情况下，将环境指标整合到各个视角中，具有深度整合、战略驱动、实时数据和持续改进等特点，能够与企业的战略、目标和日常运营流程紧密结合，使嵌入式平衡计分卡成为企业文化和管理体系的一部分。通过嵌入式的方法，确保企业战略在各个层级得到有效传达和执行。此外，嵌入式平衡计分卡通常依赖于实时数据收集和分析系统，这种对实时数据需求的特点，可帮助管理层及时了解企业绩效和进展情况。

其二，增加新维度，也称添加式 BSC，即在平衡计分卡的四个维度基础上添加一个新维度——环境维度。与嵌入式的方法相比，添加式 BSC 对企业文化和管理体系的整合程度较低，这是因为添加式 BSC 的运用通常是在已有的管理体系上添加 BSC，用于战略评估和绩效衡量，这样做的后果是其不一定影响企业日常的管理流程。此外，在添加式的 BSC 中数据收集和分析可能是定期进行（例如，每季度或每年），而不是实时的，因为这种方法更多是被用于战略评估和回顾。

两种模式的评价方法具有不同的实施步骤：

（1）嵌入式 BSC 的实施步骤。

第一步：目标制定。根据企业战略，在财务、客户、内部流程、学习与成长四个维度分别确定具体战略目标，并通过对目标的层层细分，使小目标变成具体可以操作的核心事项，并通过核心事项的运作，最终实现公司策略性目标和经营目标。

第二步：从财务维度嵌入环境指标。财务维度的环境指标主要指企业进行环境行为对企业经营成果的影响。因此，需要将环境收益、环境成本纳入财务考核对象。常用的考核指标包括环保设备投资额、环境费用、环保技术研发支出、绿色经济增加值等。

第三步：从客户维度嵌入环境指标。这一维度主要关注顾客对企业清洁生产等环境行为的满意度。因此，企业需要重点聚焦产品设计、清洁生产等考评体系，以拓宽产品市场，争取潜在顾客。常用的考核指标包括环保产品销售量、环保产品满意度、因环境问题引起的客户投诉次数等。

第四步：从内部流程维度嵌入环境指标。这一维度主要关注企业在整个生产过程中对环境保护做出的努力，从采购到生产、销售全环节。采购方面注重与绿色供应商的合作；生产方面注重对能源的利用率、环保技术创新、对污染物的控制等；销售方面注重绿色物流。

第五步：从学习和成长维度嵌入环境指标。这一维度主要指企业为环保行为进行的培训和学习，提高员工的环保责任意识。常用的考核指标包括环保相关培训比率、管理层对环保的重视程度、环境认证比率等。

（2）添加式 BSC 的实施步骤。

第一步：目标制定。根据企业战略，在财务、客户、内部流程、学习与成长以及环境和社会五个维度分别确定具体战略目标，并通过对目标的层层细分，使小目标变成具体可以操作的核心事项，并通过核心事项的运作，最终实现公司策略性目标和经营目标。

第二步：确定环境绩效评价指标。前四个维度按照传统方法选择指标，第五个维度以可持续发展战略确定的具体目标为基础，选择和设计相关指标。环境维度指标的选择范围可以参考国内外各类环境绩效评价标准。

第三步：构建绩效评价指标体系。综合财务、客户、内部流程、学习与成长、环境和社会五个维度的指标，形成完整的企业绩效评价体系。

5.3.4.3　优缺点

平衡计分卡法的优点：首先，将环境因素引入平衡计分卡，可以让环境因素从上到下贯彻到不同决策中，扩大了利益相关者的范围，更有利于企业的可持续发展。其次，平衡计分卡从战略角度看待问题，所构建的指标更全面、更系统。最后，它能在财务指标与非财务指标有机结合的基础上，更加有效地实现企业内外部之间、财务结果及其执行动因之间的平衡。

平衡计分卡法的缺点：首先，它的工作量极大，既要对环境战略有深刻的理解，又需要消耗大量精力把战略目标分解到各部门，找出恰当的环境绩效指标，并对指标进行量化。其次，对于考核指标的选择具有较强的主观性。同时，平衡计分卡几个维度的指标涉及权重分配问题，权重不同可能导致结果不同。

而分别比较嵌入式 BSC 和添加式 BSC 的特点可以看出，两种办法各有千秋。在考虑选择是使用嵌入式还是添加式 BSC 方法时，应考虑企业的具体需求、现有管理体系、资源和实施 BSC 的目标，如果企业希望将 BSC 作为其战略管理的核心工具，并愿意进行相应的系统和文化整合，嵌入式方法可能更为合适；如果企业更倾向于将 BSC 作为一个附加的绩效评估工具，且不打算进行大规模的系统整合，添加式方法可能更为实际。

5.3.5　生命周期评估法

5.3.5.1　含义

生命周期是指某一产品（或服务）从取得原材料，经生产、使用直至废弃的整个过程。国际标准化组织（ISO14040）将生命周期评估法（Life Cycle Assessment，LCA）定义为：描述和量化与任何服务或产品的整个生命周期有关的对环境和人类健康的影响以及资源损耗，即用以评价整个产品生命周期内，其产品对环境所产生的影响的系统工具。生命周期评价是一种结构化和标准化的方法，它将所有"投入"分别量化为消耗的资源，将所有"产出"分别量化为排放物和废物。

【GB/T 24040—2008 环境管理生命周期评价原则与框架】

5.3.5.2 步骤

第一步：目标与范围界定。首先确定 LCA 的评价目标，其次根据评价目标界定研究对象的功能、功能单位、系统边界、环境影响类型等。LCA 研究是一个反复的过程，根据收集到的数据和信息，可能修正最初设定的范围以满足研究的目标。在某些情况下，由于某种没有预见到的限制条件、障碍或其他信息，研究目标本身也可能需要修正。

第二步：生命周期清单分析。编制一份与研究的产品系统相关的投入产出清单，该步骤包括资料收集及利用专业工具计算，从而量化其相关投入与产出，这些投入与产出包括资源的使用及对空气、水体及土地的污染排放等。

第三步：生命周期影响评估。这是对清单分析中所辨识出来的环境负荷的影响作定量或定性的描述和评价，一般通过影响分类、特征化和量化评价进行。

第四步：结果说明。根据一定的评价标准，对影响评价结果做出分析解释，识别出产品的薄弱环节和潜在改善机会，为达到产品的生态最优化目的提出改进建议。

5.3.5.3 优缺点

生命周期评估法的优点：首先，它是一种全过程评价方法，与整个产品系统原材料的采集、加工、生产、运输、消费和回收以及最终生命周期有关的环境负荷的分析过程。其次，它以系统性的思维方式研究产品或行为在整个生命周期中每一个环节对环境的影响，并定量评价这些能量和物质的使用与排放对环境的影响。最后，它适用于对所有产品和服务的环境评价，为各种技术性、管理性或政策性的决策提供环境数据支持。

生命周期评估法的缺点：首先，它是一个非常复杂的过程，很难确定系统边界和建立数据清单，所以需要大量的时间、专业知识及其详细的数据输入。其次，由于市场变化，对市场的动态跟踪性较差，因而导致其最终结果难以被解释。最后，生命周期评估无法确定产品是否"可持续"，它通常不能用来识别与消费主义相关的社会问题或社会影响。

5.4　环境绩效评价案例

5.4.1　层次分析法的案例应用

华润电力成立于 2001 年 8 月，隶属华润集团，2003 年 11 月在香港上市，旗下全资子公司 3 家，控股公司 1 家，参股公司 3 家，被称为电力行业四小豪门之一，是中国效率最高、效益最好的综合能源公司之一。华润电力也致力于成为全球领先的综合能源服务商，努力为客户提供可靠、安全、清洁的能源。华润电力一直坚持以"创新科技"为驱动力，不断推动智能、低碳、高效和谐的可持续发展，积极布局从火力发电到风力、水力、光伏发电"四位一体"发展模式，并已构建起煤电联营、热电联产的经营格局。在国内，华润电力拥有 14 个火电机组和 4 个水电机组，在海外拥有 4 个火电机组和 2 个水电机组。截至 2021 年底，华润电力总资产 4 828.69 亿港元，2021 年实现营业收入 2 366 亿元，同比增长 28.8% 资产规模、运营装机规模、盈利水平、资产质量在香港上市企业中名列前茅。

在助推双碳目标的道路上，电力行业肩负重大使命，企业如何确定低碳发展重点方向、评判低碳目标的落实情况是重要环节。为了综合评价华润电力的低碳行为，本书从低碳环境（E）—低碳社会（S）—低碳治理（G）三个维度选取三级指标，构建华润电力的低碳绩效评价指标体系，并通过华润电力年报、社会责任报告、巨潮资讯网、碳交易网、中国电力统计年鉴、CEADs 中国碳核算数据库等途径获取相关数据。

根据碳交易相关政策指引和不同学者的碳绩效评价体系，通过查阅文献借鉴相关学者的观点，收集整合电力企业的相关资料和信息，确定最终低碳绩效评价体系，共分为三个层次。第一层为目标层，即电力企业低碳绩效评价。第二层为准则层，分为三个维度，分别是低碳环境绩效、低碳社会绩效和低碳治理绩效维度。第三层为指标层，主要是能够反映准则层不同维度低碳绩效的具体指标。指标层指标的选取涵盖低碳制度、低碳技术、能源结构、社会福利、信息披露等考虑因素，归类为六大议题。电力企业低碳绩效评价体系如表 5–11 所示。

表 5-11　电力企业低碳绩效评价体系

目标层	准则层		指标层	单位	性质
电力企业低碳绩效评价	E 低碳环境绩效	环保投入议题	e_1 环保总投入	亿元	定量 +
			e_2 节能减排技术改造投入	亿元	定量 +
			e_3 环保培训投入	亿元	定量 +
			e_4 碳交易市场盈余	万元	定量 +
		环保产出议题	e_5 单位供电量碳排放强度	万吨/千瓦时	定量 −
			e_6 供电标准煤耗	克/千瓦时	定量 −
			e_7 万元增加值能耗	吨标准煤	定量 −
			e_8 清洁能源装机占比	%	定量 +
			e_9 绿电交易占比	%	定量 +
			e_{10} 节约碳配额	万吨	定量 +
	S 低碳社会绩效	员工议题	s_1 安全管理人员持证人数	人	定量 +
			s_2 人均 EHS 培训时长	小时	定量 +
			s_3 人员伤亡事故	次/年	定量 −
		公共议题	s_4 供应商 ISO14001 认证要求	%	定性 +
			s_5 环保专利授权数	个	定量 +
			s_6 温室气体减排率	%	定量 +
			s_7 碳交易活跃度	%	定量 +
			s_8 环境或安全事故数	次/年	定量 −
	G 低碳治理绩效	管治议题	g_1 战略及风险管理委员会规模	%	定量 +
			g_2 可持续发展委员会会议召开次数	次/年	定量 +
			g_3 入选不同 ESG 评级榜单次数	次/年	定量 +
		透明度议题	g_4 低碳战略计划	有/无	定性 +
			g_5 可持续发展报告详尽程度	%	定量 +
			g_6 碳交易项目单独备案	是/否	定性 +

资料来源：摘自《ESG 理念下电力企业低碳绩效评价研究——以华润电力为例》(肖天文，2023)。

华润电力低碳绩效评价指标的原始数据如表 5-12 所示。

表 5-12　华润电力低碳绩效评价指标的原始数据

指标	2021 年		2020 年		2019 年	
	原始	标准化	原始	标准化	原始	标准化
e_1 环保总投入	10.96	0.100 0	14.99	0.650 5	18.28	1.100 0
e_2 节能减排技术改造投入	10.8	0.100 0	12.7	0.540 8	15.11	1.100 0
e_3 环保培训投入	0.1	0.645 5	0.04	0.100 0	0.15	1.100 0
e_4 碳交易市场盈余	2200	1.100 0	—	0.100 0	60	0.127 3
e_5 单位供电量碳排放强度	692	1.100 0	726	0.155 6	728	0.100 0
e_6 供电标准煤耗	296.8	0.100 0	296	1.100 0	296.64	0.300 0
e_7 万元增加值能耗	13.13	0.100 0	8.57	1.100 0	8.9	1.027 6
e_8 清洁能源装机占比	32.2	1.100 0	25.9	0.392 1	23.3	0.100 0
e_9 绿电交易占比	19.66	1.100 0	13.17	0.402 9	10.35	0.100 0
e_{10} 节约碳配额	700	1.100 0	—	0.100 0	0.72	0.101 0
s_1 安全管理人员持证人数	403	1.100 0	366	0.781 0	287	0.100 0
s_2 人均 EHS 培训时长	65.3	1.100 0	49.5	0.499 2	39	0.100 0
s_3 人员伤亡事故	0	0.100 0	1	0.600 0	2	1.100 0
s_4 供应商 ISO14001 认证要求	100	0.101 0	100	0.101 0	100	0.103 0
s_5 环保专利授权数	243	1.100 0	132	0.100 0	225	0.937 8
s_6 温室气体减排率	−8.79	1.100 0	−4.99	0.639 4	−0.54	0.100 0
s_7 碳交易活跃度	12.44	1.155 5	0	0.788 9	0.01	0.815 4
s_8 环境或安全事故数	0	0.100 0	1	0.600 0	2	1.100 0
g_1 战略及风险管理委员会规模	0.57	1.100 0	0.56	1.028 6	0.43	0.100 0
g_2 可持续发展委员会会议召开次数	1	0.100 0	2	1.100 0	1	0.100 0
g_3 入选不同 ESG 评级榜单次数	2	0.103 0	1	0.101 0	1	0.101 0
g_4 低碳战略计划	1	0.101 0	1	0.102 0	1	0.101 0
g_5 可持续发展报告详尽程度	0.98	1.100 0	0.85	0.100 0	0.97	1.023 1
g_6 碳交易项目单独备案	1	1.100 0	0	0.100 0	0	0.100 0

资料来源：巨潮资讯网、碳交易网、《中国电力统计年鉴》等。

　　然后，邀请专家对各维度指标的重要性进行两两比较，根据 1~9 级标度法的标准给出比较分数。参与打分的专家分为三组：高校组（高校师生）、电力组（电力行业人员）、环保组（环保行业人员）。由于准则层只涉及低碳环境、低碳社会、低碳治理三个维度，各专家评定意见差距不大，故准则层权重计算取所有样本平均值，结果如表 5-13 所示。

表 5-13　准则层矩阵权重

	E	S	G	权重 W'
E	1	1.777 8	4.972 5	0.560 3
S	0.562 5	1	3.172 1	0.328 9
G	0.205 6	0.332 3	1	0.110 8

　　以低碳环境维度为例，首先对高校组专家的打分结果取平均值构造判断矩阵，利用前文阐述的数学原理，借助 MATLAB 软件计算出指标 e_1~e_{10} 的权重，结果如表 5-14 所示。其中，最大特征值 λ=10.651，CR=0.048 5<0.1，通过一致性检验。

表 5-14　低碳环境维度下高校组专家 AHP 指标权重

指标	e_1	e_2	e_3	e_4	e_5	e_6	e_7	e_8	e_9	e_{10}	权重 E1
e_1	1.00	0.89	7.13	2.71	2.82	4.28	3.75	4.00	6.50	5.25	0.25
e_2	1.13	1.00	1.69	0.82	0.94	3.43	3.30	3.63	5.25	4.13	0.16
e_3	0.14	0.59	1.00	0.22	0.20	0.32	0.24	1.44	1.29	2.78	0.04
e_4	0.37	1.22	4.50	1.00	0.62	2.35	1.71	2.62	4.56	3.79	0.13
e_5	0.35	1.06	5.00	1.63	1.00	3.20	2.21	3.10	4.83	4.05	0.16
e_6	0.23	0.29	3.08	0.43	0.31	1.00	1.10	2.07	3.05	2.29	0.07
e_7	0.27	0.30	4.21	0.59	0.45	0.91	1.00	1.68	3.88	3.06	0.08
e_8	0.25	0.28	0.69	0.38	0.32	0.48	0.60	1.00	4.00	3.00	0.05
e_9	0.15	0.19	0.77	0.22	0.21	0.33	0.26	0.25	1.00	0.75	0.03
e_{10}	0.19	0.24	0.36	0.26	0.25	0.44	0.33	0.33	1.33	1.00	0.029

　　同理，得到电力专家组和环保专家组对于低碳环境维度的打分，得到 E2、E3 权重计算结果及平均权重汇总如表 5-15 所示。

表 5-15　低碳环境绩效维度下指标层各专家组权重及 AHP 平均权重

指标	E1	E2	E3	平均权重 W″
e_1	0.247 7	0.257 8	0.257 2	0.254 2
e_2	0.162 2	0.115 1	0.080 6	0.119 3
e_3	0.043 9	0.015 2	0.015 1	0.024 7
e_4	0.130 0	0.027 7	0.020 0	0.059 2
e_5	0.155 9	0.039 2	0.056 4	0.083 8
e_6	0.071 3	0.020 0	0.034 9	0.042 1
e_7	0.081 6	0.056 1	0.223 8	0.120 5
e_8	0.052 8	0.224 2	0.115 2	0.130 7
e_9	0.025 2	0.080 4	0.032 7	0.046 1
e_{10}	0.029 44	0.164 2	0.164 1	0.119 3

重复上面步骤，计算社会维度、治理维度下的权重，最后结果如表 5-16 所示。

表 5-16　环境、社会、治理维度的 AHP 平均权重

环境维度	平均权重 W″	社会维度	平均权重 W″	治理维度	平均权重 W″
e_1	0.254 2	s_1	0.120 5	g_1	0.282 9
e_2	0.119 3	s_2	0.082 4	g_2	0.073 8
e_3	0.024 7	s_3	0.189 9	g_3	0.114 2
e_4	0.059 2	s_4	0.042 4	g_4	0.317 0
e_5	0.083 8	s_5	0.185 1	g_5	0.164 6
e_6	0.042 1	s_6	0.273 7	g_6	0.047 5
e_7	0.120 5	s_7	0.047 4		
e_8	0.130 7	s_8	0.058 6		
e_9	0.046 1				
e_{10}	0.119 3				

以上权重计算过程均通过一致性检验，对应相关指标列示如表 5-17 所示。

表 5-17 一致性检验结果汇总

对应权重	CI	CR	λ	检验结果
E1	0.072 3	0.048 5	10.651 0	通过
E2	0.056 1	0.037 7	10.505 1	通过
E3	0.063 0	0.042 3	10.567 4	通过
S1	0.136 6	0.096 8	8.955 9	通过
S2	0.039 5	0.028 0	8.276 7	通过
S3	0.041 2	0.029 2	8.288 3	通过
G1	0.050 6	0.040 8	6.253 1	通过
G2	0.042 7	0.034 4	6.213 3	通过
G3	0.042 7	0.034 4	6.213 3	通过

最后得到 AHP 综合权重，如表 5-18 所示。

表 5-18 AHP 综合权重

指标	W′	W″	AHP 综合权重 W
e_1		0.254 2	0.142 4
e_2		0.119 3	0.066 9
e_3		0.024 7	0.013 9
e_4		0.059 2	0.033 2
e_5		0.083 8	0.047 0
e_6	0.5603	0.042 1	0.023 6
e_7		0.120 5	0.067 5
e_8		0.130 7	0.073 2
e_9		0.046 1	0.025 9
e_{10}		0.119 3	0.066 8

续表

指标	W′	W″	AHP 综合权重 W
s_1		0.120 5	0.039 6
s_2		0.082 4	0.027 1
s_3		0.189 9	0.062 5
s_4	0.3289	0.042 4	0.013 9
s_5		0.185 1	0.060 9
s_6		0.273 7	0.090 0
s_7		0.047 4	0.015 6
s_8		0.058 6	0.019 3
g_1		0.282 9	0.031 3
g_2		0.073 8	0.008 2
g_3	0.1108	0.114 2	0.012 7
g_4		0.317 0	0.035 1
g_5		0.164 6	0.018 2
g_6		0.047 5	0.005 3

最后，综合绩效得分利用标准化数据，使用线性加权法计算得出：

$$S = \sum_{j=1}^{n} Y_j \times T_j, \ j=1, \ 2, \ \cdots, \ n$$

结果如表 5-19 所示。

表 5-19　各维度绩效得分情况

指标	2021 年	2020 年	2019 年
e_1	0.014 24	0.092 631	0.156 64
e_2	0.006 69	0.036 18	0.073 59
e_3	0.008 972	0.001 39	0.015 29
e_4	0.036 52	0.003 32	0.004 226

指标	2021 年	2020 年	2019 年
e_5	0.051 7	0.007 313	0.004 7
e_6	0.002 36	0.025 96	0.007 08
e_7	0.006 75	0.074 25	0.069 363
e_8	0.080 52	0.028 702	0.007 32
e_9	0.028 49	0.010 435	0.002 59
e_{10}	0.073 48	0.006 68	0.006 747
E 合计	**0.309 722**	**0.286 861**	**0.347 546**
s_1	0.043 56	0.030 928	0.003 96
s_2	0.029 81	0.013 528	0.002 71
s_3	0.006 25	0.037 5	0.068 75
s_4	0.001 404	0.001 404	0.001 432
s_5	0.066 99	0.006 09	0.057 112
s_6	0.099	0.057 546	0.009
s_7	0.018 026	0.012 307	0.012 72
s_8	0.001 93	0.011 58	0.021 23
S 合计	**0.266 97**	**0.170 883**	**0.176 914**
g_1	0.034 43	0.032 195	0.003 13
g_2	0.000 82	0.009 02	0.000 82
g_3	0.001 308	0.001 283	0.001 283
g_4	0.003 545	0.003 58	0.003 545
g_5	0.020 02	0.001 82	0.018 62
g_6	0.005 83	0.000 53	0.000 53
G 合计	**0.065 953**	**0.048 428**	**0.027 928**
总得分	**0.642 645**	**0.506 171**	**0.552 388**

5.4.2 模糊综合评价法的案例应用

继续以华润电力为例，在层次分析法得出指标权重的基础上，使用模糊综合评价法计算华润电力的低碳绩效得分。

第一步：确定各级评价因素。华润电力的评价因素的指标体系：第一层为目标层，即电力企业低碳绩效评价；第二层为准则层，分为三个维度，分别是低碳环境绩效（e）、低碳社会绩效（s）和低碳治理绩效维度（g）；第三层为指标层，主要是能够反映准则层不同维度低碳绩效的具体指标。因此，因素矩阵为：e={e_1，e_2，e_3，e_4，e_5，e_6，e_7，e_8，e_9，e_{10}}；s={s_1，s_2，s_3，s_4，s_5，s_6，s_7，s_8}；g={g_1，g_2，g_3，g_4，g_5，g_6}，如表 5–20 所示。

表 5–20 华润电力低碳绩效评价体系

目标层	准则层		指标层	单位	性质
电力企业低碳绩效评价	E 低碳环境绩效	环保投入议题	e_1 环保总投入	亿元	定量 +
			e_2 节能减排技术改造投入	亿元	定量 +
			e_3 环保培训投入	亿元	定量 +
			e_4 碳交易市场盈余	万元	定量 +
		环保产出议题	e_5 单位供电量碳排放强度	万吨 / 千瓦时	定量 −
			e_6 供电标准煤耗	克 / 千瓦时	定量 −
			e_7 万元增加值能耗	吨标准煤	定量 −
			e_8 清洁能源装机占比	%	定量 +
			e_9 绿电交易占比	%	定量 +
			e_{10} 节约碳配额	万吨	定量 +
	S 低碳社会绩效	员工议题	s_1 安全管理人员持证人数	人	定量 +
			s_2 人均 EHS 培训时长	小时	定量 +
			s_3 人员伤亡事故	次 / 年	定量 −
		公共议题	s_4 供应商 ISO14001 认证要求	%	定性 +
			s_5 环保专利授权数	个	定量 +
			s_6 温室气体减排率	%	定量 +
			s_7 碳交易活跃度	%	定量 +
			s_8 环境或安全事故数	次 / 年	定量 −

续表

目标层	准则层	指标层	单位	性质
电力企业低碳绩效评价	G 低碳治理绩效	g_1 战略及风险管理委员会规模	%	定量 +
		g_2 可持续发展委员会会议召开次数	次 / 年	定量 +
		g_3 入选不同 ESG 评级榜单次数	次 / 年	定量 +
		g_4 低碳战略计划	有 / 无	定性 +
		g_5 可持续发展报告详尽程度	%	定量 +
		g_6 碳交易项目单独备案	是 / 否	定性 +

第二步：设定评价等级集。本例中，我们假设各个因素的评价结构均为 4 个等级集 ={ 优秀，良好，一般，较差 }。

第三步：设定各级评价因素的权重分配。通过层次分析法，逐一计算各级指标的权重，结果如表 5-21 所示。

表 5-21　AHP 计算的最终权重

	指标	W'	W''	AHP 综合权重 W
W_e	e_1	0.560 3	0.254 2	0.142 4
	e_2		0.119 3	0.066 9
	e_3		0.024 7	0.013 9
	e_4		0.059 2	0.033 2
	e_5		0.083 8	0.047 0
	e_6		0.042 1	0.023 6
	e_7		0.120 5	0.067 5
	e_8		0.130 7	0.073 2
	e_9		0.046 1	0.025 9
	e_{10}		0.119 3	0.066 8
W_s	s_1	0.328 9	0.120 5	0.039 6
	s_2		0.082 4	0.027 1
	s_3		0.189 9	0.062 5
	s_4		0.042 4	0.013 9
	s_5		0.185 1	0.060 9

续表

指标		W′	W″	AHP 综合权重 W
W_s	s_6	0.328 9	0.273 7	0.090 0
	s_7		0.047 4	0.015 6
	s_8		0.058 6	0.019 3
W_g	g_1	0.110 8	0.282 9	0.031 3
	g_2		0.073 8	0.008 2
	g_3		0.114 2	0.012 7
	g_4		0.317 0	0.035 1
	g_5		0.164 6	0.018 2
	g_6		0.047 5	0.005 3

第四步：专家评判。根据单因素评判，采用德尔菲法邀请 10 位有经验的专家，建立评判模糊矩阵 R，即对应有 3 个评价矩阵：低碳环境绩效评价矩阵（R_e）、低碳社会绩效评价矩阵（R_s）和低碳治理绩效评价矩阵（R_g）。其专家评价矩阵结果如表 5-22 所示。

表 5-22 专家评价矩阵

评价矩阵	指标	专家数			
		优秀	良好	一般	较差
R_e	e_1	0	3	6	1
	e_2	1	4	5	0
	e_3	2	3	4	1
	e_4	1	4	5	0
	e_5	3	4	3	0
	e_6	3	4	3	0
	e_7	1	5	3	1
	e_8	3	4	2	1
	e_9	5	3	2	0
	e_{10}	3	3	4	0
R_s	s_1	2	6	2	0
	s_2	1	7	1	1
	s_3	0	2	7	1
	s_4	0	1	8	1

评价矩阵	指标	专家数			
		优秀	良好	一般	较差
R_s	s_5	5	4	1	0
	s_6	5	4	1	0
	s_7	6	4	0	0
	s_8	5	4	1	0
R_g	g_1	2	3	5	0
	g_2	3	2	5	0
	g_3	4	3	2	1
	g_4	4	3	2	1
	g_5	3	5	2	0
	g_6	3	4	3	0

第五步：模糊变换。

首先，将评价矩阵进行归一化处理，再将权重矩阵与评价矩阵相乘，计算出各维度的模糊评价得分，即：

（1）低碳环境绩效维度

$e = W_e \times R_e$

$= (0.142\,4,\ 0.066\,9,\ 0.013\,9,\ 0.033\,2,\ 0.047\,0,\ 0.023\,6,\ 0.067\,5,\ 0.073\,2,$
$0.025\,9)$

$$\times \begin{pmatrix} 0 & 0.3 & 0.6 & 0.1 \\ 0.1 & 0.4 & 0.5 & 0 \\ 0.2 & 0.3 & 0.4 & 0.1 \\ 0.1 & 0.4 & 0.5 & 0 \\ 0.3 & 0.4 & 0.3 & 0 \\ 0.3 & 0.4 & 0.3 & 0 \\ 0.1 & 0.5 & 0.3 & 0.1 \\ 0.3 & 0.4 & 0.2 & 0.1 \\ 0.5 & 0.3 & 0.2 & 0 \\ 0.3 & 0.3 & 0.4 & 0 \end{pmatrix}$$

$= (0.095\,7,\ 0.206\,0,\ 0.229\,0,\ 0.029\,7)$

220

（2）低碳社会绩效维度

$s=W_s \times R_s$

$= (0.039\ 6,\ 0.027\ 1,\ 0.062\ 5,\ 0.013\ 9,\ 0.060\ 9,\ 0.090\ 0,\ 0.015\ 6,\ 0.019\ 3)$

$$\times \begin{pmatrix} 0.2 & 0.6 & 0.2 & 0 \\ 0.1 & 0.7 & 0.1 & 0.1 \\ 0 & 0.2 & 0.7 & 0.1 \\ 0 & 0.1 & 0.8 & 0.1 \\ 0.5 & 0.4 & 0.1 & 0 \\ 0.5 & 0.4 & 0.1 & 0 \\ 0.6 & 0.4 & 0 & 0 \\ 0.5 & 0.4 & 0.1 & 0 \end{pmatrix}$$

$= (0.105\ 1,\ 0.130\ 9,\ 0.082\ 5,\ 0.010\ 4)$

（3）低碳治理绩效维度

$g=W_g \times R_g = (0.031\ 3,\ 0.008\ 2,\ 0.012\ 7,\ 0.035\ 1,\ 0.018\ 2,\ 0.005\ 3)$

$$\times \begin{pmatrix} 0.2 & 0.3 & 0.5 & 0 \\ 0.3 & 0.2 & 0.5 & 0 \\ 0.4 & 0.3 & 02 & 0.1 \\ 0.4 & 0.3 & 0.2 & 0.1 \\ 0.3 & 0.5 & 0.2 & 0 \\ 0.3 & 0.4 & 0.3 & 0 \end{pmatrix}$$

$= (0.034\ 9,\ 0.036\ 6,\ 0.034\ 5,\ 0.004\ 8)$

因此，华润电力的模糊综合评价结果 $=W \times R$

$$= (0.560\ 3,\ 0.328\ 9,\ 0.110\ 8) \times \begin{pmatrix} 0.095\ 7 & 0.206\ 0 & 0.229\ 0 & 0.029\ 7 \\ 0.105\ 1 & 0.130\ 9 & 0.082\ 5 & 0.010\ 4 \\ 0.034\ 9 & 0.036\ 6 & 0.034\ 5 & 0.004\ 8 \end{pmatrix}$$

$= (0.092\ 1,\ 0.162\ 5,\ 0.159\ 3,\ 0.020\ 6)$

第六步：对评价结果进行归一化处理。

综合得分 $= (0.212\ 0,\ 0.374\ 0,\ 0.366\ 6,\ 0.047\ 4)$

第七步：得出模糊综合评价结果。

从结果可以看出，21.20% 的专家认为华润电力的低碳绩效优秀，37.40% 的专家认为华润电力的低碳绩效良好，36.66% 的专家认为华润电力的低碳绩效一般，4.74% 的专家认为华润电力的低碳绩效较差。

5.4.3 生命周期评估法的案例应用

砚湖制药有限公司是一家大型现代化制药企业，自成立以来，公司不断为提高和改善人民的医疗保健水平而引进、生产和推广创新新药品，同时积极实践公司的核心价值观念，为社会发展和社区服务做出自己的贡献。砚湖公司拥有两个生产车间，即合成车间与制剂车间。合成车间是通过一系列氧化还原、精馏等化学反应过程和过滤、萃取等物理过程，经过非无菌、无菌生产工艺，将化工原料合成原料药的过程。制剂车间是将原料药、辅料进行配料、混合、分装或打片、包装或无菌分装等物理过程。砚湖公司目前主要生产 A 药品，其生产工艺流程如图 5-1 所示。

过程一：

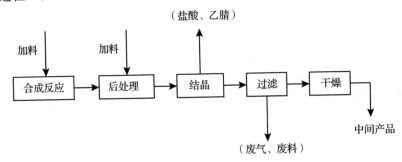

过程二：

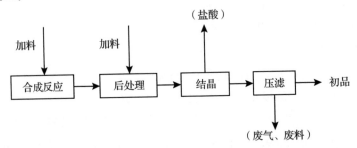

过程三：

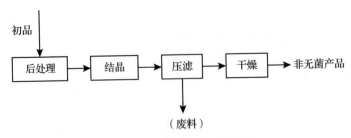

图 5-1 A 药品生产工艺流程

过程四：

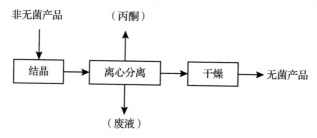

图 5-1 A 药品生产工艺流程（续）

第一步：目标与范围界定。

目标界定：考察 A 药物生产的环境负荷、经济效益及工作场所安全健康，确定主要影响因子，从而为公司产品的设计、生产及环境管理提供数据基础。

范围界定：A 产品生产周期包括从最初原材料的获取、产品原料的收集、产品加工、废物产生、副产品的产生、处理、处置以及产品最终废弃物的处置整个过程。

第二步：生命周期清单分析。

（1）原材料采购阶段的清单表。原材料储备阶段的清单数据，按照经济影响、环境影响和安全健康三个考核指标来进行划分。

1）原材料的消耗量及价值；

2）各种原材料在工厂的储备情况，如表 5-23~ 表 5-26 所示。

表 5-23 原材料消耗量及价值

原材料	年用量（千克）	价值（万元）
A1	2 280	2 717
A2	1 710	248
A3	970.7	408
A4	3 224.8	3 340
A5	5 382	55
A6	26 225	20
A7	3 040	4
A8	409.5	21
A9	1 236.3	80
A10	42 650	547
A11	9 120	40

续表

原材料	年用量（千克）	价值（万元）
A12	1 486.7	13
A13	704	79
A14	4 494	7
A15	32 400	474
A16	201 440	1 704
A17	799.9	37
合计（产量4 000千克）	9757	
单位产品原材料价值（元/千克）	24392	

表5-24　高危害性物质清单

原材料	年用量（千克）	最高储存量（千克）
三氯氧磷	1 486.7	703.5
三氟化硼	1 710	910
合计	3 196.7	1 613.5
单位产品高危害性物质	0.80	0.40

表5-25　挥发性有机物清单

原材料	年用量（千克）	最高储存量（千克）
乙腈	42 650	22 500
丙酮	201 440	44 780
合计	244 090	67 280
单位产品挥发性有机物	61.02	16.82

表5-26　地下水危害物质清单

原材料	年用量（千克）	最高储存量（千克）
乙腈	42 650	22 500
丙酮	201 440	44 780
盐酸	5 382	4 037

续表

原材料	年用量（千克）	最高储存量（千克）
三氯氧磷	1 710	910
合计	251 182	72 227
单位产品地下水危害物质	62.80	18.06

综合以上各收集数据，可得原材料采购 / 储存阶段的数据清单，如表 5-27 所示。

表 5-27　原材料采购 / 储存阶段清单

项目		数值（单位产品）
原材料	总价值（元）	24 392
健康	高危害性物质（千克）	0.40
	挥发性有机物（千克）	16.82
环境	地下水危害物质（千克）	18.06

（2）产品生产阶段的清单表。产品生产阶段的数据清单，按照经济影响、环境影响和安全健康三个考核指标进行划分。

1）生产工艺。

2）工艺生产运行过程中的运行费用，如表 5-28~ 表 5-31 所示。

表 5-28　排放到大气中污染物　　　　　　单位：千克

污染物名称	排放量
乙腈	0.911
丙酮	0.042
合计	0.953

表 5-29　排放到大气中其他废气　　　　　　单位：千克

污染物名称	单位产品排放量
NO_x	0.114
CO	0.140
CO_2	0.001

表 5-30　各类环境、健康有害物质的消耗　　　　单位：千克

有害物质类别	单位产品消耗量
高危物质	0.768
挥发性有机物	58.633
高地下水危害物质	60.337

表 5-31　车间空气中污染物的浓度及标准　　　　单位：毫克/立方米

污染物名称	浓度	标准	浓度/标准
三氯氧磷	0.27	0.6	0.45
盐酸	9.66	15	0.64
乙腈	44.60	105	0.42
丙酮	11.25	400	0.03
三氟化硼	0.03	1	0.03
平均值	0.31		

汇总以上各分表，可得产品生产阶段的清单数据如表 5-32 所示。

表 5-32　产品生产阶段的清单

项目		数值
经济影响	运行费用（元）	25.70
环境影响	臭味-VOC 排放（千克）	0.953
	大气变暖	0.114
	高地下水危害物质	60.337
健康影响	高危害性物质	0.768
	挥发性有机物	58.633
	车间空气中污染物浓度/标准值	0.31

（3）污水排放与废物处理阶段的清单表。该阶段的数据清单，按照经济影响、环境影响和安全健康三个考核指标进行划分。

1）废气、废水排放口的位置、排放水域情况。

2）生产过程其他废弃物产生量。

3）固体废弃物处置量、地点及运输距离等，如表 5-33~ 表 5-35 所示。

表 5-33　废水排放污染物　　　　　　　　　　单位：毫克/升

污染物名称	浓度	标准
COD	139	500
pH	7.1	6~9
油类	0.75	30
悬浮物	11	400
N	—	25
P	0.065	1
氟化物	0.16	20

表 5-34　废物处置及处理情况

废物名称	产生量（千克）	含量（%）
乙腈	148 600	30
丙酮	268 200	90
二甲基乙酰胺	94 840	—
合计	511.640	—

表 5-35　单位产品有害废物处置及处理情况　　　　单位：千克

有害废物名称	产生量
有机溶媒	122.902

综合以上各收集数据，可得污水排放和废弃物处理阶段的数据清单如表 5-36 所示。

表 5-36　污水排放和废弃物处理阶段的数据清单

项目		数值
经济影响	废水、废溶媒处理费（元）	88.94
环境影响	废物产生量（千克）	122.902

第三步：生命周期影响评估。利用清单分析所获得的数据，可以进一步对 A 药品的生产进行影响评价。首先对系统的输入和输出进行分类，其次根据分类结果利用污染负荷指标体系予以特征化，接下来进行量化。

（1）影响分类与指标体系。本例将 A 药品生产的影响分为环境影响、经济影响与健康影响。其中，环境影响二级指标分为全球变暖、大气酸化、水体富营养化、臭味、潜在地下水污染物和废物处置与处理；经济影响二级指标分为成本费用和运行费用；健康影响二级指标分为高危险物质、挥发性有机物、车间空气中污染物。A 药品生命周期影响评估指标体系如表 5-37 所示。

表 5-37　A 药品生命周期影响评估指标体系

		全球变暖
A 药品生命周期影响评估	环境影响	大气酸化
		水体富营养化
		臭味
		潜在地下水污染物
		废物处置与处理
	经济影响	成本费用
		运行费用
	健康影响	高危险物质
		挥发性有机物
		车间空气中污染物

（2）环境负荷数据的量化过程（特征化）。环境影响分类后，利用环境负荷指标方法将相同影响类型下的影响因子进行汇总。计算公式如下：

环境负荷 = $(W_a \times PF_a) + (W_b \times PF_b) + (W_c \times PF_c) + \cdots\cdots$

式中，a，b，c，……是排放物中的各种化学物质，W 是各种物质的重量，PF 是各种物质对环境造成的潜能因子[①]，本例采用英国工业公司研究使用的潜能因子，如表 5-38 所示。

表 5-38　各种环境影响类别的潜能因子

影响类别	影响物质	潜能因子
全球变暖	CO_2	1
	NO_x	40
	CO	3

---

① 潜能因子（PF）表示某种化学物质对某种特定环境类别造成负面影响的潜在能力。

续表

影响类别	影响物质	潜能因子
大气酸化	NO_2	0.7
	SO_2	1.0
水体富营养化	N	1
	P	0.067

环境负荷作为一个量化数值，表示一组排放物质对特定的环境类别（如气候变暖）起到某种影响作用的潜在程度。根据数据清单及不同环境影响类别的潜能因子，对主要环境影响类型进行量化处理，具体结果如表 5-39 所示。

表 5-39　A 药品环境影响负荷统计

项目		重量	影响负荷	总影响负荷
全球变暖	NO_x	0.114	4.560	4.980
	CO	0.140	0.420	
	CO_2	0.001	0.001	
大气酸化	NO_2	0.114	0.080	0.128
	SO_2	0.048	0.048	
水体富营养化	N	—	0	0.004
	P	0.065	0.004	

综合前面各阶段（原材料采购阶段、产品生产阶段、污水排放与废物处理阶段）相关数据，可以得到 A 药品生命周期影响评估的指标数据。如表 5-40 所示。

表 5-40　A 药品生命周期影响评估的指标数据

影响分类	二级指标	相关污染物	数值
环境影响	全球变暖	NO_x、CO、CO_2	4.980
	大气酸化	NO_2、SO_2	0.128
	水体富营养化	N、P	0.004
	潜在地下水污染物	乙腈、丙酮、盐酸、三氯氧磷	60.337+18.06
	臭味	乙腈、丙酮	0.953
	废物处置与处理	乙腈、丙酮、二甲基乙酰胺	122.902

续表

影响分类	二级指标	相关污染物	数值
经济影响	成本费用	—	24 392
	运行费用	—	88.94+25.70
健康影响	高危险物质	三氯氧磷、三氟化硼	0.768+0.40
	挥发性有机物	乙腈、丙酮	58.633+16.82
	车间空气中污染物	三氯氧磷、盐酸、乙腈、丙酮、三氟化硼	0.31

（3）确定权重。此步骤可以借鉴之前的层次分析法，详细过程略。

第四步：结果说明（略）。

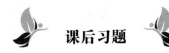

课后习题

一、思考题

（1）什么是环境绩效？如何对其进行分类？

（2）目前，国内外主要有哪些企业环境绩效评价指标体系？

（3）如何构建企业环境绩效评价指标体系？

（4）环境绩效评价技术和方法有哪些？

二、案例分析题

宝钢的环保行动

中国宝武钢铁集团有限公司（以下简称"宝钢"）是中国最具发展潜力的钢铁联合企业，公司建成投产已有30年之久，其综合竞争力被《世界钢铁业指南》评定为世界钢铁行业第3名（以下数据选取自宝钢集团2012~2014年社会责任报告中与环境绩效相关的核心数据）。

1. 企业内部环境管理政策

作为中国目前最具发展潜力的钢铁联合企业，宝钢是我国钢铁行业通过ISO14001环境管理体系认证的第一家企业，于2003年首次发布了环境报告，并于2008年开始根据《GRI指南》编制社会责任报告。近年来，公司着力打造绿色宝钢，明确制定了环境保护、节能减排的管理方针，并且在其总部和各级生产单位设立了相关的职能管理部门。

2. 企业生产过程中的环境绩效

钢铁行业的生产过程会产生相当的废水、废气和废料，如果不对它们进行合理合规处理，往往会对环境造成影响。因此，宝钢通过改良生产技术和工艺，降低物料消耗以节约全球资源等举措下，努力推动公司环境管理战略的实施。

在这个过程中，宝钢成功做到综合能耗于 2014 年下降到 706.28 千克标准煤 / 吨，其中通过降低对标准煤的消耗，对这一结果做出的贡献为：标准煤的消耗从 2012 年的 1 639 万吨下降到 2014 年的 1 520.54 万吨，降幅为 7.2%；此外，为保证推动节能过程不对正常生产生活造成影响，宝钢外购的清洁能源从 2012 年的 61.5 亿度电到 2014 年的 63.3 亿度电，增幅为 2.9%。

另外，宝钢在生产流程和生产工艺上的完善和革新，使物料消耗持续上升，而生产过程产生的废钢下降，废钢占主要物料的比例由 2012 年的 4.47% 下降为 2014 年的 3.08%，固体次生资源综合利用率也 2014 年上升到 99.15%；总耗水从 2012 年的 4.45 吨 / 吨下降到 4.04 吨 / 吨（吨钢耗新水量），并且污水排放水平也随着污水处理设施的完善下降到 2014 年的 0.66 吨 / 吨；废气的排量如二氧化硫、烟粉尘和氨氮排放总量分别下降到 0.38 千克 / 吨、0.45 千克 / 吨、30 吨。

3. 企业内部的环境保护行动

2014 年，宝钢制作了"创享未来绿色家园"的绿色制造发展规划宣传片，并通过宣传海报、专题联展、知识竞赛等方式，旨在提升宝钢员工环保意识，关注环保事业发展。此外，宝钢集中各方面的专业节能技术力量，发挥合同能源管理新机制优势，以能效电厂、高效炉窑、高效电机、余热利用、压缩空气节能、水处理优化的六个节能专项规划项目为平台，大力推进节能减排项目的实施，实现技术节能。

根据案例资料，分析以下问题：

（1）宝钢的环境管理措施体现在哪些方面？

（2）宝钢的各种措施取得了哪些绩效？

（3）如何对宝钢的环境绩效进行评价？

第6章
物质流、资源价值流、
"碳素流—价值流"会计

🎯 学习目标

（1）理解物质流成本会计、资源价值流会计、"碳素流—价值流"会计的特点、概念、产生背景和理论基础。

（2）掌握物质流成本会计、资源价值流会计、"碳素流—价值流"会计的核算原理、核算方法及核算流程。

（3）掌握物质流成本会计、资源价值流会计、"碳素流—价值流"会计的具体应用及对企业经济效益和环境效益的影响。

💬 案例引导

田边三菱制药是日本第六大制药企业，该企业专注于医疗药品与精神病药品的研发、生产与销售。作为日本物质流成本会计（以下简称 MFCA）的先行者之一，公司在多品种、小批量的药品生产线上率先实施了 MFCA 核算方法，有效弥补了传统成本核算的局限，取得了显著成效。

基于物质平衡原理（即输入等于输出），田边三菱制药将产出细分为正产品与负产品。为确保数据的精确性、完整性以及生产过程中物理与货币数据的可比性，公司的生产流程被划分为合成、精制、原药提取、称量、制剂和包装六大核心步骤。在采纳 MFCA 核算体系后，公司成功实现了对生产各阶段材料损耗的物理和货币层面的双重量化。这一举措不仅使材料损失变得清晰可见，还显著促进了相关物料损失的循环利用。通过这种核算方式，公司得以更有效地管理资源，推动了生产过程的可持续性和资源利用效率的提升。在 MFCA 物量中心分析中，公司识别出资源利用效率偏低的问题。

　　根据废品损失优先排序的原则，田边三菱制药发现，过多的材料损失导致负产品总量的增加，进一步揭示了成本控制架构的不足之处，凸显了企业材料损失问题的严重性。

　　MFCA 的实施使得负产品的隐性成本得以明晰化，并为企业建立了废弃物回收的优先排序体系，有助于公司根据自身的发展状况，对环境效益和经济效益进行权衡和优先安排。在负产品物量中心的评估过程中，公司发现合成与精制环节是材料损失的主要来源，且废弃物利用效率低下，间接反映出部分生产材料设计上的不足，导致生产过程中的材料严重浪费。

　　田边三菱制药通过深度实施 MFCA，显著降低了废弃物处理成本，有效减少了材料损失，并大幅削减了废气排放。特别是自 2000 年起，公司引入 SAP R/3（企业资源规划）系统，这一创新举措彻底解决了 MFCA 复杂计算的问题，使其在大阪工厂、小野田工厂以及吉城工厂等核心生产设施中得以全面应用。不仅如此，田边三菱制药还积极在上下游企业中纵向推广 MFCA 理念，旨在实现经济效益、环境效益和社会效益的全面提升。这一战略举措展示了公司在可持续发展方面的远见和决心。

　　基于物质流成本会计，国内外学者又衍生出资源价值流会计、"碳素流—价值流"会计等的新领域，这三类研究都是基于"投入＝产出"的质量守恒定律的核心理念，为如何有效提高"物质、资源、元素"等的使用效率、减少废弃物的排放提供了解决思路。本章分别对物质流成本会计、资源价值流会计和"碳素流—价值流"会计进行讨论。

6.1　物质流成本会计

6.1.1　物质流成本会计的概念

6.1.1.1　物质流成本会计的概念

　　物质流成本会计（Material Flow Cost Accounting，MFCA），最初由德国经营环境研究所的瓦格纳和斯乔布共同开发，作为一种环境管理会计工具崭露头角。随后，其重要性被联合国《环境管理会计业务手册》和国际会计师联合会的《环境管理会计国际指南》所认可，进而在日本、新加坡及韩国等国家和地区得到了实践。鉴于 MFCA 在企业中的广泛应用需求，德国环境与核安全部于 2003 年联合发布了《环境成本管理指南》，旨在为 MFCA 的推广和应用提供指导。

MFCA 自 20 世纪 90 年代在德国诞生以来，其作为环境成本管理的工具在环境经营决策中的作用日益凸显，受到全球会计学者的广泛关注和研究。多位学者对 MFCA 的定义进行了深入的探讨。永田胜（2011）提出，MFCA 是环境管理会计的一个分支，它将企业产出划分为"正产品"与"负产品"，旨在通过追踪物料和能源的流动过程，减少负产品成本，进而提升企业竞争力，实现环境保护和资源节约。

冯巧根（2008）指出，MFCA 通过量化物质流系统的要素，凭借其内部透明性特征，强化了物质流的经济与生态导向功能。它将最终废弃物的材料成本及相关间接费用纳入核算范围，为企业提供了全面、准确的成本信息。

王杰（2010）将 MFCA 定义为一种环境管理会计核算方法，它利用实物和货币两种计量单位来记录并追踪原材料、能源、人工费及其他间接费用的流向。基于这些数据，分析评估不必要的物质资源损失，并采取相应的改进措施，以实现经济效益与环境效益的双赢。

2011 年 9 月，国际标准化组织发布了 ISO14051《GB/T—24051—2020 环境管理物质流成本核算通用框架》，其中，MFCA 被定义为一种用物理和货币单位定量评估过程或生产线上物料转移和库存量的方法。

【GB/T 24051—2020 环境管理物质流成本核算通用框架】

关于 MFCA 的定义与内涵，国内外学者虽然切入点不同，但核心观点一致：MFCA 旨在追踪企业生产过程中的物质流转，核算废弃物的排放量和相关成本信息，为企业提供决策支持，助力企业实现资源的高效利用和环境的保护。因此，本书综合各学者观点，将 MFCA 定义为：通过追踪产品或生产线的流程，描绘原料、能源、产品和废弃物等物质流动路径，以合理评估资源利用效率、控制成本并促进环境改善为目标，旨在降低企业生产成本、减少环境污染，并作为企业生产经营管理决策的重要工具。

6.1.1.2　物质流成本会计的产生背景

20 世纪 50 年代，人类社会迈入了一个相对和平稳定的增长时期，工业化迅猛推进，世界经济蓬勃发展。然而，这种增长的背后却隐藏着深刻的挑战：资源和原料需求激增，导致人类对自然界的过度索取；同时，工业和城市生活中产生的废弃物大量排放到土壤、河流和大气中。这种单向的资源消耗和污染排放模式加剧了环境和资源的压力。

60 年代，两篇标志性论文的发表开启了物质流转分析的新篇章。1965 年，沃尔曼的《城市的新陈代谢》和 1969 年伊瑞斯的《对美国经济的材料流转分析》为后来的研究奠定了坚实基础。

60~80 年代，随着环境问题的日益严重，尤其是切尔诺贝利核电站事故，人们意识到环境问题已不再是局部问题，而是全人类共同面临的挑战。这一时期，环境保护的关注点逐渐转向如何有效控制危险有毒材料的流转。

90 年代，可持续发展的理念逐渐深入人心。人们认识到，只有将环境保护与工业发展相结合，才能实现长期的、可持续的发展。传统的环境保护成本计算已无法满足这一需求，因为它无法有效揭示生态效率的潜力。因此，需要构建一个更加科学的环境成本核算体系，这一体系必须紧密关联成本产生的实际动因。经过对企业内部流程的深入研究，发现材料和能源的流转占据了企业成本的主体部分，占比高达 56%。同时，废弃物的大量产生也是环境污染的直接原因，导致环境成本的大幅增加。因此，减少废弃物、优化材料和能源的利用，成为降低环境压力、提高经济效益的关键。

为了找到这一关键路径，人们开始探索一种以材料、能源流动为导向的环境成本核算方法——宏观的物质流量会计（Material Flow Accounting，MFA）。这一方法基于物质流管理，运用复杂的会计核算技术和分析方法，运用系统的计算机工具辅助实施。在此基础上，物质流成本会计作为一种简化和演变的成本会计方法应运而生。它专注于分析制造过程中各生产环节和成本中心的物料流动，从实物和金额两个维度评估物料在每个生产环节的利用与损失，为企业提供优化生产和降低成本的明确方向。

6.1.2　物质流成本会计的核算

6.1.2.1　物质流成本会计核算的理论基础

物质流成本会计的核算体系，本质上聚焦于企业制造过程中物质的引入、加工、耗用以及最终转化为成品的完整流转链条。在核算过程中，核心遵循的是"物质流平衡"这一原理，即企业制造产品所投入的物料与最终产出的物质在总量上应保持均衡。

物质流平衡原理的核心观点在于，人类生产活动通过向自然资源索取和废弃物排放，对自然环境产生直接影响。它基于质量守恒定律，用于衡量经济活动对自然资源的开发利用及其给环境带来的后果，真实映射出人类经济活动与自然环境间复杂的动态交互。

将物质流平衡原理应用于物质流成本会计的研究，从微观层面审视，企业从自然环境中获取必要的资源、能源，经过生产流程的加工转化，最终将产品推向消费市场，并在生产末端将废弃物归还给环境。在整个流程中，物质的输入与输出维持着严格的平衡，这正是物质流平衡原理的具体体现。

因此，当利用（MFCA）深入分析企业内部资源消耗及其对环境的潜在影响时，首要步骤是对企业的物质流转流程进行全面的剖析。特别是对于制造企业而言，其物质流转的详细流程如图 6-1 所示。

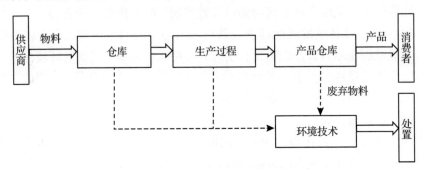

图 6-1　企业物质流转流程

从图 6-1 中我们可以发现，物料从投入阶段起步，经历多个生产环节，最终将成品交付至消费者手中。同时，这一物质流链条涵盖了不同生产阶段产生的各种材料损失，包括但不限于废弃物料、边角料、碎片、破损品及次品等，这些均属于生产过程中的非预期损耗。根据物质流平衡原理，可得到：

$$\sum 输入 = \sum 输出 = \sum 正产品 + \sum 负产品$$

$$= \sum 产品 + \sum 固废 + \sum 废气 + \sum 废水 \qquad （6-1）$$

对于企业来说，一般难以准确测量出企业对外排放的固体废物、废气与废水的数量，因此，式（6-1）可变换得到：

$$\sum 固废 + \sum 废气 + \sum 废水 = \sum 输入 - \sum 产品 \qquad （6-2）$$

在此基础上，我们能够通过计算某一会计期间期初的物质量、投入的物质以及期末的产品产出，反向推算出企业所产生的固体废弃物、废气及废水的价值量。这些被排放出的废弃物和气体等，通常将其统称为"物质资源损失"或简称为"资源损失"，即：

$$资源损失 = \sum 固废 + \sum 废气 + \sum 废水$$

$$= \sum 期初物质 + \sum 投入物质 - \sum 期末物质 \qquad （6-3）$$

依据物质流平衡原理，企业应用 MFCA 可以控制资源损失，而资源损失是进行环境成本控制的关键因素。可见，物质流平衡原理是物质流成本会计核算的理论基础。

6.1.2.2　物质流成本会计的核算原理

物质流成本会计作为管理会计的一个重要分支，将企业的运营视为一个复杂的物质流转网络。通过对这一网络中各环节的材料、能源及其他物质的流量和存量进行精细的追踪与计算，能够将各种成本要素量化，从而为企业管理层提供详尽的成本分析和控制信息，有助于决策者做出明智的战略选择。

其核心思路在于，通过协调企业的经济目标与环境目标，将资源节约和环境污染减少作为首要考量。在这一框架下，物质流成本会计致力于量化物质流转系统中的各个环节，探寻将废弃物转化为资源的新途径，并整合企业所有环保技术，以实现资源利用效率的显著提升和污染物排放的显著降低。物质流成本会计的基本核算原理如图 6-2 所示。

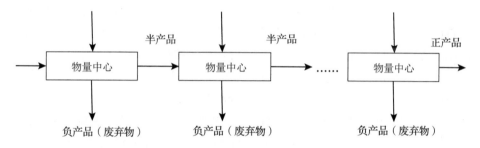

图 6-2　物质流成本会计的基本核算原理

如图 6-2 所示，物质流成本会计以企业制造过程中的材料、能源投入、耗用及其转化为基础，对资源流转的实物数量变动进行追踪，并据此进行物质全流程的物量与价值核算。该方法以企业的物质流转为核心进行成本分析，依据物质流平衡原理，将企业细分为多个物量中心。基于物质在这些中心间的流转顺序，物质流成本会计对材料、能源流实施分流计算，分别评估各物量中心输出的正产品（即合格品）与负产品（即废弃物）的数量及成本。

物质流成本会计的核算机理涉及对制造过程中各物量中心废弃物生成的监测。在每个物量中心，会计系统记录所有物料的投入与产出量，并区分出交付给下一生产环节的合格品与废弃物。在产出端，合格品被定义为"正产品"，其成本构成"正产品成本"或"资源有效利用成本"；废弃物称为"负产品"，其成本构成"负产品成本"或"资源损耗成本"。

通过这种方法，企业能够清晰了解各生产环节中废弃物与合格品的比例关系，从而识别出负产品比例过高的物量中心。进一步分析这些负产品的成本构成，企业可以追溯其产生的源头，将其作为提升生产效益的潜力挖掘重点。通过采取针对性的优化措施，企业可以提高正产品比例，实现资源的节约、成本的削减以及污染的减少，最终达到经济效益与环境效益的双重提升。

6.1.2.3　物质流成本会计的核算方法

在企业的传统成本核算中，为了确定产品的定价，生产费用往往依据"受益原则"直接归集于完工产品，却未独立核算资源损失成本，导致资源利用效率和生产成本之间的关系难以清晰呈现。此外，传统成本分配往往侧重于人工工时、机器工时等数量标准，使得企业过于关注人工成本的优化，忽视了物质消耗与废弃物成本信息的完整反映。相较之下，物质流成本会计的核算体系更为全面，它囊括了所有材料成本和间接费用，并将这些成本作为管理的核心进行精细化核算。其独特之处体现在以下几方面：

（1）确立物量中心为核算单元。物质流成本会计在物质流转的连续过程中设立物量中心，作为成本计算的基准点。物量中心代表了生产过程中的特定环节，负责量化输入输出物料的实物单位和货币价值。该方法首先通过实物量化物量中心的物质流转，进而通过货币量化其发生的所有成本。成本的归集与分配均围绕物量中心的流入与流出进行，确保成本核算的精确性和针对性。

（2）实施连贯的全流程核算。物质流成本会计的核算过程具有连贯性，每一物量中心的正产品与新投入的物质共同构成该流程的完整输入成本。这些成本将在正、负产品间按一定规则分摊，而正产品将作为下一物量中心的输入成本继续参与核算，直至最终产品的形成。这一过程确保了成本核算的连续性和完整性。

（3）全面分类核算各类成本。在物质流成本会计体系中，成本项目根据其对环境影响的差异被细分为四大类：材料成本、系统成本、能源成本和运输与废弃物处理成本。材料成本包括主要材料、副材料和辅助材料的费用；系统成本涵盖人工费、折旧费及其他相关制造费用；能源成本涉及整个生产流程中耗用的电力、燃料等；运输与废弃物处理成本专指处理废弃物所发生的费用。

（4）精细核算正产品与负产品成本。物质流成本会计从管理视角引入"正产品"与"负产品"的概念，并相应设立"正产品成本"与"负产品成本"。正产品指可直接销售或进入下一生产环节的产品或半成品，其成本包含直接材料成本、系统成本和能源成本；负产品即废弃物，其成本包括材料损失成本、运输与废弃物处理成本以及负产品分摊的系统成本和能源成本。这种精细化的成本核算方法有助于企业更准确地评估生产过程中资源利用效率和环境影响。

6.1.3　物质流成本会计应用举例

6.1.3.1　Z 纸业公司概况

Z 纸业有限公司（以下简称 Z 纸业）成立于 1988 年，主要经营项目为色卡纸、瓦楞纸、箱板纸、白板纸、牛卡纸等纸质品的生产和销售，该公司产品已经获得中国纸业博览会的认可，产品质量稳定，获得达利园、今麦郎、娃哈哈、康师傅等知名企业的青睐，产品远销北京、内蒙古、云南、广东、山东、浙江等多个地区。

6.1.3.2　Z 纸业环境成本管理现状

（1）环境成本管理现状。Z 纸业在生产经营全过程中深入实施了环境成本管理策略。在产品研发与设计阶段，该企业成功研发出多种环境友好型产品，如新型环保牛皮挂面箱纸和环保型白面卡纸，显著提升了产品的环境友好性。进入生产阶段，Z 纸业积极采用清洁生产模式，优先选择使用清洁型能源和原材料，如投资建设了沼气发电与光伏发电设施，并在生产过程中以木浆与废纸为原料，两者的使用比例达到 1∶10。同时，企业注重物料储存的密封性，有效预防了泥沙、灰尘、雨水等外界因素对物料的污染。

在废物处理方面，Z 纸业采取了综合处理措施。对于废水，企业引入了中水回用设备，实现了废水的循环利用；针对废气，企业采用了生物滴滤技术和脱硫技术，有效减少了废气排放对环境的污染；对于固体废弃物，企业实施了分类处理策略，一般废弃物如废浆、砂渣、生活垃圾等通过循环利用、出售给废品收购站、填埋或焚烧等方式得到妥善处理，危险废弃物则在专门的危废处理中心进行集中处理，确保了废物处理的安全性和合规性。

除此之外，Z 纸业还定期为员工提供环境管理培训，旨在提高员工对环境保护的重视程度和实际操作能力，从而确保环境成本管理策略在企业内部全面有效实施。

（2）环境成本核算方法存在问题。Z 纸业在环境成本核算上当前主要依赖作业成本法，该方法通过设立与生产环节相对应的作业成本库，并基于环境成本动因来计算企业的环境成本。然而，经过调研发现，Z 纸业在核算过程中并未严格遵循联合国环境会计指南中的废弃物环境成本核算规定，导致环境成本的反映既不全面也不客观，从而暴露了其环境成本核算方法的不足。

深入分析显示，尽管 Z 纸业在环境成本管理方面有所举措，但缺乏一个健全的环境成本核算体系。由于成本数据的不精确，企业环境成本管理的重心发生偏移，进而影响了管理层决策的有效性和准确性，最终导致环境成本管理经济效益的下降。

然而，在物质流成本会计的框架下，企业可以利用物量中心来精确核算物料的投入和产出数量，并有效区分下一生产工序中的废弃物与合格产品。通过对这些数据的分析，企业可以将成本合理分配至废弃物和合格产品中，进而识别出废弃物占比较大的物量中心，深入分析其成本构成，从而确定废弃物的产生源头。这种精细化管理方法有助于企业实施有效的环境成本管理策略，实现减少污染、降低成本和资源消耗的目标。

6.1.3.3 采用物质流成本会计方法核算过程

（1）设置物量中心。在Z纸业现有成本归集中心架构的基础上，我们结合其独特的生产工艺流程，对物量中心进行了更为细致的规划与布局。此布局策略的核心在于将生产过程中具有相似作业成本驱动因素或性质相近的生产环节进行系统性整合，进而形成多个独立且高效运作的物量中心。这一变革目的在于提升生产流程的连贯性与效率。具体而言，依据成本效益原则，设立了碎浆、成浆、冲浆、成纸以及包装五大物量中心，以确保成本控制与生产效率的和谐统一。

（2）收集与归集物质流成本数据。在Z纸业的生产过程中，其显著特点是物质流的高效流转，即纸浆作为核心原材料，贯穿于整个生产流程的各个环节。Z纸业的产品原材料虽涉及商品木浆与废纸两大主要类别，但其生产流程与环节却呈现出高度的相似性，这为数据的集中整合与标准化处理带来了便利。尤为关键的是，为了保障数据的一致性和横向可比性，涉及能源的数据需要经过精确的换算，统一采用标准煤作为衡量尺度。这一举措不仅提升了数据管理的效率，也确保了数据质量的可靠性。Z纸业能源和原材料在生产各个环节的投入和产出情况如表6-1所示。

（3）环境成本的核算与分配。

1）销售环节环境成本核算。鉴于Z纸业尚未制定产品环保宣传广告策略，其销售环节的主要环境成本集中于产品包装上。具体来说，该企业的产品包装主要使用塑料薄膜和铁丝作为原材料，累计成本达到143.64万元。为了更准确地分配这一成本，企业采用了原纸的销售数量作为分配基准。据记录显示，2023年，该企业共生产原纸113.46万吨，实际销售量为98.36万吨。基于这些数据，我们计算出Z纸业在销售环节的环境成本为124.52万元，具体计算方法见式（6-4）。采用同样的计算方式，可以推算出该企业在2020~2022年销售环节的环境成本分别为103.46万元、112.53万元和117.96万元。

销售环节环境成本 = 包装物成本 ×（原纸销售数量 / 原纸生产数量）　（6-4）

2）生产与管理环节环境成本核算。关于该环节的环境成本，可以细分为系统成本、能源成本和材料成本三大部分。需要用到的公式如下：

$$能源损失率 = 能源耗损量 / 总能源投入量$$

$$=（实际能耗 - 先进水平能耗）/ 总能源投入量　（6-5）$$

$$能源负产品成本 = [（1 - 能源损失率）× 负产品率 + 能源损失率] ×$$

$$实际能源费用　（6-6）$$

表6-1 Z纸业能源和原材料在生产各个环节的投入和产出情况

项目		包装品种	包装数量	成纸品种	成纸数量	冲浆品种	冲浆数量	成浆品种	成浆数量	碎浆品种	碎浆数量
能源（标准煤）	投入	柴油	401.26	蒸汽	173 032.15	回用水	864.09	电	13 253.4	回用水	569.97
		汽油	139.87	电	13 128.37	清水	644.57	—		清水	960.14
		电	3 246.48	—		电	25 728.25	—		电	12 020.09
	产出	CO₂	1 397.83	蒸汽	81 270.19	废水	132.3	废水	425.7	—	—
		打包带	40.1	进一步加工的原纸	1 079 867.8	PAC	2 493.85	PAC	3 674.27	脱模剂	23.4
原材料（吨）	投入	塑料	19	—		纯碱	1 497.96	纯碱	2 425.24	硫酸铝	11 802.6
		铁丝	520	—		干强剂	1 3512	纸浆	24 067	造纸污泥	26 146
		原纸	1 071 600	—		表胶AKD	645.4	淀粉	15 512.4	商品木浆	13 975
		—		—		纸浆	1 103 521.53	H₂O₂	840.5	漂白木浆	6 103
		—		—		—		脱墨废纸纸浆	948 607.29	国内废纸	420 387
		—		—		—		—		国外废纸	668 751

续表

项目	包装		成纸		冲浆		成浆		碎浆	
产出	存储坏损原纸	3 821	加工坏损原纸	21 025.7	废浆	15 447.9	污泥	14 150	脱墨废渣	8
	成品	1 134 700	原纸	1 071 600	污泥	8 691	废浆	31 390.5	砂渣	1 798
	—	—	—	—	进一步加工的原纸	1 079 867.8	纸浆	1 103 521.53	纸浆	24 067
原材料（吨）	—	—	—	—	—	—	—	—	脱墨废纸纸浆	948 607.29

$$\text{系统成本损失率} = 1 - \text{作业率} \qquad (6-7)$$

$$\text{系统成本负产品成本} = \text{实际系统成本} \times [(1 - \text{系统成本损失率}) \times$$
$$\text{负产品率} + \text{系统成本损失率}] \qquad (6-8)$$

$$\text{负产品的分配率} = 1 - \text{正产品某元素的含量} / (\text{负产品某元素的含量} +$$
$$\text{正产品某元素的含量}) \qquad (6-9)$$

具体核算过程如下：首先是能源成本的核算。基于各物量中心的能源投入量、实际能耗以及同行业标杆的能耗水平，来评估能源损失率，这部分损失被纳入负产品成本。根据式（6-5）、式（6-6）计算，可得该企业在碎浆、成浆、冲浆、成纸、包装五个物量中心的能源负产品成本分别为 271.94 元、783.13 元、1 190.35 元、9 042.91 元、510.98 元。其次是系统成本的核算。系统成本的损失率可依据式（6-7）进行计算，所得结果直接计入负产品成本，而剩余部分根据产品的实际生产数量在正产品与负产品间进行合理分摊。根据该企业的作业率（93%），采用式（6-8）计算，可得该企业在碎浆、成浆、冲浆、成纸、包装五个物量中心的系统成本负产品成本分别为 684.79 元、966.54 元、2 513.68 元、3 495.29 元、2 773.81 元。最后是针对材料成本的核算。五个物量中心的原材料主要源自回收和外购两个渠道。其中，外购部分按采购价格核算，而回收部分根据所含物料的各自成本进行计算。由于负产品中物质的具体数量难以精确测定，我们决定以正产品中的纸浆数量作为核算负产品分配率的基准。根据 Z 纸业的调查数据，纸浆在造纸泥浆中的占比为 42%，而国内外废纸的得浆率分别为 90% 和 95%。基于这些数据并结合式（6-9），我们计算出该企业在碎浆、成浆、冲浆、成纸、包装五个物量中心的材料负产品成本分别为 8 715.80 元、4 048.43 元、2 112.33 元、22 975.77 元、402.77 元。2023 年，Z 纸业生产环节的物质流成本数据及正负产品成本分配情况如表 6-2 所示。

表 6-2　2023 年 Z 纸业生产和管理环节的物质流成本　　　　单位：万元

项目	成本分类	碎浆	成浆	冲浆	成纸	包装	总计
上一物量中心转入	能源	—	2 155.64	3 688.38	7 177.74	30 792.03	—
	系统	—	4 778.90	7 663.92	22 744.66	32 377.51	—
	材料	—	117 600.18	117 015.70	116 835.91	93 860.14	—

续表

项目	成本分类	碎浆	成浆	冲浆	成纸	包装	总计
当前物量中心投入	能源	2 427.58	2 315.87	4 679.71	32 657.20	691.25	42 771.61
	系统	5 463.69	3 851.56	17 594.42	13 128.14	687.73	40 725.54
	材料	126 315.98	3 463.95	1 932.54	—	153.84	131 866.31
	小计	134 207.25	9 631.38	24 206.67	45 785.34	1 532.82	215 363.46
总计	能源	2 427.58	4 471.51	8 368.09	39 834.94	31 483.28	—
	系统	5 463.69	8 630.46	25 258.34	35 872.80	33 065.24	—
	材料	126 315.98	121 064.13	118 948.24	116 835.91	94 013.98	—
	小计	134 207.25	134 166.10	152 574.67	192 543.65	158 562.50	—
负产品	能源	271.94	783.13	1 190.35	9 042.91	510.98	11 799.31
	系统	684.79	966.54	2 513.68	3 495.29	2 773.81	10 434.11
	材料	8 715.80	4 048.43	2 112.33	22 975.77	402.77	38 255.10
	小计	9 672.53	5 798.10	5 816.36	35 513.97	3 687.56	60 488.52
正产品	能源	2 155.64	3 688.38	7 177.74	30 792.03	30 972.30	74 786.09
	系统	4 778.90	7 663.92	22 744.66	32 377.51	30 291.43	97 856.42
	材料	117 600.18	117 015.70	116 835.91	93 860.14	93 611.21	538 923.14
	小计	124 534.72	128 368.00	146 758.31	157 029.68	154 874.94	711 565.65

　　按照上述流程和核算方法可得到 2020~2023 年 Z 纸业五个物量中心的负产品成本数额，具体内容如表 6-3 所示。

表 6-3　Z 纸业 2020~2023 年的负产品成本　　　　单位：万元

类别	年份	碎浆	成浆	冲浆	成纸	包装
能源成本	2020	153.07	569.46	842.74	6 978.15	387.31
	2021	179.96	593.89	897.31	7 546.98	411.87
	2022	197.35	601.94	945.62	8 317.21	429.46
	2023	271.94	783.13	1 190.35	9 042.91	510.98

续表

类别	年份	碎浆	成浆	冲浆	成纸	包装
系统成本	2020	492.73	704.38	2 007.34	2 865.67	2 353.71
	2021	507.96	819.64	2 189.65	3 014.94	2 498.67
	2022	620.18	917.85	2 347.52	3 297.36	2 610.45
	2023	684.79	966.54	2 513.68	3 495.29	2 773.81
材料成本	2020	6 978.36	3 684.12	1 794.58	18 745.35	254.78
	2021	7 612.69	3 817.27	1 935.62	19 974.29	317.63
	2022	8 041.73	2 934.76	2 009.35	21 070.76	384.56
	2023	8 715.80	4 048.43	2 112.33	22 975.77	402.77

（4）环境成本表的编制。通过精心编制环境成本表，能够以更为直观的方式展示企业的环境成本数据，让管理人员深入洞察企业生产经营各个环节所产生的环境成本，为成本分析工作提供更为全面、详尽的数据支持。这不仅有助于管理人员在第一时间识别环境成本管理中的潜在问题，也为企业的可持续发展策略制定提供了有力依据。对 Z 纸业 2020~2023 年的环境成本数据进行汇总整理，如表 6-4 所示。

表 6-4 物质流成本会计下 Z 纸业 2020 ~ 2023 年的环境成本汇总 单位：万元

	成本项目	2020 年	2021 年	2022 年	2023 年
研发设计环节	环保型产品和技术的研发和引进	2 897.78	3 260.35	3 905.67	4 670.62
生产和管理环境环节	改进设备	2 305.37	1 993.64	1 576.75	8 634.93
	废弃物成本：	41 576.39	47 318.5	53 391.31	60 488.52
	能源成本	8 143.29	9 630.01	9 865.16	11 799.31
	系统成本	7 962.89	8 624.62	9 573.96	10 434.11
	材料成本	25 470.21	29 063.87	33 952.19	38 255.1
	环境管理	135.00	196.00	362.00	397.00
	小计	44 016.76	49 508.14	55 330.06	69 520.45

	成本项目	2020 年	2021 年	2022 年	2023 年
废弃物回收处理环节	蒸汽设备	350.63	350.63	350.63	350.63
	废气	168.06	189.32	299.13	374.96
	固体废弃物	294.37	295.46	217.05	309.83
	废水	3 897.32	3 654.14	670.89	425.62
	其他	524.09	497.18	96.45	53.12
	小计	5 234.47	4 986.73	1 634.15	1 514.16
销售环节		103.47	112.53	117.96	124.52
总计		52 252.48	57 867.75	60 987.84	75 829.75

6.1.3.4　Z 纸业环境成本分析

（1）核算方法变更前后的环境成本对比分析

1）环境成本总额的比较。分析 Z 纸业的环境成本报告后，可见在当前的成本核算体系下，该企业的环境成本表现出逐年下降的态势，反映出其在环境成本管理方面取得了一定成效，对环境成本有所控制。然而，通过进一步探讨，在物质流成本会计的核算框架下，Z 纸业的环境成本呈现逐年上升的趋势，表明先前所展现的良好效果并非完全准确。造成这种反差的原因在于，现行的成本核算方法并未将废弃物成本纳入环境成本的核算范畴，因此两种核算方法的结果存在显著差异。相比之下，物质流成本会计在环境成本核算上的覆盖范围更为全面，其核算结果更为精准。

2）企业生产经营各个环节环境成本比较。在现行的成本核算方法下，2020~2023 年 Z 纸业在研发设计环节的环境成本逐年上升，而废弃物回收处理和生产管理环节的成本逐年下降，其中生产管理环节占比最小。这表明 Z 纸业在环境成本管理上采取了事前规划、事中调控、事后治理的综合性策略，且特别注重研发设计环节的环境成本控制。然而，在物质流成本会计的视角下，除了废弃物回收处理环节成本下降外，其余环节及整体环境成本均呈现上升趋势。这反映出 Z 纸业虽进行了环境成本管理，但效果并不显著，尤其在生产与管理环节，其环境成本从 2020 年的 84.24% 攀升至 2023 年的 91.68%，成为推动企业环境成本增长的关键因素。因此，企业应重点关注生产与管理环节，以更有效地实施环境成本管理。

（2）环境成本效益分析。经过深入调查，我们注意到 Z 纸业近年来在环境成本上的投入呈现出显著增长的趋势。然而，这种增长并未如预期般带来相应的经济回报。在物质流成本会计的视角下，我们观察到 2020~2023 年，该企业的净经济效益持续为负，反映出环境成本投入与效益之间存在显著的不匹配。这一现象明确指向了 Z 纸业在环境成本管理方面所采取的措施并未取得理想效果，亟须进行策略性的调整与优化。

（3）物质流损失成本分析

1）Z 纸业损失成本总况。Z 纸业的损失成本结构包括处置成本、能源成本、系统成本以及材料成本四大类负产品成本。为了更清晰地呈现这些损失成本在 2020~2023 年的具体情况，本书已将各类成本的具体数值及占比进行了详尽的整理与汇总，如表 6-5 所示。

表 6-5　2020~2023 年 Z 纸业损失成本总况　　　　单位：万元，%

年份	处置成本		能源成本		系统成本		材料成本		合计
	数值	占比	数值	占比	数值	占比	数值	占比	
2020	5 234.47	9.68	8 930.73	16.52	8 423.83	15.59	31 457.19	58.21	54 046.22
2021	4 986.73	8.70	9 630.01	16.80	9 030.86	15.76	33 657.5	58.73	57 305.1
2022	1 634.15	2.90	10 491.58	18.62	9 793.36	17.38	34 441.16	61.10	56 360.25
2023	1 514.16	2.44	11 799.31	19.03	10 434.11	16.83	38 255.1	61.69	62 002.68

通过表 6-5 可知，Z 纸业的物质流损失成本总体呈现上升态势。其中，值得注意的是，废弃物的处置成本逐年降低，彰显出企业在废弃物回收与处置环节中的环境成本管理取得了积极成效。而系统成本的损失则相对保持稳定，未出现大幅波动。然而，能源成本与材料成本的损失数值较为显著。因此，Z 纸业应当聚焦于这两大领域，重点加强对能源和材料损失所带来的环境成本的管理与控制。

2）各物量中心损失成本分析。根据 Z 纸业 2023 年的环境成本数据，我们详细分析了其五个主要物量中心——碎浆、成浆、冲浆、成纸和包装的损失成本结构。由于碎浆、成浆、冲浆、成纸、包装这五个环节的处置成本分别为 437.22 元、530.23 元、208.17 元、334.04 元、4.50 元（合计 1 514.16）元，结合表 6-5 的数据，可以计算得到碎浆、成浆、冲浆、成纸、包装五个环节的损失成本比重分别为 16.31%、10.21%、9.72%、57.82%、5.95%。这一数据分布清晰地揭示了企业损失成本主要集中在碎浆、成浆和成纸三个关键环节。在深入探讨这些环节的损失成本来源时，我们发现碎浆环节的损失主要源于材料成本；成浆和冲浆环节的损失主要由材料和系统成本构成；成纸环节的损失成本主要归因于材料和能源成本。这些发现为企业优化成本结构、提升生产效率提供了重要的参考依据，具体情况如表 6-6 所示。

表 6-6　2023 年 Z 纸业各物量中心的损失成本结构　　　单位：%

产品	处置成本	能源成本	系统成本	材料成本
碎浆	4.32	2.69	6.77	86.21
成浆	8.38	12.37	15.27	63.97
冲浆	3.46	19.76	41.72	35.06
成纸	0.93	25.23	9.75	64.09
包装	0.12	13.84	75.13	10.91

（4）环境成本产生原因

1）研发设计环节。在探讨该环节产生环境成本的根本原因时，我们发现主要是由于企业致力于减少其他生产过程中的环境影响，因而在环保型产品研发、生产技术的升级和设备的优化方面进行了显著的投入。具体而言，Z 纸业为了显著提升其产品的环保特性，不惜投入大量资源，引入了先进的生物脂肪脱酶技术和创新的生物脱墨剂。尽管这些措施在短期内增加了当前环节的环境成本，但从长远视角看，它们对于企业整体环境成本的有效控制和降低具有显著的正向作用。

2）生产与管理环节。该环节的环境成本主要由两大部分构成：一是五大物量中心负产品所产生的成本；二是企业为保护环境所支出的成本。首先，负产品成本的形成主要源于原材料的选择，企业采用的日本废纸含有较多杂质，导致出浆率低下，从而加剧了材料损失成本。此外，渣浆槽中的浆料严重溢流，不仅污染了车间环境，还导致了资源的无端浪费。在辅助材料的使用上，纯碱、聚合绿化铝等的不当使用，也增加了负产品的数量。更进一步的是，设备利用方面的问题，如同类设备的过多配备以及蒸汽回收设备的低效利用，均导致能源成本的显著提升。其次，企业为了环境保护而支出的成本主要体现在对减少污染物排放和节约能源方面的投入。包括建设废气发电设备、污水处理系统以及光伏发电设备等。同时，为了提升员工的环保意识，企业还加大了在环保教育培训方面的投资。尽管这些措施增加了企业的环境成本，但它们对于企业的长期可持续发展具有不可估量的重要意义。

3）废弃物回收处理环节。在固体废弃物的处理方式上，企业目前主要采取焚烧、掩埋和出售等手段，未能充分挖掘其潜在的经济价值。此外，废水回收处理设备因老化且长期闲置，作业效率低下，严重制约了企业的废水处理能力，从而增加了废水排放与处理成本。在噪声控制方面，企业虽然投入大量资金购置了噪声防护设备，但却忽视了成本相对较低且环境友好的植被弱化噪声方法。在废气处理上，企业尽管斥资建设了废气发电设备，然而由于废气中含水量过高，导致发电效率低下，进而增加了废气处理成本。因此，企业需进一步优化废弃物处理方式，提升废水处理设备的效率，探索更为经济有效的噪声控制方法，同时改进废气发电设备的性能，以实现环境效益与经济效益的双赢。

4）销售环节。Z 纸业的产品包装材料主要包括塑料薄膜和铁丝等，然而，这些包装材料在产品销售完成后，往往被消费者视为废弃物进行处理。这种行为不仅对环境造成了负面影响，同时导致了资源的浪费，进而引发资源成本的增加。这种不恰当的废弃物处理方式既对环境构成了压力，也削弱了企业的资源利用效率。

6.1.3.5　Z 纸业环境成本管理存在的问题及改进建议

（1）环境成本管理存在的问题

1）由于环境成本核算体系存在不足，管理人员难以获取精确的成本数据，导致企业在进行环境成本管理时，对重点的确定有偏差。

2）企业在环境成本方面的投入与预期的效益间存在显著的不匹配，损失成本持续累积，反映出当前环境成本管理的实施效果未能达到预期目标。

3）从环境成本产生的根源分析，该企业在研发设计阶段忽视了废弃物处理设备和环保包装的重要性；从生产管理环节分析，落后的设备、复杂的工艺流程、不合理的辅助材料使用以及低质量的原材料共同导致了能源浪费、效率低下和环境成本的显著增长；从废弃物处理环节分析，企业过度依赖高成本设备，而废弃物的处理方式既不合理又效率低下；从销售环节分析，企业未充分重视绿色营销策略，且采用不环保的包装材料，进一步加剧了环境成本的上升。

（2）环境成本管理的改进建议

1）开展生态设计。为有效减少废弃物的产生量并降低其处理成本，企业应积极投入研发力量，重点关注废水处理、能效提升和废纸回收等关键技术。在产品设计阶段，企业应坚守环保理念，优先选用可生物降解的材料进行产品包装，以减少环境负担。这些举措不仅有助于企业实现绿色生产，还能促进资源的有效利用。具体而言，可以采用可降解的塑料材料替代传统的铁丝，以减少环境污染；同时，在资源循环利用方面，建议利用生产过程中产生的损坏原纸替代塑料薄膜，从而实现资源的有效节约和再利用。这些措施有助于提高企业的环保水平，降低环境成本，促进可持续发展。

2）实施清洁生产

①为了优化生产工艺，企业应致力于降低能源和资源的消耗。首先，通过

安装和连接溢流管，将各个渣浆槽进行有效串联，此举不仅解决了浆料泄漏的问题，还有助于维护生产现场的环境整洁，进而减少了资源的浪费。其次，对排渣系统进行创新改革，从传统的间歇性排渣方式转变为连续稳定的排渣模式，这一变革显著减少了设备的磨损，从而有效延长了设备的使用寿命。此外，企业应通过技术革新，实现白水多盘进水泵与纸机混合白水泵的互联互通，此举不仅降低了电力消耗，还显著提高了能源的利用效率和生产效率。最后，为进一步减少能源浪费和降低蒸汽回收处理成本，企业应积极更换现有的蒸汽设备，引进具有更高蒸汽利用率的先进设备，实现节能减排的目标。这些改进措施将共同推动企业向更加环保、高效的生产模式转型。

②改进原材料，提高出浆率。首先，为了降低环境成本，企业应优先优化原材料选择，选择杂质较少的美国废纸替代原有的日本废纸，此举旨在提升纸浆的出浆率，并同步降低废浆的处理成本。其次，为了减少废弃物的生成，企业需构建一套健全且高效的废纸回收体系，并确立严格的筛选和审查流程，确保回收废纸的质量，从而有效遏制废弃物的累积。最后，为进一步优化生产流程并提升环保性能，企业应探索引入聚乙烯胺等环保材料作为辅助材料的替代品，以提高整体生产效率及环保效益。

3）合理处理废弃物，降低处理成本。针对固体废弃物，企业可采取多元化处置策略。例如，工程废材、废塑料及铁丝等可转售给其他企业作为生产原料，实现资源再利用。对于造纸污泥，我们推荐通过干化处理转化为燃料或保温砖原料，以实现其经济价值。对于具有潜在危险性的废弃物，应交由专业团队进行安全处理，以确保环境安全，避免意外导致的环境污染。对于废水问题，建议企业调整污水处理设备的运行模式，确保设备持续稳定工作，同时完善污水处理系统，以提高废水处理效率和企业整体的水资源管理水平。在废气治理方面，建议企业投资建设预处理系统，通过有效降低废气中的含水量来提升发电效率，从而减少能源消耗和环境污染。对于噪声污染，企业可在生产车间周围建设绿化隔离带，利用植物的吸声降噪功能来有效缓解噪声污染问题，为员工创造更为宁静的工作环境。

4）实施绿色营销。首先，企业在产品包装上应优先选用可降解、可循环再生的环保材料，以降低对环境的影响。其次，通过广告宣传强调产品的绿色特性和环保优势，同时加强内部培训，提升员工对绿色产品的认识和热情，促使他们积极向客户传达产品的绿色理念，从而激发消费者对绿色产品的购买意愿。此外，企业应积极推广绿色运输方式，优化物流流程，最大限度地减少运输过程中对环境造成的污染。

6.2 资源价值流会计

6.2.1 资源价值流会计概念

6.2.1.1 概念界定

资源价值流会计，作为一种综合性管理活动，主要基于货币这一核心计量工具，按照循环经济的物质流转路径，全面涵盖了企业内部不同环节对资源和能源流转的价值确认、精确计量、详尽报告、深入分析以及综合评价，进而参与循环经济的决策与控制。它由"资源""价值流""会计"三个核心词汇构成。在此，所谓的"资源"，涵盖生产过程中不可或缺的原材料、能源、水资源等自然要素，它们满足社会生产的多元化需求。资源在转化为产品的过程中，流动与转化凝聚着人工成本与制造费用的投入，结合最终产出的产值、利润及经济增加值，共同构建了一条由资源流动形成的价值流动链。通过资源流转与成本流动的紧密关联，资源价值流会计揭示了相应的会计信息，其本质在于，从实物与货币两个维度，揭示资源在生产过程中的利用效率以及由此产生的经济效益，形成了一门专注于环境资源管理的会计学。

资源价值流会计不仅融合了多个学科的知识，其核算方法也借鉴了成本会计学的逐步结转模式。在资源输出端，它精准地区分了资源有效利用的成本（即正制品）与废弃物损失的成本（即负制品），从而真实反映了资源流转中的转化效率和损失情况。这种方法极大地满足了企业在循环经济及环境管理等方面的需求。其应用对象主要集中在流程制造业，如冶金、化工、建材、石化、造纸及食品加工等行业，这些行业与循环经济紧密相连，遵循着"循环与经济并重"的原则，实现了物质流分析的技术性分析与价值流分析的经济性分析的完美结合。

6.2.1.2 产生背景与研究进展

（1）产生背景。资源价值流会计的起源可追溯到 20 世纪 90 年代的MFCA，这一概念最初由 Wagner 等（1993）在德国提出。MFCA 的核心理念在于将物质流输出细分为正制品与负制品，并在日本得到了广泛采纳与实践。然而，在国际上，资源流成本概念的先驱者是日本的 Kokubu 等（2000），他们进一步将资源流输出划分为企业内部的正制品、负制品以及企业外部环境损害价值，从而扩展了物质流成本会计的视野。

在我国，随着 2005 年循环经济战略的提出，资源价值流会计的理论与方法体系开始受到关注。肖序等（2006）率先提出了资源价值流会计的概念，他们进一步细化了资源流输出的分类，包括正制品、负制品、环境损害价值以及经济附加值。此后，肖序和金友良等（2008）在研究中将材料或物质的概念深化为资源流内涵，构建了更为丰富的资源价值概念，正式提出了资源价值流会计的方法体系。该方法体系不仅将物质、能量、资本、技术等要素纳入会计核算体系，还对企业资源的物质流动与价值流转进行了深入耦合研究。自此，资源价值流会计逐渐成为环境管理会计学领域中一个备受瞩目的新兴分支。

与物质流成本会计相比，资源价值流会计不仅深入探讨了企业生产过程中"物质流—价值流"的成本投入与流转问题，还从产出的角度建立了相应的价值要素核算方法，为企业提供了更加全面、深入的资源管理视角。资源价值流会计概念体系框架如图 6-3 所示。

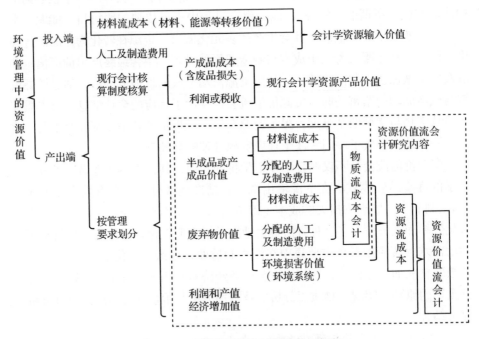

图 6-3　资源价值流会计概念体系框架

因此，资源价值流会计，作为对传统 MFCA 与资源流成本会计的深化与发展，从循环经济的维度深入剖析了物质流与价值流之间的相互作用及融合机制。在核算体系中，它不仅考虑了物质流的流动过程，还创新地引入了经济附加值核算，以更全面地反映资源利用的经济效益，进一步提升了企业资源管理的精细化与科学化水平。

（2）研究进展。肖序（2008）在中铝公司的委托项目中率先实践了资源价值流会计的研究方法。周志方（2010）在此基础上进行了系统的理论归纳和提升，成功构建了资源价值流转会计的理论框架。郑玲（2011）进一步将生态设计理念与资源价值流转会计相结合，深入探讨了产品全生命周期内企业的资源价值流核算、评价以及优化控制策略。谢志明（2012）以燃煤发电企业为实例，验证了循环经济背景下资源价值流分析的理论与实际应用价值。熊菲（2015）聚焦于钢铁企业，对循环经济下的资源价值流进行了实践探索。

　　进一步地，肖序和曾辉祥（2017）将全生命周期理论融入资源价值流会计中，使资源价值流分析覆盖了从资源开采、原料加工、制造、使用、废弃到再资源化的整个循环过程。这一举措不仅拓宽了资源价值流分析的系统和组织边界，还将其从车间、企业层面拓展至工业园区（产业链）乃至国家（区域）层面，构建了包含"物质流—价值流—组织"三维模式的全新框架。

　　袁广达（2018）在深入分析燃煤发电厂资源流动与价值流转的基础上，借助 PDCA 循环管理模式（即计划、实施、检查、处理四个阶段），构建了一套完整的燃煤发电厂环境成本控制模式。金友良等（2018）从园区工业废弃物资源化的视角出发，尝试将资源价值流会计的应用范围拓展至园区尺度。朱鹏（2019）从水泥窑垃圾处置工艺切入，将研究范围扩展至生活垃圾的废弃、收集与运输阶段，构建了组织间链上资源价值流转会计分析体系，为我国水泥行业在生活垃圾协同消纳方面的经济性分析提供了新颖的价值管理方法。

6.2.1.3　核算方法

　　资源价值流会计独辟蹊径，超越了传统的成本会计、资源会计、物质流成本会计及资源价值流成本会计的范畴。它不仅仅局限于企业内部资源流转成本的核算，而更侧重于外部环境损害价值的量化评估和资源附加价值的深入分析。这种会计方法实现了会计管理对象的多元化，不仅关注货币资金的流动（即价值流动），更将视野拓宽至物质资源的循环与价值循环的交织领域。此外，资源价值流会计还突破了单一组织的界限，将其管理范围扩展至多级组织层面，为更全面的资源价值管理提供了有力支持。

　　资源流转价值＝资源流转附加价值（经济附加值）＋资源有效利用价值（正制品）＋资源损失价值（负制品）＋外部环境损害价值

　　资源流转附加价值＝企业税后净营业利润 – 投入资本的资金成本＝企业息税前利润 – 税收 – 投入资本总额 × 加权平均资本成本

　　资源有效利用价值（正制品）＝材料流转有效利用成本 ＋ 人工、折旧等的有效成本分配额

　　资源损失价值（负制品）＝材料流转损失成本 ＋ 人工、折旧等的损失成本分配额

外部环境损害价值 = 资源、能源消耗及废弃物外排引致的外部环境损害成本

6.2.1.4 功能定位

资源价值流会计立足于循环经济的物质流路线，旨在全面追踪并计算资源的价值流动。通过深入探究物质流与价值流之间的相互作用规律，该方法实现了对企业资源在物质流动与价值流动两个方面的综合研究。在微观层面，资源价值流会计能详细描绘企业生产工艺流程中资源的投入、消耗或循环利用，直至最终输出的完整流转过程。在中观层面，该方法进一步扩展至上下游企业，构建了一个基于共生关系的企业集群。在这个集群中，企业间的物质流、能量流、信息流和价值流通过工业代谢和共生机制，实现了在企业间的闭环循环，有效减少了资源消耗和废弃物排放。在宏观层面，资源价值流会计能够定量评估企业、政府、居民三方在可持续发展中的合理负担，为政府构建和评估费用分担机制提供了重要的参照依据。

6.2.2 "物质流—价值流"二维分析体系

物质流与价值流分析共同构建了一个旨在实现资源高效管理与价值优化的二维分析框架。此框架的核心在于对企业内部资源物质流动和价值流动状态进行全面追踪与细致描述。通过评估物质消耗与价值变动的具体情况，我们能够进行深入的诊断，并据此采取相应策略，优化物质与价值的循环利用路径，最终实现可持续发展的目标。

6.2.2.1 相关概念

（1）物质流。物质流分析着重于多个维度，包括社会物质存量的剖析、战略性资源生命周期的代谢研究、环境影响评估及污染物转移轨迹的追踪等。其核心在于量化经济与环境系统中特定物质的输入、输出和储存过程，从而揭示环境效应、资源利用与物质流动间的内在联系。通过精确的量化分析，我们能够准确衡量社会经济活动的物质投入、输出以及物质利用效率，构建详尽的物质投入与流出账户，为资源环境的优化管理提供坚实的数据支撑。

此外，物质流分析方法对特定物质的工业代谢过程进行深入研究，揭示了物质变化与元素流动间的动态关系，并据此评估环境生命周期各个阶段的影响。这种方法有助于识别实现环境改善的有效途径，为以物质流为基础的优化管理提供策略指导。物质流分析的目标在于从源头上减少资源消耗，通过降低物质投入总量、提升资源利用效益、增加物质循环次数和减少最终废弃物排放，实现经济效益、环境效益和社会效益的最优化，以最小的环境资源成本获取最大的综合效益。

（2）价值流。价值流指贯穿于生产制造流程中，自原材料转化为成品并赋予其经济价值的系列活动。这一完整的价值流转过程涵盖了增值与非增值活动，诸如供应链成员间的信息交互、物料的流转、生产规划的制定与执行，以及原材料到最终产品的物质形态转变等。

价值流分析的核心功能在于"甄别真正的价值所在"以及"辨识非价值性的消耗"。它要求企业以顾客视角审视整个价值链，明确把握顾客需求后，聚焦于特定的产品或服务，打破传统职能分工的界限，重新审视和优化工作流程及工具。这一过程旨在消除影响产品或服务顺畅流动的障碍。

价值流分析结合了精益思想与循环理论，揭示了整个生产过程中价值如何流动，帮助企业精准识别流程中的浪费源头，进而消除那些不产生附加价值的活动，从而最大化企业的边际利润。

（3）"物质流—价值流"。从物质流与价值流的内在逻辑关联出发，物质流分析为价值流分析奠定了理论基础，为其提供了可能性。通过物质流分析，我们能够清晰地洞察企业生产流程中实物资源的流转全貌以及资源实物量的利用效率与成效。在这一坚实基础上，我们得以引入并发展价值流分析这一新型的循环经济分析方法，为价值流分析提供了关键的数据支持与分析路径。与此同时，价值流分析不仅结合了传统的成本核算与经济增加值计算方法，还融入了"元素流"分析，成功地将物质流的存量与流量数据转化为货币等经济属性的成本或价值。这一转换过程从经济数据的角度和方法体系层面，为资源物质流动的优化提供了强有力的支持。物质流分析属于技术性分析范畴，而价值流分析侧重于经济性分析。两者均紧密跟随资源载体在企业内部的流转过程，相互补充、相互促进，形成了一套有效的分析工具。这种综合性的分析手段有助于决策者更为客观、全面地把握企业资源流转与价值循环的对应关系，从而推动企业生产经营的可持续健康发展。

6.2.2.2　"物质流—价值流"二维分析模型构建

在构建环境管理会计体系时，我们需依托"物质流—价值流"这个二维分析框架，旨在深刻揭示企业物质及其价值的循环流动模式。这就需要明确组织的边界，并依据不同层级对物质流和价值流的状态进行精细化的计算、分析、评价与诊断，确保企业全生命周期中的非效率环节及物料损失结构在物量和价值两个维度上均得以"显性化"。从环境管理会计的实际应用角度出发，我们应紧密结合物质流的技术分析与价值流的经济分析，将产品生命周期内的资源流转视作一个综合性系统。在此系统中，每一生产工序或环节均可视作独立的资源流转中心。我们需基于流量管理理论，对这些流转中心进行追踪，从物质流（数量）和价值流（成本）两个角度进行核算，精确计量资源流转过程中的物量和价值量。同时,利用输入输出平衡原理对材料和能源的流向进行分流计算,明确不同物量中心间资源流转的连续轨迹。最终,实现对各物量中心输出端废弃物(负制品)与合格产品(正制品)在数量与成本上的精确核算,为企业的环境管理和经济决策提供有力支持。

如图 6-4 所示,在二维分析模型中,物质流维度表现为一个连续的价值创造链条,包括资源获取、制造过程、物流运输、产品使用和最终废弃等环节,这些活动均遵循生命周期原则,其间的价值流转则通过价值流维度体现。该框架以管理会计的核心思想为指导,致力于提升资源利用效率、优化物质流转路径和降低成本,从两个维度全面反映企业的环境管理活动,为决策者提供有价值的环境管理信息。

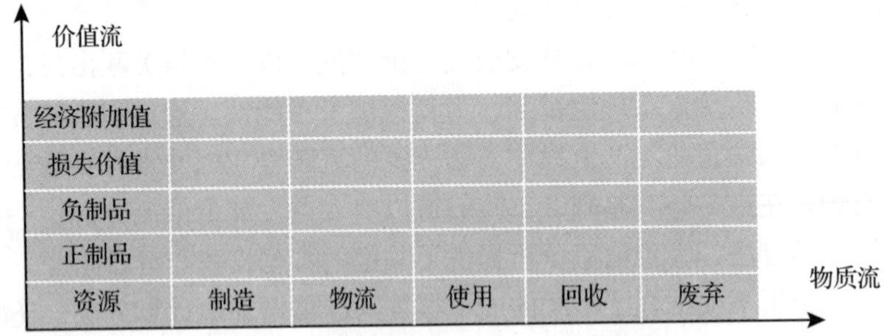

图 6-4 "物质流—价值流"二维分析模型

资料来源:曾辉祥,肖序. 环境管理会计三维模型研究 [M]. 北京:科学出版社,2021.

对于"物质流—价值流"二维分析框架的构建,需从全生命周期物质流循环和价值流核算方法体系两个方面着手:

该框架遵循循环理论,其实施过程分为四个阶段:在规划与准备阶段,整合企业各部门的数据库,确立以车间或工序为分析单元,引入"物质流—价值流"分析理念。在计算与分析阶段,针对生产环节的环境损害费用和资源损失进行精确计算及诊断,明确改进方向和潜在机会。在决策与改进阶段,通过二维分析,结合备选工艺点的实际评估,优先选择那些环境污染严重、改善潜力大、资金效益高的环节作为首要改进对象。在评估与持续优化阶段,验证决策方案的效果,针对"未达标"方案在物质流废弃物再资源化环节进一步改进,持续提高资源利用效率。这一框架确保企业环境管理的循环反馈与优化,使所提供的会计信息更加精准和具有决策价值。

在价值流核算方法体系层面,通过对生产工艺中物质流结构和成本总量的全面核算,精确揭示各环节输出端的废弃物成本和有效利用成本。以废弃物为线索,评估环境损害费用,并匹配相应的资源流向和规模,确定外部环境损害成本，全面归集资源流转成本。这一体系能够识别资源流转过程中的潜在问题或成本损失，描绘出资源整体流转成本的全貌，形成一套有效的外部环境损害费用评价方法。通过确定不同节点的坐标位置，为环境管理流程诊断、资源控制及优化改造提供有力支持。

6.2.2.3　"物质流—价值流"二维分析的跨组织互动机理

传统线性经济模式侧重于价值流的单向增长，对物质流的循环再生性缺乏足够关注，形成了"经济优先，循环不足"的发展格局。相较之下，循环经济在推动价值流增长的同时，更加强调物质流的循环利用与生态可持续性。因此，从循环经济的核心要义出发，物质流无疑成为其运作的核心驱动力。基于这一认识，在界定融合物质流与价值流的资源价值流分析的适用边界时，我们应紧密依托循环经济的实施模式，确保分析框架的科学性与实用性。为进一步揭示组织层级之间的差异及内在联系，横向勾画出了组织层级间的扩展逻辑如图 6-5 所示。

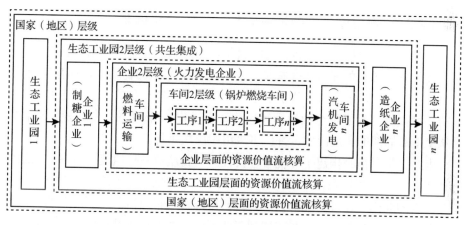

图 6-5　不同组织层级的资源价值流会计核算边界

资料来源：肖序，李震. 资源价值流会计：理论框架与应用模式［J］. 财会月刊，2018（1）：16-20.

（1）在企业运营中，车间作为生产活动的基本单元，扮演着核心角色。当中间产品在各个车间流转时，我们可以基于物质品种将车间视作资源价值流核算的主要对象；同样，从企业的整体视角出发，依据其物质输入与输出的特性，企业本身也能作为资源价值流核算的主体。

（2）生态工业园，这一基于产业生态学原理构建的产业组织形态，其核心理念在于企业间的物质循环利用。园区内，一家企业的废弃物或副产品能够转化为另一家企业的原料或投入，通过废弃物交换、循环利用及清洁生产等手

《资源价值流会计：理论框架与应用模式》

段，达到园区资源高效利用与污染排放的最小化。同样，从园区的整体物质输入、企业间的物质交换以及园区的物质输出出发，我们能将生态工业园视作一个资源价值流核算的主体。

（3）从国家（地区）层面看，其经济系统涵盖了地域内的所有组织或子系统（如企业、园区）。随着物质（或元素）的输入与输出经济系统，以及这些物质在内部子系统间的流动，价值也在不断地流入与流出。同时，存在不易察觉的环境负荷泄漏。因此，国家（地区）同样可以作为一个重要的资源价值流核算主体。

6.2.3 "物质流—价值流—组织"三维分析体系

经济体系中的物质流分析覆盖物料从资源开采，到生产、制造、使用、废弃，直至再资源化的完整生命周期。这一系列过程中的物质流动和存储行为，均由特定组织在特定的时空背景下主导，不仅涉及废弃物的产生，还引发其带来的环境损害。为了更全面地理解这些动态过程，"物质流—价值流"分析需要从全生命周期的角度出发，并向多级组织层次延伸。

因此，学者精心构建了环境管理会计的"物质流—价值流—组织"三维分析框架。这一模型旨在揭示不同组织视角下，物质流与价值流如何相互影响、相互促进的规律。通过这样的构建，我们得以将"物质流—价值流"的二维分析从车间、企业层面，进一步扩展到工业园区（产业链）乃至国家（区域）的更高层次，为环境管理会计的实践提供了更为广阔的视角和工具。

6.2.3.1 三维模型

"物质流—价值流—组织"三维分析模型如图 6-6 所示。

在构建的模型中，物质流维度依据生命周期理论，串联起资源开采、生产制造、物流运输、产品使用、回收再利用直至废弃处理等价值创造活动的链式集合。这些活动遵循"源自自然、回归自然"的循环原则，确保物质在生命周期内的有效循环。价值流维度则聚焦于物质流转过程中价值的转移与变化，涵盖正制品价值、负制品（废弃物）成本、环境损害价值以及经济附加值等方面。特别值得强调的是，本模型通过引入组织维度实现了重要的突破。具体而言，模型的核心理念在于实现不同层面（如企业、园区、国家等）的纵向集

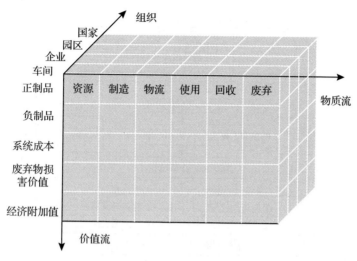

图 6-6 "物质流—价值流—组织"三维分析模型

资料来源：肖序，李震．资源价值流会计：理论框架与应用模式［J］．财会月刊，2018（1）：16-20.

成，以及跨组织价值网络的横向集成。同时，模型致力于实现物质全生命周期的端到端集成，从而全面、系统地分析和管理物质流与价值流。

6.2.3.2　体系框架

《环境管理会计"物质流—价值流—组织"三维模型研究》

"物质流—价值流—组织"三维模型的体系框架如图 6-7 所示。

体系框架主要包括基础共性、方法体系和应用模式三部分。具体而言：

（1）基础共性层面融合了 PDCA 循环与全生命周期物质流两大核心要素。其中，PDCA 循环管理模式全面涵盖了资源价值流分析的各阶段，通过计划、实施、检查与行动四个步骤，为制造业主体提供详尽的财务与环境信息，实现资源高效利用与环境友好的双重目标。同时，"物质流—价值流—组织"三维分析应秉持这一双赢理念。而全生命周期物质流彰显了生命周期评价思想在循环经济价值流分析中的实际应用，要求从产品系统（涵盖原材料、产品生产、使用及废弃物处理）出发，实施从源头到终点的全程评价，强化各个环节对环境影响的关注。

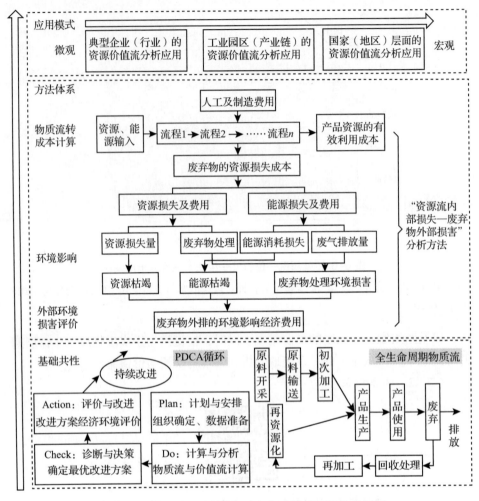

图 6-7 "物质流—价值流—组织"三维模型的体系框架

资料来源：肖序，李震.资源价值流会计：理论框架与应用模式［J］.财会月刊，2018（1）：16-20.

（2）方法体系模块深入阐述了"资源流内部损失—废弃物外部损害"分析框架，其核心在于资源流转成本的精细核算。这一框架包含两大方面：一是通过费用归集，明确区分正制品（资源有效利用）与负制品（废弃物）的成本；二是围绕废弃物，运用外部环境损害价值核算模型，量化其对环境的负面影响，进而计算出资源流转的外部损害成本。该方法将企业内部资源消耗与废弃物排放的外部损害价值，以及组织内部资源废弃物的损失价值相结合，构建了一套适用于各级组织层面的资源价值流二元核算与分析模型。

（3）应用模式层面从企业（行业）、园区（产业链）到国家（地区）三个不同尺度，明确了资源价值流分析的应用范围。在园区和国家层面的应用，实际上是对企业层面实践的进一步拓展。从物质流转的视角看，企业作为产业链上的节点，通过工业园区内的产业共生关系实现资源共享与副产品交换。而国家尺度的应用则着眼于一定地域内经济系统的整体物质流动、存储、消费及其对环境的影响，构建了更为宏观的分析框架。

6.2.3.3　模型分析

"物质流—价值流—组织"三维模型作为资源价值流成本会计与工业共生、生命周期理论的融合创新，其核心理念在于倡导从组织层面深入剖析资源价值流，并将分析边界从单一企业扩展至园区乃至国家层面。在此过程中，系统优化成为组织层面资源价值流分析的关键，不同组织层级间以特定的物质或产品为桥梁，展现出了紧密的相关性。

在企业层面，资源价值流分析聚焦于企业内部如何实现物质、能量、价值流的闭环循环，推动企业采纳清洁生产策略，并确保整个生产流程遵循循环经济的"3R"（Reduce、Reuse、Recycle）原则。然而，单独企业的环保投入可能会陷入"循环与经济的悖论"，此时，园区的角色显得尤为重要。通过集中处理废弃物和综合利用资源，园区能够借助系统优化实现规模效应和成本效益的最大化。

在中观层面，生态工业园以其独特的企业集群共生关系，要求企业间通过工业代谢和共生机制，实现物质、能量、信息、价值流的闭环流动，进而减少资源消耗和废弃物排放。园区的系统优化功能为国家整体的物质流转提供了有力支撑，确保企业不会因为单纯追求经济效益而阻碍物质流的有效运转。

在宏观的物质流转过程中，由于不同环节 3R 效益的差异，国家需要借助税收、补贴等手段平衡成本效益关系，实现物质流的整体优化。在国家层面，资源价值流分析侧重于特定物料（如铝元素）的综合利用，通过对经济系统物质流的细分（包括输入、储存与输出），促进资源、环境、经济等资源要素在不同产业部门和工业群落间的有效整合。具体的实施思路如表 6-7 所示。

表 6-7　资源要素在不同产业部门和工业群落之间的流转路径

组织层级	企业层面	园区层面	国家层面
物量单元	车间	企业	经济子系统（区域、部门）
理论基础	流量管理理论、物质流成本会计等	产业共生理论、生命周期理论等	投入—产出理论、框架分析法等

续表

组织层级	企业层面	园区层面	国家层面
核算对象	物质流—价值流	多品种物质流—价值流	特定物质（元素）流—价值流等
核算方法	$C_P^{k,j} = \sum_{j=1}^{l}(1-r_{k,j})(C_P^{k-1,j}+C_{k,j})$ $C_n^{k,j} = \sum_{j=1}^{l} r_{k,j} \times (C_P^{k-1,j}+C_{k,j})$ $r_{k,j} = W_{k,j} / \left(\sum_{j=1}^{l} \left(\sum_{j=1}^{l} m_{i,j} - \sum_{j=1}^{k} w_{i,j} \right) \right)$		$C_P^k = (1-r_k)(C_P^{k-1}+C_k)$ $C_n^k = r_k \times (C_P^{k-1}+C_k)$ $r_k = w_k / \left(\sum_{i=1}^{k} m_i - \sum_{i=1}^{k} W_i \right)$
分析思路	绘制资源价值流转图，核算各物量中心输出端的正制品和负制品，从总量和结构上进行有效利用成本和资源内部损失成本分解，并通过一定的分配标准细分为材料成本、能源成本及系统成本等，根据废弃物的种类、数量及 LIME 确定外部环境损害价值	绘制园区的产业链示意图，以企业为节点划分物量中心，确定园区物质输入、输出端的价值，并核算单个物量中心的材料成本、能源成本及间接成本，反映各类物质集成的价值流转情况，进行诊断分析。通常运用于水集成、能源集成、物质集成等	对国家尺度的物质流网络向部门或区域分解，根据子系统的物质投入量、排放量及蓄积量核算相应的价值流，并评估物质流对环境的影响。以特定元素（铝、铜、锌等）为对象，通过绘制国家尺度的物质流图景，进行物质全生命周期的价值流、能量流与环境影响的评估
目的	清洁生产	物质在企业间的横向或纵向集成	特定元素的宏观集成

注：表中 C_P 为正制品成本，C_n 为负制品成本，C_k 为新投入成本（包括材料成本、系统成本、能源成本）；r 为损耗率，m 为投入材料的重量，w 为产生废弃物的重量；j 为物料或物质种类，k 为生产流程环节，i 为工序。

资料来源：肖序，李震.资源价值流会计：理论框架与应用模式［J］.财会月刊，2018（1）：16-20.

"物质流—价值流—组织"三维分析模式不仅继承了"物质流—价值流"二维分析在资源价值流数量、价值、结构等维度上的可视化功能，而且通过综合协调微观、中观及宏观三个层面的组织活动，有效集成了循环经济实践中企业小循环、园区中循环以及社会大循环的物质流优化路径。这种集成方式有助于我们分层级、系统性地展开环境资源会计的成本效益分析，进而构建一套一体化的管理方法论体系。这不仅为全生命周期的资源价值流分析提供了清晰的指导，还为组织层面的资源价值流分析标准化体系的建设奠定了坚实基础。同时，这一分析模式也为国家调整和完善环境经济政策，以及微观、中观层面精益管理的深入挖掘提供了科学的分析工具，有助于推动环境与经济协同发展的实践进程。

6.3 "碳素流—价值流"会计

6.3.1 "碳素流—价值流"会计的概念

肖序和熊菲（2015）在资源价值流理论的基础上，进一步将资源细化至元素层面，构建了元素价值流框架。作为元素的一种，碳元素在此框架下被特别关注，形成了"碳素流—价值流"这一更细化的概念。

在探讨"碳素流—价值流"时，首先需要明确"碳素"的含义，它特指在企业生产流程的各个环节中，作为输入物料组成部分的碳元素。而"流"则描述了物料在特定生产工艺流程中的动态过程，这一过程具有明确的方向性和潜在的循环性。进一步地，"价值流"反映了从原材料、能源及人力资源转化为产品，并最终为消费者提供服务的过程中价值的流转和变化。这种流转和变化以货币为计量单位，通过成本和价值两种形式进行表达和衡量。综合上述概念，"碳素流—价值流"可以被定义为：根据生产流程中的碳素流转路线，对含碳材料和能源在不同空间的位移进行价值核算的一种管理活动。

6.3.2 "碳素流—价值流"会计的理论基础

6.3.2.1 循环经济理论

20 世纪 60 年代，美国经济学家波尔丁提出生态经济的同时，深入探讨了循环经济理论。他受到当时宇宙飞船发射的启发，将地球经济的发展与之类比。波尔丁观察到，宇宙飞船作为一个封闭且孤立的系统，仅能通过消耗内部资源来维持存在，最终将因资源枯竭而消亡。他提出，要延长飞船寿命，关键在于实现资源的循环利用，并减少废弃物的排放。同理，地球经济系统也如同这艘宇宙飞船，尽管拥有更为丰富的资源和更长的寿命，但同样需要实现资源的循环利用以维持其持续发展。循环经济，或称资源循环型经济，正是以资源节约和循环利用为核心，致力于构建与环境和谐共生的经济发展模式。

这种模式强调将经济活动组织成一个"资源—产品—再生资源"的反馈式流程，通过低开采、高利用、低排放的方式，实现物质和能源在经济循环中的合理及持久利用。最终目标是减少经济活动对自然环境的不利影响，实现地球的长久繁荣。

6.3.2.2 物质流分析理论

20世纪70年代，尼斯等撰写的《经济学与环境》一书中，提出了一个具有深远影响的物质平衡模型。该模型的核心观点在于：现代经济系统由物质加工、能量转换、废弃物处理和产品消费四个关键部门构成，这些部门与自然环境间存在着密切的物质流动联系。在此经济系统内，生产和消费活动本质上是一系列物理和化学反应的集合，它们严格遵循质量守恒定律。值得注意的是，标准的经济学分配理论通常侧重于服务而非物质实体本身。物质实体更多的是作为一种载体，承载着各种服务。无论是"生产"还是"消费"商品，其本质在于提供特定的效用、功能和服务，而物质实体本身仍然保持其存在，最终可能得到重新利用，或者不可避免地进入自然环境。这一物质流分析理论为物质流成本会计的核算原理提供了坚实的基础，其分析流程首先涉及对特定物质或元素的量化，然后描绘这些物质在特定系统或流程中的流转过程，并最终揭示特定系统内物质与环境之间的内在联系。此外，元素守恒作为质量守恒定律的具体表现，明确指出在化学反应过程中，各元素的种类、原子个数、物质的数量及质量均保持不变。基于这一原理，我们可以建立恒等式，确保在每个环节中，同一元素的输入和输出物质流保持平衡，即输入 = 输出 + 排放。

6.3.2.3 资源价值流分析理论

资源价值流理论作为物质流理论的深化，进一步细化出了碳素价值流的概念。在循环经济的框架下，企业在核算生产流程中的资源价值流成本时，既要关注经济效益，又要全面考虑环境影响。具体而言，经济成本涵盖了生产环节中资源的有效利用成本，即正制品成本和废弃物的负制品成本；环境成本则基于企业废弃物的特性、数量及分类，评估其对外部环境的潜在损害。通过整合这些成本数据，并绘制资源流成本流程图，我们可以清晰地识别经济与环境成本之间的失衡环节，为工艺优化和设备更新提供有力依据。在资源流成本计算实践中，我们将生产过程划分为多个物量中心，分别计算各中心的正负产品成本，并独立记录废弃物产生的环境损害成本。然后，将这些成本汇总形成整体的成本分析。

6.3.2.4 低碳经济理论

低碳经济理论自2003年在英国提出以来，已成为全球经济发展的重要趋势。它基于可持续发展的原则，通过技术创新、产业转型和能源结构调整等手段，减少碳排放，降低温室气体排放量，实现经济发展与环境保护的和谐共生。低碳经济作为一种高效利用资源、低废弃物排放的发展模式，依赖于减排技术的持续进步、能源结构的合理调整以及相关政策法规的支撑。它不仅有助于缓解全球能源危机和温室效应,还能有效保护生态平衡。在当前温室效应加剧、能源紧张的背景下,低碳经济的推广和实施显得尤为重要。它不仅代表了经济社会向低碳生产方式的转型,更体现了对生态损害问题的深刻认识和高度关注。因此,低碳经济无疑是最符合当前人类社会发展需求的经济模式。

6.3.3 "碳素流—价值流"会计的核算程序

6.3.3.1 划分物量中心

在物质流转的流程中,我们需明确成本计算的核心单元,即物量中心。这一中心是生产流程中特别选定的一个或多个环节,旨在对生产过程中的输入输出物料进行实物和货币单位的量化处理。物量中心扮演着数据收集与分析的重要角色:首先,它负责对物量中心的碳素流转情况进行实物单位的量化记录;其次,它进一步对物量中心产生的碳素成本进行货币单位的量化计算。这样的量化分析为后续的成本分析和决策提供了坚实的基础。

6.3.3.2 实施全流程核算

"碳素流—价值流"会计体系与物质流成本会计的核算逻辑相契合,呈现为连续且相互关联的过程。具体而言,一个物量中心的正产品所携带的碳元素,与新投入的碳素材料相结合,共同构成了该生产流程的全部投入碳素。然后,这些碳素成本将按照正产品与负产品之间的价值比例进行分摊。其中,负产品即为在生产过程中损失的碳元素,将不可避免地排入环境。而正产品则携带着其碳素成本进入下一物量中心,继续参与碳成本的核算。这一过程不断重复,直至最终产出"产成品",形成一条完整的碳素流转与价值分配链条。

6.3.3.3 将碳成本单独核算

在企业传统的成本核算中,为了满足产品定价的精准性,所有生产费用通常遵循"受益者承担"的原则,全部被归集到完工产品上,而对于资源损失成本则未进行单独核算。然而,物质流成本会计采用了更为全面的计算方法,它不仅涵盖了生产过程中的所有成本,而且在正负产品之间进行了合理的分摊。进一步地,"碳素流—价值流"会计体系专注于生产过程中碳元素的成本计算,通过这一方式,碳素的流转过程及其对应的成本得以清晰地呈现,为企业提供了评价和分析碳排放及减排行为的有效工具。这一方法有助于企业摆脱过去仅关注碳成本总额而忽视其产生过程的局限,从而更加全面、深入地理解和管理自身的碳足迹。

6.3.3.4 按正产品和负产品进行分类核算

在"碳素流—价值流"会计体系中,我们借鉴了物质流成本会计中的核心概念——"正产品"与"负产品"，进而将碳成本细分为"正产品碳成本"和"负产品碳成本"。其中，正产品指可直接进入市场销售或作为原材料继续参与后续生产流程的在产品或半成品，它们为企业带来实际的经济价值。与之相对地，负产品指废弃物，这些物质不仅无法为企业创造经济价值，而且其对环境造成的负面影响而成为企业希望减少的目标。具体到成本划分上，正产品碳成本指可直接销售的产品或进入下一生产环节的半成品中所含碳元素的成本，它代表了碳元素的有效利用成本。而负产品碳成本则聚焦于生产环节中产生的废弃物中的碳元素成本，反映了碳元素的损失和潜在的环境影响。通过这样的成本划分，企业可以更加清晰地了解碳元素在其生产经营过程中的流转和成本构成，为制定有效的碳减排策略提供数据支持。

6.3.4 "碳素流—价值流"会计核算原理

6.3.4.1 内部成本

"碳素流—价值流"会计模式将企业的运营视为一个物质流转网络，其核心在于追踪这一网络中每一环节含碳物质的流动。通过探究碳元素在生产过程中的输入与输出质量，并赋予其货币价值，我们得以对碳元素进行深度的价值评估。在生产过程中，流入的碳元素源自初始材料、上一生产环节的转入，以及必要的再投入碳素。流出部分涵盖三个层面：一是顺利流入下一生产环节或构成最终产品的碳元素，即有效利用部分；二是具备循环利用潜力的碳元素，如次品和部分原料，它们能够再次被利用；三是释放至外部环境的废气等，整个过程严格遵循能量守恒原则，即输入的碳元素总量等于输出的总量。

参考物质流成本会计中的物量中心划分方法，我们将生产流程细分为多个物量中心，并在每个中心的输出端区分正产品（即有效碳素利用）与负产品（即碳素损失）。正产品将作为下一物量中心的原材料继续流转，负产品则作为废弃物处理。这些物量中心按照生产流程的逻辑顺序相互衔接，形成完整的生产链条。

在物料输入端，我们需要准确识别并计量含碳的原料与辅料；在输出端，我们需要对含碳的产品和废弃物进行筛选、计量和记录。通过这些工作，我们能够清晰地掌握每个物量中心输入与输出的碳元素质量。然后，我们将正负产品与其对应的价值进行匹配，从而计算出各个环节中碳元素的经济价值。此外，在实际生产过程中，我们需要考虑到外部再投入碳元素的影响，以确保评估的准确性和全面性。

碳元素在工艺流程中成本的计算公式为：

$$TC_i = EC_i + WC_i \tag{6-10}$$

式中，TC_i 表示第 i 流程的碳元素成本；EC_i 表示第 i 流程有效利用的碳元素成本；WC_i 表示第 i 流程废弃物损失的碳元素成本。后两项可分解为：

$$EC_i = V_{i,\,j} \cdot \rho_{i,\,j} \cdot \omega_i \qquad (6\text{-}11)$$

$$WC_i = V_{i,\,k} \cdot \rho_{i,\,k} \cdot (1-\omega_i) \qquad (6\text{-}12)$$

式中，$V_{i,\,j(k)}$ 表示第 i 流程中 j（k）材料的单价；$\rho_{i,\,j(k)}$ 表示第 i 流程中 j（k）材料的碳元素含量；ω_i 表示第 i 流程中碳元素的利用率；（$1-\omega_i$）表示第 i 流程中碳元素的损失率。

式（6-10）全面地反映了各个生产流程中碳元素的成本构成，包括输入端的投入成本、有效利用成本和废弃损失成本；式（6-11）和式（6-12）分别是有效利用碳元素成本和废弃损失碳成本的分配公式，反映了各个流程物量中心碳元素利用率情况。

如图 6-8 所示，首先，假设物量中心 1 在输入端接收了含碳元素 A_0 千克的物料，其输出端包含的正产品 1 则含有 A_1 千克的碳元素，这部分碳元素随后流入物量中心 2，作为后者的原料使用。而碳元素的损失部分，即 B_1 千克的碳元素，则以负产品的形式释放到外部环境中。通过明确各物量中心碳元素的质量，并与相应物料的单价相匹配，我们能够计算出各物量中心的碳素价值。具体而言，若物量中心 1 输入端含碳质量 A_0 千克的原料成本单价为 a_0 元 / 千克，则其价值即为 A_0 乘以 a_0 元。同时，我们假设正产品的单价分别为 a_1，a_2，a_3，$\cdots$，a_n，而负产品的单价分别为 b_1，b_2，b_3，$\cdots$，b_n。那么，各正负产品的碳价值即为它们的碳质量与相应单价的乘积。这些物量中心按照生产步骤串联起来，形成了完整的生产链。"碳素流—价值流"会计方法通过量

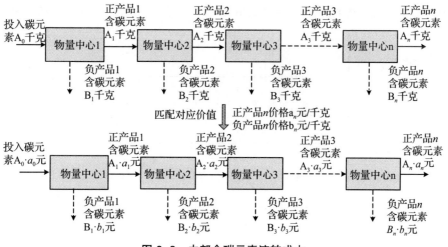

图 6-8　内部含碳元素流转成本

化各生产环节碳元素的利用率和成本构成，为企业提供了评估生产流程的有效工具。通过这一方法，企业能够识别出降低碳素流成本的关键环节，并据此制定针对性的战略措施，从而实现降低成本、减少碳排放、节约资源和减少污染的目标，最终达到经济效益与环境效益的双重提升。

6.3.4.2 外部成本

外部环境损害反映了负产品对环境的外部负面效应，当前关于外部成本计算的研究提出了两种主要方法：

第一种方法是基于日本的环境资源会计综合评价法（LIME 法），通过对企业环境污染计量方法及其经济代价的调查，编制出 LIME 系数表。LIME 系数反映了社会对于每单位污染物所愿意支付的经济成本，从而允许我们以货币形式量化生产过程对环境造成的负面影响。通过各物量中心的碳排放量乘以 LIME 系数，可以得出外部环境损害的成本。

第二种方法结合了碳排放权交易和环境罚款的考量。在碳排放交易市场内，企业的排放量若未超过年度配额，可将其剩余部分在市场中交易，从而产生收益；反之，若排放量超出配额，需在市场中购买超出部分，形成成本。此外，在计算企业的外部碳成本时，还需评估其环保责任履行情况。如有乱排放或超排放行为，企业不仅会受到相关部门的警告，还需缴纳罚款，这些均增加了企业的碳成本。

因此，企业外部碳成本的核算可表达为企业外部碳成本 = 碳交易成本 + 超排乱排罚款。

6.3.4.3 决策参考模型

通过对碳素流与价值流间逻辑关系的深入剖析，我们构建了一个二维模型，融合了碳元素利用率与碳排放成本两个维度，并据此划分出如图 6-9 所

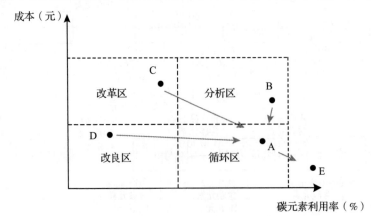

图 6-9 决策参考模型

示的四个关键区域：改革区、改良区、分析区与循环区。这四个区域分别对应 A、B、C、D 四种不同的情况。特别地，E 点代表了理想状态，即碳元素利用率达到高水平且碳排放成本保持在低位。在循环区 A 中，尽管存在一定的循环利用，但仍有提升的空间，可以考虑通过有效策略向 E 点这一理想状态靠近。而对于 B、C、D 三种情况，它们各自在碳成本或利用率上存在一定的不足，这提示企业需要进一步研究和优化，以实现更高效的碳素流管理与更低的碳排放成本。

具体分析如下：

（1）改革区。当碳元素利用率较低而成本较高时，标志着企业在生产流程优化与成本控制方面遭遇了显著挑战。为应对这一困境，企业需要从生产工艺和财务策略两个维度进行深刻审视和全面革新，以确保能够有效地改善当前的不利局面。

（2）改良区。当碳元素利用率和成本都较低时，通常表明企业的生产流程中存在某种效率问题，影响了碳元素的充分利用。为应对此情况，企业需要着手对生产流程进行必要的改良，通过优化和创新手段，旨在提高碳元素的利用率，同时降低碳排放，从而提升企业整体的生产效率和环保水平。

（3）分析区。这反映出企业成本结构存在显著问题。为了精准地诊断并解决这一问题，企业需要从横向和纵向两个维度出发，对生产流程的各个环节进行细致的检查。在检查过程中，企业需要对材料投入、损耗情况以及成本控制的实际表现进行综合评价，以发现潜在的关键优化点。通过这样的分析和改进，企业能够有效地解决成本问题，从而优化企业的成本结构。

（4）循环区。当碳元素利用率高而成本较低时，说明企业当前运营状态较优。为进一步提升效率和降低成本，企业应探索对负产品进行循环利用的潜力。此举旨在维持高碳元素利用率的同时，进一步压缩成本，从而使整个生产流程趋近于理想化的高效状态。

6.3.5 "碳素流—价值流"会计的应用

6.3.5.1 "碳素流—价值流"会计运用前提

（1）有清晰的工艺流程。在满足"碳素流—价值流"核算基础要求的前提下，仅当企业采用连续多步骤且流程明晰的生产工艺时，才能进行最基础的"单元"划分，以深入推动各环节核算与分析。

此类企业凭借其清晰的工艺流程，能够对生产过程中的碳元素进行精确追踪和量化计算。进一步地，结合不同生产环节间的碳素损耗特性，对比研究各环节的碳元素利用率，从而精准识别出碳素使用率提升的潜力点。此外，这些企业能清晰描绘出碳元素的流转路径，将碳元素的消耗量、循环利用量等关键数据有机串联，实现物质流与价值流的双重可视化，为优化生产流程、降低碳排放提供有力支持。

（2）有完善的数据中心。在实施"碳素流—价值流"模型时，数据的准确性直接决定了该模型的实际应用效果。数据中心的首要任务是采集原材料、中间产品、废弃物及最终产品的含碳量及其成本信息，以及碳排放权交易市场的配额和交易单价等关键数据。此外，企业需构建专业的数据处理分析中心，利用数据采集中心获取的数据，进行深度处理，以精确计算生产过程中的碳元素质量、碳元素价值及碳元素利用率。基于这些数据处理结果，企业能够绘制出详尽的"碳素流—价值流"流程路线图，并对其进行深入的分析，以优化生产流程，降低碳排放。

（3）有强大的策略执行能力。在数据处理中心工作完毕后，需要有经验的专业人士对结果进行意见指导，比如，如何选择减排设备、如何对生产工艺进行改良、副产品循环利用如何操作等。意见提出后需要进行评估比较，最终选择实施最优策略。整个过程需要有专门的策略执行中心提供后勤保障，才能让数据的分析和处理结果得到升华，使"碳素流—价值流"模型起到真正的全流程作用。

6.3.5.2 "碳素流—价值流"会计运用流程

（1）确定核算对象。"碳素流—价值流"会计的运用是随着碳元素的流动而进行的，要依据工艺流程，并综合考虑资源消耗及废料产生情况，选择合适的目标产品进行核算。

【例6-1】甲企业，专注于煤炭的深加工，其核心业务涵盖了焦炭生产及硫铵、粗苯、净化煤气等一系列炼焦附属化工产品。为了更精确地分析企业的生产流程，我们特地对甲企业的生产工艺进行了梳理和简化，聚焦于焦炭和净化煤气这两种与碳元素密切相关且对企业贡献显著的主要产品。

为提升生产效率、降低成本并减少碳排放，甲企业的管理层决定引入"碳素流—价值流"会计管理模式。经过细致的内部评估，管理层认为焦炭不仅是企业的核心支柱，其高损耗和潜在的环境影响也不容忽视。事实上，焦炭为甲企业贡献了超过半数的经济收益，其主营业务收入占比大且订单稳定。因此，对焦炭实施"碳素流—价值流"会计核算，将极大地促进甲企业在环境与经济效益方面的双提升。

在焦炭的生产过程中，荒煤气作为其副产品，经过精细加工后可以转化为另一主要产品——净化煤气。这一转化过程不仅丰富了甲企业的产品线，也为企业带来了更多的经济价值。

（2）设置物量中心。在碳素流转的过程中，物量中心扮演着确定成本的关键计量单元角色。它通过精确选取一个或多个环节，对生产过程中涉及的输入输出物料进行实物和货币单位的量化分析。在设置物量中心时，我们需严格遵循成本效益原则，因为过度的设置可能导致数据收集和管理成本的增加，而设置不足可能无法全面反映企业生产过程中的环境成本。因此，在设置物量中心时，应紧密结合企业的实际生产流程，将具有相同性质的生产环节归并为一个物量中心，并同步监控污染物的排放情况，准确记录和计量污染排放数据，以确保成本计量的准确性和完整性。

【例 6-2，接例 6-1】　甲企业管理者将焦炭生产流程划分为三个物量中心，分别为物量中心 1—备煤配煤中心、物量中心 2—燃烧炼焦中心、物量中心 3—煤气净化中心。各物量中心的碳素流转如图 6-10 所示（其中，输出的正产品为实线，输出的负产品为虚线）。

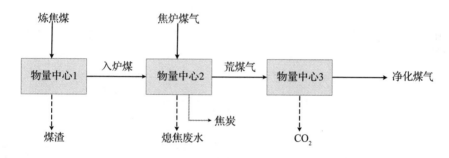

图 6-10　焦炭物量中心划分

（3）碳素流核算。根据所划分的物量中心梳理各步骤的碳素流动，并计算各物质中碳元素质量。

【例 6-3，接例 6-2】　2023 年 5 月，甲企业在焦炭生产线上投入炼焦煤 20 000 吨、焦炉煤气 2 000 吨，产出的正产品为入炉煤 12 500 吨、荒煤气 7 600 吨、焦炭 4 125 吨、净化煤气 9 500 吨，产出的负产品为煤渣 35 000 吨、熄焦废水 5 000 吨、CO_2 5 225 吨。

已知各物质含碳量如下：炼焦煤 85%、焦炉煤气 50%、入炉煤 80%、荒煤气 75%、焦炭 80%、净化煤气 45%、煤渣 20%、熄焦废水 40%、CO_2 12/44。

生产过程焦炭碳素流路线如图 6-11 所示。

（4）价值流核算。将生产流程中各物质所含碳元素质量与其单价进行匹配，计算各物质中碳元素价值。

【例 6-4，接例 6-3】　甲公司员工汇总了生产流程中各含碳物质的市场均价，如表 6-8 所示。

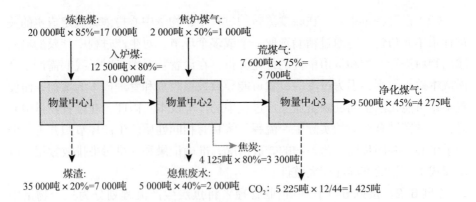

图 6–11　焦炭碳素流路线

表 6–8　各生产环节含碳物质单价　　　　　　单位：元 / 吨

物质名称	单价
炼焦煤	1 750
焦炉煤气	900
入炉煤	850
荒煤气	1 200
焦炭	1 800
净化煤气	2 000
煤渣	40
熄焦废水	70
CO_2	100

　　将各物质中碳元素质量与各物质单价相乘，得到如图 6–12 所示的焦炭价值流路线。

　　（5）计算各物量中心外部成本。在评估外部成本时，当前存在两种主流的计算方法。第一种方法是 LIME 系数法，该方法通过调研企业对于每单位污染物在社会层面愿意付出的经济代价来进行估算，该方法源自日本，经过众多学者的验证和应用，已展现出其成熟性。然而，鉴于中日两国在国情、地域特征等方面的显著差异，中国企业在应用 LIME 系数法量化外部成本时，需进行深入的评估与分析。第二种方法则兼顾了碳排放权交易机制与环境罚款的影响，更加贴近我国的市场环境和法规要求。因此，建议企业在选择计算方法时，应充分考虑自身的实际情况和特定需求，从而选取最为合适的方法进行外部成本的精确计算。

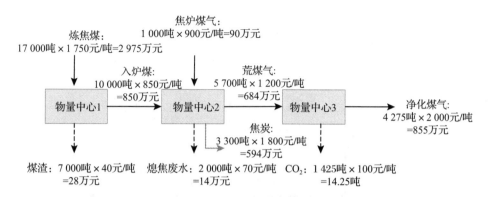

图 6-12　焦炭价值流路线

（6）核算结果分析。在完成成本核算步骤后，企业需要对"碳素流—价值流"的结果进行分析，找出需要改进的关键生产环节，并由相关技术人员提出具体优化措施。

【例 6-5，接例 6-4】 假设甲公司的 CO_2 排放量刚好与配额相等，且近几年不存在超排罚款情况，甲公司管理者需要对焦炭"碳素流—价值流"的核算结果进行分析。

根据焦炭"碳素流—价值流"核算结果可以计算出每个环节中碳元素的损失质量，从而计算出碳元素利用率。碳元素利用率 = 正产品碳元素质量 / 输入端碳素流质量。各物量中心碳成本等于输入端各物质碳元素价值之和。因此，焦炭碳成本和碳元素利用率情况如表 6-9 所示。

表 6-9　各物量中心焦炭碳成本和碳元素利用率情况

	碳成本（万元）	碳元素利用率（%）
物量中心 1	2975	58.82
物量中心 2	940	81.82
物量中心 3	684	75

注：物量中心 1：碳成本 = 输入端炼焦煤碳元素含量 =2 975 万元；碳元素利用率 =10 000 ÷ 17 000=58.82%；

物量中心 2：碳成本 =850+90=940（万元）；碳元素利用率 =（5 700+3 300）÷（10 000+1 000）=81.82%；

物量中心 3：碳成本 = 输入端荒煤气碳元素含量 =684（万元）；碳元素利用率 = 4 275 ÷ 5 700=75%。

各物量中心所处区间如图 6-13 所示。

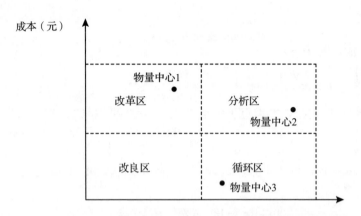

图 6-13　焦炭决策分析

　　由于物量中心 1 在碳成本方面显著偏高且碳元素利用率偏低，该区域应被明确标识为改革区，以凸显其在生产工艺流程和成本控制上存在的巨大优化潜力。改革措施包括精准控制原料用量，减少前端含碳物质流的投入，并引入先进技术以提升碳元素利用效率，从而有效实现节能减排。在成本控制层面，通过多方对比和筛选，选取性价比更高的原料，以进一步降低成本。相较之下，物量中心 2 的碳成本较低，且碳元素利用率表现出色，故将其归类为分析区。技术团队需基于企业历史成本数据进行纵向对比，并横向参考同行业相似规模企业的同期碳成本，从而精确识别并优化当前生产环节中的潜在问题。物量中心 3 凭借较低的碳成本和较高的碳元素利用率，被划分为循环区。技术团队应进一步探索该区域工艺流程的优化空间，力求使该生产步骤达到更为理想的状态。

《谈基于"碳素流—价值流"的碳成本核算》

《基于"碳素流—价值流"二维分析的企业碳成本控制研究》

《循环经济"物质流—碳素流—价值流"三维分析框架构建及应用研究》

课后习题

一、思考题

（1）什么是物质流成本会计？它起源于怎样的历史背景？

（2）物质流成本会计的理论基础有哪些？它与这些理论之间有怎样的联系？

（3）与传统成本会计相比，物质流成本会计有怎样的特点？

（4）物质流成本会计的处理流程主要包括哪些？

（5）物质流成本会计的实施，需要建立怎样的数据库，与企业现行 ERP 系统如何衔接？

（6）资源价值流的概念是什么？与传统成本会计核算有什么区别？

（7）资源流转价值由哪些部分组成？具体核算方法是什么？

（8）请谈一谈你对"物质流—价值流"二维分析模型的理解。

（9）请谈一谈你对"物质流—价值流—组织"三维分析模型的理解。

（10）什么是"碳素流—价值流"会计？与传统的环境会计有何区别？

（11）探讨"碳素流—价值流"会计在不同行业（如制造业、能源行业、交通运输业等）中的应用，并分析其适用性和局限性。

（12）在未来，随着全球气候变化问题日益严重，"碳素流—价值流"会计在企业可持续发展中的地位和作用将如何变化？

（13）对于那些尚未实施"碳素流—价值流"会计的企业，应如何开始这一进程？

（14）针对"碳素流—价值流"会计，你认为应该采取哪些措施来促进其在实践中的应用和推广？

二、案例分析题

［案例 1］

从财务角度实现制造过程损耗的"可视化"

在当前竞争激烈的市场环境下，企业为拓宽利润空间，必须致力于提高资源利用效率，并有效降低单位产品的成本。为了进一步增强产品的市场竞争力，在资金限制条件下，企业应实施高效且合理的投资于产品生产设施的策略，从而确保经济效益与生态效益的和谐共生。这要求构建一个能够同时精确核算经济效益和生态效益的会计核算体系。在这样的背景下，G 企业，一家日本知名的汽车配件制造商，年销售额近 61 亿日元，决定引入物质流成本会计。此举旨在实现制造过程损耗的"可视化"，精确掌握制造工序中的损失状况，并收集改善工序和削减成本的关键数据，以辅助工厂管理者做出科学的生产成本控制决策。

自 2006 年以来，G 企业集团的产量逐年攀升，随之而来的是废弃物产生量的增加。由于大部分废弃物源自零部件加工厂，G 企业决定选取发动机盖生产的第一条生产线作为试点，实施物质流成本会计。发动机盖作为 G 企业的核心产品，其生产线涵盖成型、研磨、着漆、组装四个主要工序。

2009 年 8 月至 2010 年 4 月，G 企业从财务管理、工程管理和生产管理三个部门收集了大量第一手数据，包括各工序的物质投入量、排泄量、废弃量、功耗量、劳动费及其他相关费用。这些数据为物质流成本会计的实施提供了坚实的基础。在实施过程中，G 企业特别关注以下几点：①针对材料成本（包括原材料和辅材料），结合工作人员的工作内容和数据收集特点，将发动机盖制造工序细分为四个物量中心，并详细记录各物量中心的输入输出数据（见图 6-14），其中包装工序的附属品因重量较小而予以忽略；②在能源成本方面，按照生产线在全企业能源成本中的占比，计算实际的生产用水量和用电量；③在系统成本方面，以工厂整体生产量为基础，根据劳动时间和工时进行合理分配。

图 6-14 记录了数据收集期间各物质的输入输出量。在构建物质流成本会计的计算模型时，综合考虑了多个维度的数据，包括每个工序新投入的总成本、从前一道工序转移过来的成本、正产品和负产品中的材料成本、系统成本和能源成本，以及与之相关的废弃物处理成本和可回收材料的销售额。G 企业基于这些详尽的数据，进行了精确的计算，并绘制出了工序间整合后的流程图。进一步地，在核算流程图的基础上，得出了 G 企业各物量中心产出正负产品的物质流成本矩阵。这一矩阵为 G 企业提供了清晰的成本分析依据，有助于企业更好地进行成本控制和优化决策，如表 6-10 所示。

根据案例资料，分析以下问题：

（1）企业在应用物质流成本会计时，应做哪些准备工作？

（2）G 企业发动机盖生产的物量中心的成本的核算与分配，基于怎样的运行机理？

（3）通过观察 G 企业核算后的结果——正负产品物质流成本矩阵，我们可以发现 G 企业在实际生产过程当中存在哪些问题？在哪些生产环节负产品率过高？为了降低负产品成本比率，企业可以采取哪些有效的措施？

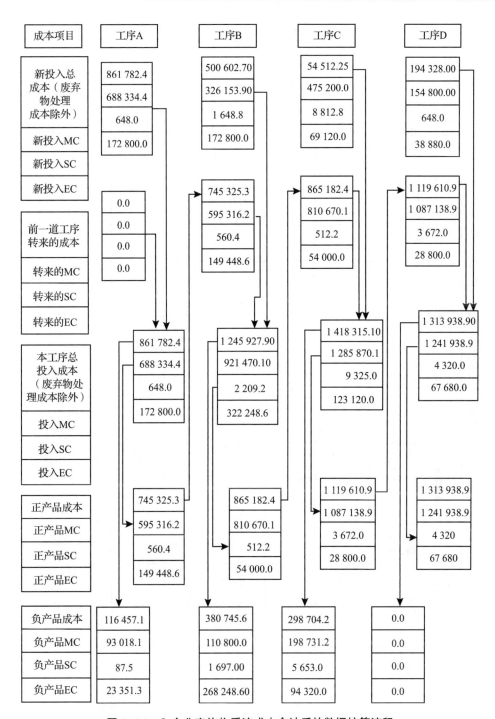

图 6-14　G 企业实施物质流成本会计后的数据核算流程

表 6–10 G 企业各物量中心产出正负产品的物质流成本矩阵

工程类别	正产品				负产品				各工程产出小计	
	物量（千克）	金额（元）	本物量中心正产品率（%）	物量（千克）	金额（元）	本物量中心负产品率（%）	负产品占所有负产品比率（%）	物量（千克）	金额（元）	
成型工程	46 080	760 270.18	86.49	7 200	118 792.22	13.51	46.73	53 280	879 062.00
研磨工程	47 520	889 138.93	93.75	3 168	283 511.20	6.25	20.56	50 688	1 172 650.00
着漆工程	51 120	124 650.93	91.03	5 040	328 716.80	8.97	32.71	56 160	1 454 367.00
组装工程	53 280	1 313 938.93	100.00	0	0.00	0.00	0.00	53 280	1 313 938.00
合计				15 408	732 020.27			全工程负产品成本占所投入总成本的 20.30%	

资料来源：根据 G 企业的实际生产一线数据计算得到。

278

[案例2]

A公司与B园区

材料1：A公司，作为钢铁行业的领军企业，在响应公司转型升级的号召下，为追求经济循环的可持续发展，引入了资源价值流会计核算体系。根据资源流转价值的构成，包括资源流转附加价值（经济附加值）、资源有效利用价值（正制品价值）、资源损失价值（负制品价值）以及外部环境损害价值，公司采取了以下措施来具体实施：

首先，基于钢铁行业的生产工艺流程特性，公司将物量中心精细划分为烧结、连铸、炼铁、炼钢、冷轧和热轧等环节。同时，以铁元素作为核心流转资源，依据循环经济的物质流分析框架，收集各物量中心的成本数据，对资源、能源在企业内部不同环节的价值流转进行确认、计量、报告、深入分析和科学评价。通过这一过程，公司成功构建了资源流转价值体系，为循环经济的决策提供有力支撑和有效控制。

其次，在内部成本核算中，公司细致地区分了正制品与负制品的价值。每个物量中心的成本核算均基于正、负制品中铁元素的占比进行分配。具体而言，根据正制品铁元素在总铁元素中的比例，公司将成本合理分配给正制品，而负制品的成本通过总成本减去正制品成本的方式得出。

最后，在外部成本核算中，A公司不仅关注传统的企业内部资源流转成本，更着重于外部环境损害价值的评估和资源附加价值的分析。公司先收集了生产过程中对环境产生显著影响的主要物质，如废水、废渣、二氧化硫和氮氧化物等，并对其产生量进行了详尽统计。然后通过将这些物质的量乘以相应的LIME值，公司准确地计算出了外部环境损害成本，从而全面反映了公司经济活动对环境的综合影响。

综合上述核算结果，得出A公司生产流程各物量中心的成本情况汇总如表6-11所示。

表6-11 A公司成本汇总　　　　　　　单位：元，%

物量中心	正制品成本	负制品成本	外部损害成本	正制品率
烧结	876 390 852	702 691 764	4 886 611	55.34
炼铁	673 644 805	333 940 495	5 499 301	66.49
炼钢	711 471 675	121 535 789	10 857 980	84.33
连铸	653 552 812	263 861 264	6 873 249	70.71
热轧	915 956 457	295 786 441	5 903 583	75.27

续表

物量中心	正制品成本	负制品成本	外部损害成本	正制品率
冷轧	907 273 707	101 368 546	4 370 298	89.56

问题：资源价值流会计以循环经济物质流路线为基础，跟踪、计算资源的价值流动，遵循物质流与价值流的互动规律，对企业资源的物质流分析与价值流分析进行耦合研究。请你根据材料1的核算结果，为A公司钢铁生产流程提出改进建议。

材料2：B工业园区属于铝生产企业园区（见图6-15），图中直观展示了铝生产企业、铝工业园区和国家层面的铝循环。同时，基于资源高效利用的循环路线，形成了不同层面的物质流转路线优化。铝生产企业层面的物料流优化主要是以清洁生产为核心的小循环应用；铝工业园区层面则是以物质集成为基础，形成废弃物集中化处理，实现更好的成本效益；国家层面则以某特定物质流（如铝元素）流转为对象，针对工业废弃物建立大型再生资源基地，针对社区居民产生的生活废弃物建立城市矿产基地，以优化再生资源的回收成本。

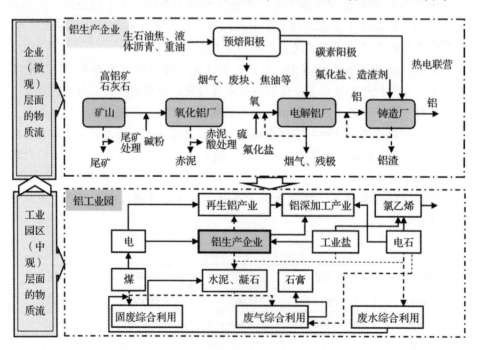

图6-15 企业—园区—国家层级间物质流分析的逻辑关系（以铝工业为例）

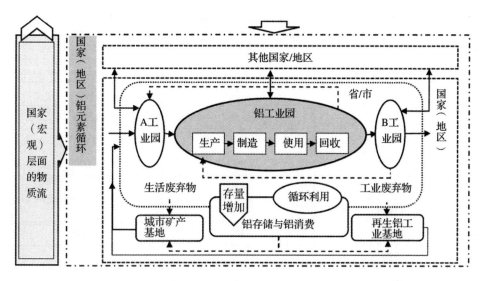

图6-15 企业—园区—国家层级间物质流分析的逻辑关系（以铝工业为例）（续）

资料来源：肖序，李震.资源价值流会计：理论框架与应用模式［J］.财会月刊，2018（1）：16-20.

问题："物质流—价值流—组织"三维模型作为资源价值流成本会计与工业共生理论、生命周期理论的集成创新，核心思想在于提倡从组织视角进行资源价值流分析，将资源价值流分析的组织边界从企业层面向园区和国家层面延伸。为了实现资源的循环利用，结合材料1和材料2，试着从宏观角度为我国制造业的循环发展提出建议。

［案例3］

W企业的生产流程测算

W企业是一家钢铁企业，企业管理者想利用"碳素流—价值流"会计来改进生产流程。W企业的简化生产流程及各物质投入产出情况如图6-16所示（图中只包含主要含碳物质）。

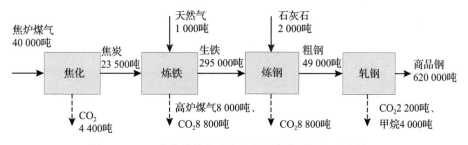

图6-16 W企业的简化生产流程及各物质投入产出情况

表 6-12　各物质含碳量及单价

物质	含碳量	单价（元／吨）
焦炉煤气	50%	900
CO_2	12/44	100
焦炭	80%	1 800
天然气	20%	800
生铁	4%	2 000
高炉煤气	60%	800
石灰石	20%	850
粗钢	2%	2 500
甲烷	75%	200
商品钢	1%	4 000

假设商品钢生产过程中无外部成本，请回答下列问题：

（1）请画出商品钢生产的"碳素流"和"价值流"路线图。

（2）请对各环节的碳成本和碳元素利用率进行计算。

（3）请利用决策分析图为 W 企业生产工艺流程改进和成本控制提出建议。

🎯 学习目标

（1）了解排放权、碳排放权交易概念，熟悉碳排放权交易运行原理与市场机制。

（2）理解碳排放权交易相关会计的理论基础。

（3）了解国际碳排放权交易会计处理，掌握我国碳排放权交易初始计量、后续计量的方法及账务处理的具体应用。

（4）了解碳排放权交易信息披露概念，理解碳排放权交易信息披露要点。

💬 案例引导

20 世纪 70 年代，美国下大力气治理环境污染，针对废气、废水、固体垃圾、噪声等各类污染进行了一系列严格立法。严管环境带来了政府环保经费的大幅上升，仅 1975 年，美国政府就花掉了 230 亿美元用于环境治理和保护。同时，严格的环保政策对经济增长产生了明显影响。据哈佛大学统计，1973 年后的十年间，每年因环保政策导致的 GDP 增幅损失高达 2.59%。这种情况下，美国开始寻求效率更高、更为市场化的方式推进环境保护。

在美国 1970 年版的"空气清洁法案"中，要求工厂的每个排放口都必须采用规定的处理技术，每个排放口都必须达到环保标准。这是一项硬性管制，导致企业负担很重。1979 年，美国环保局尝试对"空气清洁法案"进行改革，试点了一项新政策，称为"泡泡"（Bubbles）政策。在探讨此政策时，我们需明确其核心理念：将工厂视为一个整体环境控制单元，即一个"封闭系统"，而非单独针对每个排放口进行管控。依据该政策，当工厂拥有多个排放口时，只要整个工厂的总污染排放控制在法定标准以内，各个排放口的具体排污量可以有所差异，并允许在工厂内部进行灵活调配。这种调控机制为工厂提供了优化管理的空间，使其能够基于各排放口处理成本的高低，在内部进行恰当的调整，进而显著降低总体的处理费用。

"泡泡"政策受到企业的广泛欢迎，于是环保局决定将"泡泡"扩大，用于同一公司所属的不同工厂之间。也就是说，只要这个公司的总污染量不超过标准，具体每一间工厂的排污多少由公司自行协调，政府不干预。后来，这个"泡泡"进一步扩大，扩大到了同一地区的不同企业间，"排污权交易"随之出现。由于各个企业的具体条件不同，削减同一单位的污染物所需的成本有高有低，但同一单位污染物对环境的破坏作用却是相同的。因此，在保持全社会总污染量不变的前提下，首先削减那些最容易处理的污染物，对于全社会来说是最有效率的方式。

1982年，美国环保局实施了一项创新策略，即授权各州设立"排放权交易"体系。在这一框架下，那些面临较高污染处理成本的企业可以选择向处理成本相对较低的企业购买排放权。与此同时，那些处理成本较低的企业通过出售排放权所获得的收入，不仅能够有效覆盖自身污染物的处理费用，还能够实现一定的经济盈余。这一举措不仅促进了环保成本的优化分配，也激励了企业寻求更高效的污染治理方法。"排污权交易"使买卖双方都能得益，深受企业支持，迅速推广到全国。1986年，美国环保局提出了"排污交易政策的总结报告书"，1988年底，"排污权交易"成为正式立法的政策。1997年12月，《京都议定书》签署，《京都议定书》中提出了4种"灵活履约机制"，其中排在第1位的是由美国"排污权交易"转变而来的国家之间的"碳排放权交易"。自此，碳排放权交易在世界范围内推广与发展起来。

7.1 碳排放权交易

7.1.1 概念界定

7.1.1.1 排放权

（1）排放权的含义。从本质层面深入剖析，排放权实际上是对环境容量资源的一种限量使用权。基于这一核心理念，排放权交易制度得以构建。首先，该制度由政府设定污染物的排放总量或排放标准，以确定环境资源的承载阈值。其次，政府进行排放权的初始分配，即明确各企业对环境容量的产权归属。最后，这一制度允许企业在排放权交易市场上进行自由的买卖交易，以灵活调整其排放权配额，从而更有效地利用环境资源。在此过程中，市场机制将决定排污权的实际价格，并推动环境资源的最优配置。

此交易制度实际上是一种基于市场机制的环境政策工具，旨在通过市场信号引导环境主体自主决策，而非强制设定具体的减排任务或方法。它促使厂商和个人在追求个体利益的同时，自然而然地达成减排目标。这种政策工具的设计原理在于确保各厂商的边际减排成本趋于一致，即每个污染源在增加一个单位的减排量时，其减排成本的增加额相等（Montgomery，1972；Tietenberg，1985）。在此机制下，减排成本较低的厂商将积极承担更多的减排责任，而成本较高的企业可以通过购买排放权来履行减排义务，最终实现资源的帕累托效率配置。

（2）排放权的理论渊源。排放权的概念起源于经济学家对环境议题的细致探讨。在 1968 年，美国经济学家 Dales 在著作《污染、财产与价格：政策与经济学的交织研究》中，首次描绘了排放权交易（Emissions Trading System）的核心架构，并对排放权进行了明确的阐释。他定义排放权为在法律框架内，个体或组织被赋予的向环境排放污染物的法定权利或权限。当这些权利在特定情境下被允许进行交易时，它们便转变为了具有流通性的排放许可（Tradable Permits）。这一理念的提出，为后来的排放权交易市场奠定了基础。这一创新思路为环境管理提供了新的视角，强调了市场机制在环境资源配置中的重要作用。

排放权交易的理论基石主要立足于环境污染的外部性现象以及科斯定理的启示。Coase 在 1960 年的《社会成本问题》一文中，率先提出了利用市场机制和明确的产权界定来化解外部性问题的策略。在后续研究中，Dales（1968）进一步深化了其创新思想，并将其成功应用于污染控制领域。他巧妙地引入了产权理论，进而首次提出了排污权交易的概念。Montgomery（1972）在其后续研究中进一步验证，在众多减排策略中，排放权交易在成本控制方面展现出尤为显著的优势，其实现减排目标的成本相对较低，从而提升了减排策略的经济效率。Stern（2007）从动态激励的视角分析，强调排放权机制在促进减排方面的有效性。因此，在各国政策规划中，包括美国众议院于 2009 年 6 月 26 日通过的《清洁能源与安全法案》，建立以排放权交易为核心的金融机制已成为推动低碳经济发展的核心策略。

7.1.1.2　碳排放权

（1）碳排放。碳排放主要源自多个方面，包括化石能源如煤炭、石油、天然气的燃烧，以及工业制造、土地利用的变动、林业活动等，甚至包括外购电力和热力所产生的温室气体排放。而温室气体，作为大气中自然存在和人为产生的能够吸收并重新释放红外辐射的气态成分，种类繁多，包括但不限于二氧化碳（CO_2）、甲烷（CH_4）、氧化亚氮（N_2O）、氢氟碳化物（HFCs）、全氟化碳（PFCs）、六氟化硫（SF_6）以及三氟化氮（NF_3）等。这些气体的排放对全球气候和生态系统产生深远影响。

（2）碳排放权。碳排放权，即为企业按照法律规定所获得的，向大气中排放温室气体的法定许可。这一权利的确立旨在规范企业的排放行为，促进温室气体减排和环境保护。由于环境保护的需要，企业被限制温室气体排放量，然而限制的碳排放额无法满足实际的生产经营需要，因此，企业碳排放配额变得稀缺，逐渐成为一种具有实际价值的产品，被称为碳资产，也叫碳排放权。

（3）碳排放权交易。在碳排放交易的机制下，减排难度较大的企业可以选择购买减排能力较强的企业的碳排放权配额。通过这种方式，减排能力较强的企业帮助前者完成了减排任务，并因此获得了经济回报。这种交换机制体现了碳排放交易的基本原理，即通过市场手段实现减排资源的优化配置。

碳排放权交易

7.1.2　碳排放配额的确定与分配

在国际碳交易市场中，碳排放配额的分配策略目前大致可归为无偿与有偿两类。无偿分配策略主要依托历史法和基准法实施，而有偿分配更多地倾向于拍卖机制（见表7-1）。观察欧盟碳排放权交易体系的发展脉络，特别是从前两个阶段过渡到第三个阶段，可以明显看到，相较于无偿分配，有偿分配（特别是拍卖）更能有效推动企业构建长期、稳定的减排机制，进而显著提高减排成效。

表7-1　碳配额免费分配方法

分配方法	配额分配方式
历史排放法	指以纳入配额管理的单位在过去一定年度的碳排放数据为主要依据，确定其未来年度碳排放配额的分配方法
基准法	指以纳入配额管理单位的碳排放效率基准为标杆，确定其未来年度碳排放配额的分配方法，即与行业中企业进行横向对比

续表

分配方法	配额分配方式
历史强度法	介于历史排放法和行业基准法之间，是指根据企业的产品产量、历史强度值、减排系数等计算分配配额，即企业自身的纵向对比

为了更精确地分配配额并优化碳市场的运行效率，众多碳交易市场正逐步提高拍卖方式在配额分配中的比重。例如，韩国在第三阶段将拍卖比例提升至10%，德国计划自 2026 年起全面采用拍卖方式进行配额分配。这一趋势预示着未来的配额分配将更趋公平与高效，有助于维持碳市场的供求平衡，提升整个市场的运行效率。

目前，我国企业获取碳排放权的方式主要有三种：政府免费分配的配额、从碳排放权交易市场有偿购买以及通过 CCER 项目取得。①免费配额指在不同的地区，政府会根据企业往年的温室气体排放量，当年重新设置一个温室气体排放的额度，然后政府对纳入考核的单位，分配相应额度的排放权。②有偿购买指企业在其生产经营过程中，若没有及时有效的控排手段，如果当年的碳排放量超出了政府分配的额度，在实际履约时，企业需接受相应的处罚，以解决超过的这部分额度。因此，企业可以在履约前从市场购买相应的碳排放权配额，这样可以避免高额的罚款。值得一提的是，企业在其生产经营过程中，若有先进的技术与有效的控排手段，当年实际的碳排放量比较少，并没有超出当年政府分配的额度，在这样的情境下，可以当作对企业减排成效的补偿，企业可以将结余的部分在市场上进行出售，为企业带来经济利益的流入。通过这种手段，不仅可以激励企业控制温室气体的排放，更有利于环境的保护。③ CCER 项目，即国家核证的自愿减排量，其核心理念在于精确量化与核证国内可再生能源、林业碳汇及甲烷利用等项目所实现的温室气体减排成效。通过严格的核证流程，这些减排量将被纳入国家温室气体自愿减排交易注册系统，为企业提供一个合规且高效的方式，以抵消其超出碳排放限额的部分。此举不仅促进了碳减排的落实，也推动了企业向绿色、低碳的发展方向转型。

7.1.3 碳排放权交易运行原理

随着排放权概念的出现，碳排放权交易应运而生，《京都议定书》的签署，不仅标志着发达国家承担减少碳排放的义务，还使碳排放权成为国际商品，并在市场中交易，不断发展壮大。发达国家的强制减排义务导致其碳减排成本相较于无减排义务的发展中国家略高，因此考虑到成本和收益，发达国家选择通过交易来获取碳减排量。而发展中国家由于减排压力小，经济发展较差，在权衡经济效益后，选择将富余的碳排放权出售给发达国家来获取即时的利益。可见，碳交易指排放者在现实经济中按照减排成本进行的碳排放权交易。

延伸到国家内部，也是采取此种方式进行碳排放权交易的管理。政府作为主要角色，根据不同地区、不同行业以及企业往年的碳排放量，当年免费分配一定额度的碳排放权配额用于抵消温室气体的排放。有的企业由于技术的改进等原因，当年的配额会有结余，而有些企业的配额可能不足以完成减排目标。为了避免在履约时面对的巨额罚款，履约不能及时交付的企业会从有结余配额的企业购买碳排放权配额。正是这种交易的出现，带来了碳排放权交易的发展与壮大，碳排放权交易运行原理如图7-1所示。

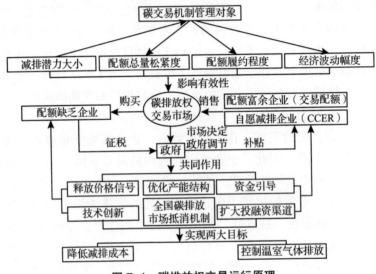

图7-1　碳排放权交易运行原理

7.1.4　碳排放权交易市场

7.1.4.1　国际碳排放权交易市场

《京都议定书》的正式生效为全球众多经济体拉开了碳减排的序幕，进而孕育出多个碳排放权交易市场。这些市场基于其运作机制的差异性，被细致地划分为多种类型。

基于参与性质的差异，碳交易市场可被明确区分为强制性碳交易市场和自愿性碳交易市场。前者以"强制参与，必须减排"为特点，即要求特定国家或地区的企业必须加入排放配额分配的交易体系，其典型实例包括EUETS（欧洲排放交易体系）、RGGI（区域温室气体减排倡议）和NZETS（新西兰排放交易体系）等。自愿性碳交易市场是出于社会责任、品牌形象等考量，主动承诺减排并加入相应减排体系进行交易的市场形态。以日本经济团体联合会推行的自愿行动计划（以下简称 KVAP）为例，这些市场参与者在没有法律强制要求的情况下，自愿采取减排措施，并通过市场机制实现减排成果的交易与流通。

碳排放权交易市场依据其交易机制的特性，可区分为配额基础交易市场与项目基础交易市场。在配额基础交易市场中，其核心机制为"总量控制与市场交易"（Cap-and-Trade）体系。首先，政府会设定一个明确的减排目标，并据此确定一个总体的排放上限。其次，政府会根据这一上限向受管控的排放企业发放一定数量的排放权指标或配额。这些企业可以使用这些配额来平衡其当年的温室气体排放，若有剩余配额，则可以在市场上进行出售，从而构建了活跃的配额交易市场。目前，国际上多数领先的碳交易市场都采用了这种基于配额的交易模式。

而基于项目的交易市场则采用"基准与信用"（Baseline-and-Credit）作为其核心机制。在此类市场中，主要交易对象是通过特定减排项目所产生的温室气体减排信用。具体而言，这些减排信用可能源自如清洁发展机制（Clean Development Mechanism，CDM）下的核证减排量（Certified Emission Reductions，CERs），或者通过联合履行机制（Joint Implementation，JI）所获得的排放减量单位（Emission Reduction Unit，ERU）。清洁发展机制所涵盖的一级市场和二级市场，均属于这一基于项目的交易市场的重要组成部分。

国际上发展成熟的碳市场通常拥有一系列精细化的运作机制，这些机制不仅包含明确的减排目标和时间规划，还涉及坚实的法律基础架构、合理的总量分配与配额调控策略，以及有效的履约与调整措施。这些方面共同确保了碳市场的稳定运行和持续发展。

以美国区域温室气体减排行动（RGGI）为案例，自 2020 年起，各成员州相继颁布了一系列与碳市场运作紧密相关的法规条例，并于次年即 2021 年开始实施更为严苛的年度排放总量削减措施，同时引入了排放控制储备机制以增强市场的稳定性。另外，欧洲排放交易体系（EUETS）在 2021 年迎来了其第四阶段的十年减排规划。为达成 2030 年的减排目标，EUETS 不仅将第四阶段的年度排放总量削减系数从第三阶段的 1.74% 提升至 2.2%，还对制造业的免费排放配额基准进行了调整，旨在更精准地反映行业的实际排放情况。此外，EUETS 还计划实施碳边境调整机制，以应对潜在的碳泄漏风险，确保减排目标的全面实现，如图 7-2 所示。

7.1.4.2　我国碳排放权交易市场

在我国，碳排放权最初被视为排污权的一个现代化衍生分支，其相关的排放标准和监管惩处措施主要借鉴了排污权的管理经验。然而，随着研究的深入，"碳"与"污"之间的本质差异逐渐被认识，碳排放权被赋予了稀缺资

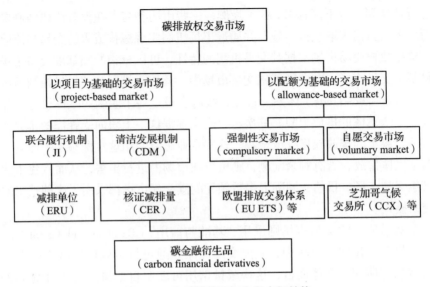

图 7-2　全球碳排放权交易市场结构

源的属性，并被视作一种可以正当且适量投入市场交易的商品，从而创造经济价值。

《全国碳市场发展报告（2024）》

　　为探索碳排放权交易市场的可行性，我国在 2011 年底启动了包括"两省五市"在内的七个碳交易试点项目；在 2015 年 12 月的巴黎气候大会上，郑重宣布了我国计划在 2017 年构建覆盖全国范围的统一碳交易市场，旨在构建一个统一且高效的碳排放管理体系；在 2020 年 9 月 22 日举行的第七十五届联合国大会一般性辩论中，我国承诺将加大国家自主贡献的力度，致力于确保在 2030 年前实现二氧化碳排放的峰值，并努力在 2060 年前达成"碳中和"的宏伟目标，为应对全球气候变化贡献出中国的智慧和力量。

　　为响应这一承诺并推动碳排放交易制度的成熟与完善，2021 年 1 月，中国生态环境部在前期研究的基础上，发布了《碳排放权交易管理办法（试行）》，这一举措标志着我国碳排放交易制度迈向了一个新的发展阶段，具有重要的里程碑意义。

【碳排放权交易管理办法（试行）】

依据《京都议定书》对补充性碳交易市场的界定，全球各国及国际组织所采纳的减排交易机制主要包括国际排放贸易（IET）、联合履约（JI）和清洁发展机制（CDM）。在中国，清洁发展机制（CDM）占据核心地位，其主旨在于通过技术转移和资金扶持的方式，助力发展中国家达成减排目标。这一机制独特地要求发展中国家与发达国家间实现合作共赢。我国通过实施该机制，成功淘汰了落后产能，并通过"碳排放权交易"减少了碳排放造成的污染。

我国碳市场的发展历程可以细分为三大阶段。第一阶段为 2002~2011 年，此期间我国主要投身于国际 CDM 项目，以积累宝贵的碳交易经验。第二阶段为 2011~2020 年，我国致力于优化和完善国内碳交易试点的制度和体系，为后续发展奠定了坚实基础。自 2021 年起，我国进入第三阶段，即逐步构建并完善全国统一的碳交易市场体系。

当前，我国已深入第三阶段，依据各碳交易试点的数据反馈，碳交易市场整体呈现出积极的态势，市场规模不断扩大。以协商议价交易为例，尽管交易过程中存在间断性，但试点交易额持续增长，各试点间的交易份额也日趋均衡，彰显出碳交易市场健康发展的良好势头。如图 7-3、图 7-4 所示。

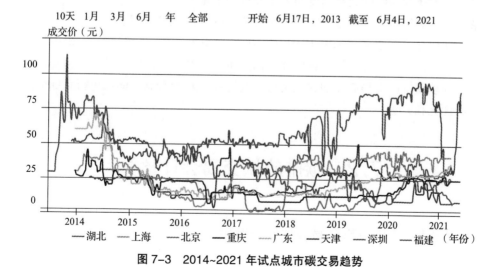

图 7-3　2014~2021 年试点城市碳交易趋势

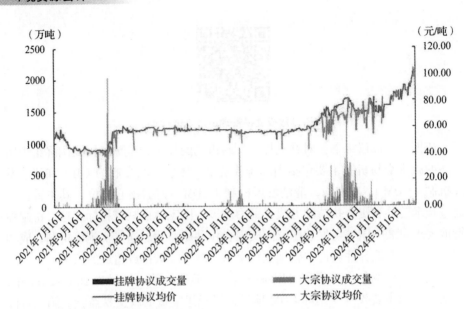

图7-4　2021年7月16日至2024年3月16日全国碳市场交易情况

资料来源：上海环境能源交易所官方网站。

　　除积极参与CDM项目和进行试点研究外，我国还大力推进非强制性的核证减排项目（CCER），以进一步促进碳减排工作。随着碳减排理念的普及和深化，我国的CCER项目取得了显著成果，近年来多个试点均有交易记录。然而，深入分析这些交易记录，我们发现交易额增长的稳定性尚需加强，这一现象反映了我国当前碳交易制度与体系尚存的不足。

　　这些制度短板不仅影响了碳交易的顺畅进行，更导致我国作为全球CDM国际注册认证最多的国家和CDM项目的最大卖方，在国际碳交易定价中处于被动地位，多数情况下需依赖国际协商定价。提升我国在国际碳交易市场的地位，推动碳排放交易制度的深入发展，关键在于对现有制度体系进行全面而深入的优化和完善。

7.2　碳排放权交易会计核算

7.2.1　碳排放权交易会计相关概念

7.2.1.1　碳排放权交易会计的定义

碳排放权交易会计，简称碳会计，是一个专注于碳排放权业务的会计信息系统。该系统主要运用货币作为计量单位，旨在确认、计量重点排放企业及其他交易企业在过去取得、持有、交易以及履约的碳排放权业务。此外，该系统还负责通过表内和表外两种渠道进行信息披露，以确保定期向企业的各利益相关者提供全面、准确的碳会计信息。设立碳排放权的目的是鼓励企业节能减排，在可能允许的范围内进行碳排放，降低其生产经营活动对周围自然环境的影响。因此，碳会计是环境资源会计的一个重要的会计分支。

7.2.1.2　碳排放权交易会计的要素

在碳排放交易会计的实践中，其计量模式沿袭了传统会计的核心理念，通过明确的碳会计要素对涉及碳排放的经济活动进行系统分类。这些碳会计要素可划分为六大类：①碳资产，用于衡量企业持有的与碳排放相关的资源价值；②碳负债，反映企业在碳排放过程中应承担的责任与义务；③碳权益，体现企业在碳排放权交易中的所有者权益；④碳收入，记录企业因碳排放权交易所产生的经济流入；⑤碳费用，涵盖与碳排放相关的各项支出；⑥碳利润，即碳收入减去碳费用后的净额，衡量企业在碳排放权交易中的经济效益。通过这种分类，我们能够更加准确地理解和管理企业在碳排放方面的财务状况和绩效。

7.2.1.3　碳排放权交易会计要素的计量属性

关于碳会计要素计量属性的选取，企业可参考财务会计的普遍准则，并根据实际情况灵活选择适当的计量方法。这些方法包括但不限于：回溯至历史成本进行核算，运用重置成本评估当前的市场价值，借助现值预估未来的经济收益，以可变现净值反映潜在的市场价值变动，以及运用公允价值体现市场交易中的公正估值。其中，历史成本法和公允价值法是目前已经出台的会计规范中应用较为广泛的两种计量属性。

（1）历史成本法。对于碳资产而言，该方法基于其实际获取时产生的成本进行计量，确保了资产价值的真实性和可追溯性。而对于碳负债，历史成本法依据企业为履行减排义务而实际收到的款项或资产金额进行计量，或是以企业在运营过程中为达成减排目标所需支付的现金及现金等价物的金额作为计量依据。这一方法不仅符合会计的稳健性原则，更能准确地反映企业在碳排放管理方面的经济责任和财务状况。

（2）公允价值法。主要指在公平交易中，在碳排放权交易市场中的交易主体自愿进行碳资产交易或者履行碳义务的金额来对碳资产和碳负债进行计量。一般而言，各碳市场内企业会以本地碳市场的日成交均价作为较为公允的市场价格进行会计处理。

7.2.2 碳排放权交易会计账务处理

7.2.2.1 国际碳排放权交易会计处理

（1）国际碳排放权会计确认。

1）碳排放权的资产确认。当前，国际会计界普遍认同将碳排放权纳入资产范畴，然而，在将其具体归类为何种资产类型上，尚未形成的定论。主流观点主要有四种：

首先，作为存货核算。美国财务会计准则委员会（FASB）在1993年4月发布的《统一账户体系文件》（CFR18）中，强调当企业利用碳排放权履行其排放承诺时，这些排放权应作为存货进行核算。而德国会计师协会（IDW）对此持不同见解。IDW主张，与生产过程直接相关联的碳排放权，因其直接参与企业的生产经营活动，且具备可转让、可出售、可储存以及可结转至下一会计年度的特性，应归类为存货。而对于非直接与生产过程相关的其他类型的碳排放权，IDW则建议将其划分为其他流动资产，因为这些排放权往往基于一个会计年度的配额进行分配，与企业的日常经营活动关联度相对较低。这样的划分更能准确反映碳排放权在企业资产结构中的实际状态。

其次，作为无形资产核算。这一观点在多个欧洲国家，如奥地利、英国、西班牙等，得到了广泛的支持。国际会计准则理事会（IASB）在2004年12月发布的《国际财务报告解释公告——第3号排放权》（IFRIC3）中，明确提出将碳排放权纳入无形资产的范畴，这一决策主要基于碳排放权无实物形态的特性。然而，由于在实际应用中出现了与利润表不匹配、计量模式不统一等挑战，IFRIC3在2005年6月被IASB撤销，这一决定反映了会计准则制定机构对于碳排放权会计处理方式的持续探讨和修正。

再次，作为金融工具核算。日本会计基准委员会（ASBJ）在2004年11月发布的《碳排放权交易会计处理》报告中，详细阐述了基于持有目的不同而采取的差异化会计处理方法。具体而言，当碳排放权被企业用于交易目的时，应将其归类为存货，并遵循相应的存货会计处理方法；而对于以投资为主要目的持有的碳排放权，应视作一种衍生金融工具来处理，其后续计量需遵循金融工具核算的规范，以确保会计信息的准确性和一致性。这种差异化的处理方法更能精准地反映企业持有碳排放权的不同动机和目的。

最后，作为新型资产核算。欧盟将碳排放权视作一种新型的、独特的资产类别，即"碳排放权"。鉴于其与传统经济业务事项的本质差异，欧盟主张将其独立划分并单独核算，以确保准确反映其价值变动和交易情况。为此，一套专门的会计指导原则显得尤为重要，以确保对碳排放权进行准确、规范的会计处理。

2）碳排放权的负债确认。在国际会计领域，关于碳排放权相关负债的确认问题，存在两种主要观点：

一种观点认为，企业在获取碳排放权时，不应立即将其确认为负债。这是因为负债通常基于过去的交易或事件产生，且表示一种当前即需履行的义务。鉴于企业能够通过控制自身行为来预防未来超额排放，因此，在实际发生超额排放前，企业并未承担明确的责任或义务。换句话说，由于企业拥有对未来排放权使用情况的掌控权，它们无须立即将碳排放权视为负债进行确认，从而更准确地反映了企业的经济实质和财务状况。

另一种观点认为，企业在获得碳排放权资格时即应确认负债。此立场基于的逻辑是，一旦企业取得排放权资格，即意味着它承担了无条件支付排放许可费以及遵循总量控制规定的明确责任。这种负债的即时确认有助于更早地反映企业的经济负担，从而确保财务报表的准确性和完整性得到进一步加强。

（2）国际碳排放权会计核算

1）会计科目设置。在碳排放权会计处理的框架构建中，FASB-IASB 联合会议提出了资产和负债两大基础科目作为出发点。然而，关于这两大基础科目下应如何进一步细分具体的会计科目，目前尚未形成业界的统一共识。

2）初始计量和后续计量。在 FASB-IASB 联合会议的深入讨论中，对于碳排放权的计量方法，提出了明确的指导原则。在初始计量时，建议以购入时的公允价值或实际支付金额作为基准；对于后续计量，提供了公允价值或历史成本两种选择。IASB 在其 IFRIC3 建议中，推荐采用基于公允价值的总额法计量。而 FASB 在最初发布的 CFR18 中，倾向于使用基于历史成本的净额法，但在随后的 2009 年，FASB 进行了策略性调整，转向尝试使用总额法，并以公允价值为计量基础。

尽管有此转变，当前美国多数企业依然坚守历史成本法，而少数企业选择采用公允价值法以更精确地反映市场变动。与此不同，英国和西班牙在初始计量时均倾向于使用公允价值，以更贴近市场价值。德国 IDW 在处理无偿获取的排放权时，采取了一种不同的方法，即在初始时不进行记录，而在后续发生超额排放时，并基于公允价值确认相应的负债。

日本会计基准委员会（ASBJ）针对以投资为目的持有的碳排放权提出了独特的建议，建议借鉴金融工具的核算方法，以更精准地反映其投资价值和市场波动。这一建议旨在确保碳排放权在会计计量上的准确性和透明度，与金融市场的实际操作保持一致。

3）实际履约、出售配额、超额排放的会计处理。在审视实际履约的会计处理策略时，FASB–IASB 联合会议虽然存在观点差异，但多数声音倾向于利用公允价值抵减负债，并将其纳入相关费用的核算中。然而，在配额出售及超额排放的会计处理上，该联合会议尚未给出确切的指引。但在各国的具体实践中，西班牙对配额出售的所得进行了非经营利润的归类，而多数其他组织主张将其纳入经营利润的范畴，以更准确地反映企业的业务运营情况。德国在处理实际履约时，依据历史成本法冲减负债，而对于超排部分选择以公允价值法进行计量。相比之下，英国在处理配额内使用和超额的碳排放权时，均统一采用公允价值法作为计量基础。这些不同的处理方法反映了各国在碳排放权会计处理上的多样性和复杂性。

7.2.2.2　我国碳排放权交易会计处理

财政部于 2019 年 12 月 16 日印发《碳排放权交易有关会计处理暂行规定》，该项规定于 2020 年 1 月 1 日正式全面起效。本书在涉及碳排放权会计基本理论时即以《暂行规定》为核心理论。

【碳排放权交易有关会计处理暂行规定】

（1）我国碳排放权交易会计确认。由于碳排放权资产性质的多种特点，之前企业在获取碳排放权时很难界定确认为具体何种资产。《暂行规定》为碳排放权的会计处理提供了指导方向：当企业通过购买方式首次获得碳排放权时，应将其识别并确认为"碳排放权资产"，并相应地记入"1489 碳排放权资产"会计科目下。为了更精确地追踪和管理，企业可在该会计科目下设立明细科目，用于核算重点排放企业参与的国家核证自愿减排量相关交易。同时，为了保持财务报表的清晰性和准确性，企业需在资产负债表的"其他流动资产"类别中明确列示"碳排放权资产"科目的借方余额。这一处理方式旨在确保碳排放权的财务影响得到恰当记录和报告。

1）明确确认原则。在《暂行规定》中，对碳排放配额的会计处理原则进行了清晰的界定：针对重点排放企业，由政府无偿分配的碳排放配额无须进行特定的会计确认流程；对于企业通过购买渠道获取的配额，需在购买日按照实际发生的购买成本进行准确计量，并相应地确认为企业资产。值得注意的是，这种购买行为在确认资产的同时，并不直接产生负债的确认。这样的规定确保了会计处理的准确性和一致性，同时为企业的碳排放配额管理提供了明确的指导。

2）明确科目设置。在《暂行规定》中，设立了"碳排放权资产"这一会计科目，旨在专项记录企业有偿取得的碳排放配额，这一做法旨在与国际会计准则保持一致性，确保会计处理的标准化。相较于先前的《征求意见稿》，《暂行规定》并未强制规定企业在负债部分新增"应付碳排放权"科目，这一变化旨在简化碳排放交易在会计报表中的表达方式，减少其对报表整体结构影响的复杂度，从而保持报表的清晰度和精确性。

3）简化账务处理。在《暂行规定》中，相较于《征求意见稿》，对碳排放权交易的会计处理进行了更为简化和明确的调整，主要体现在：①对于重点排放企业无偿获取的碳排放权，取消了专门的账务处理环节，以简化核算流程；②针对重点排放企业在当年因超出配额排放所应承担的履约责任，将不再即时归入负债项，而采取一种更为灵活和适应性强的处理策略；③与碳排放权交易紧密相关的所有损益变动，将统一纳入"非经营性收益与损失"或"非主营业务收支"进行核算，旨在提升财务报表的明晰度和精确性。这些调整提高了会计处理的效率和一致性，更好地反映企业的实际经营状况。

（2）我国碳排放权交易会计计量。《暂行规定》指导重点排放企业购入的配额，按照实际购入的价款入账，采用历史成本计量，主要原因有三：

首先，关于公允价值的确定，当前尚缺乏一套普遍认可的标准。我国设立的 7 个碳排放权交易试点市场在配额成交价格上呈现显著分歧，导致企业在估算配额公允价值时面临多样化的数据来源。这种标准的不统一直接削弱了资产负债表计量的准确性。相关数据显示，截至 2019 年 12 月 31 日，各交易平台的配额成交价格存在巨大差异，例如，BEA 市场的成交价高达 70 元 / 吨，而 FJEA 市场仅为 14 元 / 吨，两者相差超过 5 倍。这一现象深刻揭示了同一时间点内，不同交易市场对碳排放配额成交价的巨大离散性。因此，企业在不同地域可能采用显著不同的公允价值，这不仅影响了企业间会计信息的横向比较，还削弱了会计信息的整体可比性和一致性。

其次，关于会计处理的简化。鉴于配额作为可在市场上流通的金融商品，其公允价值的相对易得性为采用公允价值计量提供了合理的支撑。然而，值得注意的是，在 2019 年的七大碳排放权交易试点市场中，虽然企业总共获得了约 11.6 亿吨的配额分配，但仅有 2187 万吨配额通过线上交易，占比仅为 1.89%，这揭示了交易活跃度的相对低下。此外，市场上鲜见单日大额交易的情况，表明当前企业主要持有的配额多为无偿获取，且通过市场交易的配额量相对有限，并不构成显著比重。因此，从历史成本计量的视角出发，企业在期末无须频繁地访问交易市场以获取配额的公允价值，亦无须在价格波动较大的市场中设立复杂的公允价值确认准则。这种处理方式不仅能够简化会计处理流程，降低其复杂性，还能有效减轻会计人员的工作压力，提高会计工作的效率。

最后，关于防范利润操纵行为。鉴于不同交易市场在配额公允价值上存在的显著差异性，若采用公允价值计量，企业将面临广泛的公允价值选择空间，且不同企业可能采用不同的计算方法，无疑为企业操纵利润提供了可乘之机。特别是在企业掌握大量可交易配额的背景下，这种公允价值的差异将进一步被凸显，从而对企业的资产和利润产生重大影响。在当前尚缺乏官方统一的配额公允价值计量标准的情况下，采用历史成本法能够有效遏制企业通过选择公允价值来操纵利润的行为，进而保障会计信息的真实性和准确性。这一做法旨在提升会计处理的严谨性，降低企业操纵风险。

（3）我国碳排放权交易会计账务处理。全国碳排放权交易市场已经启动，并且在《暂行规定》的指导下，重排企业购买碳排放权并将其纳入核算体系，不仅能完整地反映企业的资产情况，还能反映企业拥有和使用碳排放权的情况。《暂行规定》指导的碳排放权交易会计处理过程汇总如表 7-2 所示。

表 7-2　碳排放权交易会计处理

交易或事项	通过政府免费分配等方式无偿取得	通过购入方式取得
初始取得配额	不作账务处理	借：碳排放权资产 贷：银行存款/其他应付款
使用配额覆行减排义务	不作账务处理	借：营业外支出 贷：碳排放权资产
出售碳排放配额	借：银行存款/其他应收款 贷：营业外收入	借：银行存款/其他应收款 　　营业外支出 贷：碳排放权资产 　　营业外收入
自愿注销配额	不作账务处理	借：营业外支出 贷：碳排放权资产

具体的碳排放权交易会计处理过程，可以参考下例：

【例 7-1】 A 石化有限责任公司为重点污染排放企业。2023 年 12 月 1 日通过政府免费分配方式无偿取得碳排放配额 14 000 吨，2023 年 12 月 4 日通过购入方式取得碳排放配额 6 000 吨，购买价为 15 元/吨，用银行存款支付 80%，其余款项未支付；2023 年履约共使用碳排放配额 19 000 吨（其中使用购入的碳排放配额 5 600 吨、使用无偿取得的碳排放配额 13 400 吨）；2023 年共出售碳排放配额 1 400 吨，成交价为 60 元 / 吨（其中出售购入的碳排放配额 850 吨、出售无偿取得的碳排放配额 550 吨）；2023 年 12 月 31 日自愿注销碳排放配额 80 吨（其中自愿注销购入的碳排放配额 30 吨，自愿注销无偿取得的碳排放配额 50 吨）。则 2023 年该公司的碳排放权交易相关分录编制如下：

1）取得碳排放权时

①通过购入方式取得碳排放配额，碳排放权资产的入账成本 =6 000 × 15= 90 000（元）。

借：碳排放权资产 90 000

　　贷：银行存款（90 000 × 80%）　　　　　　　　　72 000

　　　　其他应付款　　　　　　　　　　　　　　　　18 000

②无偿方式取得的碳排放配额在取得时不作账务处理。

2）使用碳排放权时

①将购入的碳排放配额用于履约，碳排放权资产的履约成本 =5 600 × 15= 84 000（元）。

借：营业外支出　　　　　　　　　　　　　　　　　84 000

　　贷：碳排放权资产　　　　　　　　　　　　　　　84 000

②无偿方式取得的碳排放配额在履约清缴时不作账务处理。

3）出售碳排放权时

①将购入的碳排放配额进行出售，碳排放权资产的出售收入 =850 × 60= 51 000（元），碳排放权资产的出售成本 =850 × 15=12 750（元）。

借：银行存款　　　　　　　　　　　　　　　　　　51 000

　　贷：碳排放权资产　　　　　　　　　　　　　　　12 750

　　　　营业外收入　　　　　　　　　　　　　　　　38 250

②将无偿取得的碳排放配额进行出售，出售收入 =550 × 60=33 000（元）。

借：银行存款　　　　　　　　　　　　　　　　　　33 000

　　贷：营业外收入　　　　　　　　　　　　　　　　33 000

4）注销碳排放权时

①将购入的碳排放配额自愿注销，碳排放权资产的注销成本 =30 × 15=450 （元）。

借：营业外支出　　　　　　　　　　　　　　　　　450

　　贷：碳排放权资产　　　　　　　　　　　　　　　450

②通过无偿方式取得的碳排放配额在自愿注销时不作账务处理。

（4）对《暂行规定》中关于碳排放权会计账务处理的几点思考。虽然按照《暂行规定》对企业的碳排放权交易会计进行账务处理看起来非常简洁明了，但仍然存在很多问题，未来亟须从以下几方面进行完善：

1）将无偿和有偿取得的碳排放权均同时确认为资产和负债。首先，从经济本质的角度出发，我国碳排放管理机制运用了"总量控制与交易"模式，其核心是通过法定碳排放权配额总量来限制排放，同时利用交易机制激发企业减少碳排放的动力。尽管表面上，无偿配额仅表现为政府赋予企业的法定排放许可，不涉及实际资产的直接交换，但实质上，企业一旦获得这些配额，便拥有了"碳排放"的权益集合，涵盖了使用、处置和收益等权利。当企业积极采取减排策略，并因此产生剩余配额时，这些配额便成为企业可出售的资产，进而带来经济效益。鉴于提升会计信息可比性的重要性，将无偿获得的碳排放权也纳入碳排放权资产范畴进行会计处理，这一做法显得尤为合理。随着全国碳排放权交易市场的不断成熟和规范化，无偿获取的配额同样能够满足会计上可靠计量的准则要求。

其次，在会计处理的具体操作上，我们可以参考《企业会计准则第16号——政府补助》。当企业从政府处无偿获得碳排放权时，应依据取得日的公允价值，将其计入"碳排放权资产"账户，同时在贷方记录"递延收益"，从而准确捕捉并反映这一经济活动的核心实质。

最后，基于资产确认的规范，无论是企业经市场交易获得，还是政府部门授予的碳排放配额，均为企业所拥有和控制的资源。这些资源因具有未来通过交易转化为经济利益的潜力，而符合资产定义的核心特征。无偿获取的碳排放权配额，其价值可基于市场公允价值确定；有偿取得的碳排放权配额，则依据交易价格计量，确保资产计量的准确性。同时，当企业实际排放时，构成即时义务，并需支付相应费用。因此，此类义务应明确为负债，以准确反映企业的经济责任和财务状况。

2）将超额碳排放确认为碳负债。在《暂行规定》的框架内，无论是通过政府无偿分配还是市场购买，企业在面临超额排放时，均未对产生的潜在碳负债进行清晰界定。然而，从财务逻辑和会计准则的严谨性出发，一旦企业的碳排放量超过其拥有的配额，实质上便形成了一项即时履行的义务，即购买额外的碳排放权以弥补这一超额部分。这一义务的履行将直接涉及企业经济利益的流出。因此，若将这一负债排除在会计确认范围外，不仅缺乏合理性，也与会计规范相悖。

具体而言，当企业发生超额排放时，需要计算超额排放量所对应的碳排放权配额，这一配额代表了企业因超额排放而需支付的经济成本。这一成本金额可通过结合企业实际的超额排放量与当前市场中的碳排放权交易价格而可靠地计量。在面临超额排放的情境下，企业为确保合规性，需承担购买额外碳排放权的责任，以履行其减排义务，这成为企业不可回避的现实责任。

基于以上分析，当企业发生超额碳排放时，应确认一项现实义务，并将其纳入企业的负债管理中。这一处理方式不仅符合会计原则，也能更准确地反映企业碳排放活动的经济实质。

3）采用公允价值法进行初始计量和后续计量。在全国碳排放权交易市场不断成熟和完善的背景下，尽管历史成本法在碳排放配额的初始计量上简化了会计核算流程，并确保了会计信息的相对稳定性，然而，考虑到配额价格受市场因素的多变影响，历史成本法无法实时捕捉并精确反映碳排放权的公允价值及其市场价格的动态变动。因此，在评估碳排放权价值时，需要寻求更为灵活和前瞻性的会计处理方法。鉴于此，为确保财务报表能够真实、准确地反映企业的经济实质和碳排放权的市场价值，我们有必要深入研究和探讨更为恰当、灵活的计量方法。

随着全国碳排放权交易市场的日臻完善，为碳排放权选择公允价值计量方式提供了坚实的科学基础。鉴于政府无偿分配的碳排放权采用历史成本法计量会低估其真实价值，我们建议在初始及后续计量中引入公允价值法，以更准确反映其经济价值。这一调整将有助于更公正地评估企业的碳减排贡献，促进碳市场的健康发展。在编制资产负债表时，对于碳排放权公允价值发生的任何变动，应将其差额计入"公允价值变动损益"项目，从而更为精确地体现碳排放权价值的动态变化。

4）对相关成本收益进行日常性处理。在《暂行规定》中，对于碳排放权相关损益的处理，未能明确区分其与企业日常经营活动的紧密程度，而是简单地将所有相关损益笼统归入"非经营性损益"或"营业外收支"类别。然而，当碳排放业务实质性地融入企业的日常运营中时，将其损益直接计入非经营性收支显然与收入及费用的配比原则相悖。这种处理方式可能导致企业营业利润的高估，从而给财务报表的使用者带来误导，影响其对企业真实经营状况的准确判断。因此，有必要对碳排放权相关损益的核算方式进行更为精细化的区分和规定。

为精准揭示企业的经济实质，我们提出依据碳排放权的具体来源与用途，实施差异化的会计处理方式。此举旨在提升财务报表的精确性，同时遏制企业可能通过碳排放权交易进行的财务操纵。具体而言，企业自市场购入的碳排放权应归类为"流动性金融资产"，并在会计期末根据公允价值变动调整"公允价值变动损益"账户。若企业进一步在市场上出售这些碳排放权，应视作投资性交易，其收益或损失应记入"投资收益"科目，以准确反映企业的实际交易绩效，确保财务报表的透明度和公正性。

7.3 碳排放权交易会计信息披露

7.3.1 碳排放权信息披露概念

信息披露是企业以年度报告、社会责任报告等定期或临时报告的形式，向投资者及社会公众传达其财务状况和经营成果的重要手段。这一沟通桥梁对于信息使用者而言至关重要，有助于他们通过深入分析相关报告信息，作出更明智的决策。

在碳排放权信息披露方面，其侧重点在于企业的碳会计信息、减排目标及其实施成果。具体来说，企业需通过年度报告等公开报告，向外界披露与碳排放权相关的财务及非财务信息。财务信息主要包括与碳排放权相关的经济交易详情、对节能减排的投资、环境相关的政府补贴、绿色融资贷款等；非财务信息涵盖企业的低碳发展战略、节能减排的目标及实施措施、绿色转型的成效等。

信息的披露形式具有多样性，除直接在三大财务报表中呈现外，还可以通过财务报表附注、社会责任报告等表外形式进行详尽补充。详尽的信息披露有助于会计信息使用者全面把握企业在碳减排领域的贡献，评估其对财务状况的潜在影响，从而做出更为精准的投资决策。此举也是企业积极承担社会责任的直观体现，不仅有助于提升企业的社会声誉，还有助于在国内市场赢得更高的认可，甚至在国际竞争中占据更为优势的地位。

7.3.2 碳排放权会计信息披露内容

在财务报表的构建过程中，对于"碳排放权资产"这一项目，《暂行规定》建议将其归入资产负债表的"流动资产"类别下，特别地列入"其他流动资产"子项中，以凸显其重要性。同样地，在利润表的编制时，由于购买、出售或核销碳排放权所产生的收益与损失，应分别归类至"非日常经营收入"与"非日常经营支出"项下，从而更准确地反映这些交易的非日常经营性质。

在财务报表的附注中，企业需对碳排放权资产的账面价值进行详尽的阐述，同时揭示与之关联的配额交易中所产生的收益或损失。此外，需详述配额的来源途径、获取的具体时间点、其实际运用方向以及发生结转的背后原因。为了彰显企业在环境保护方面的责任感与贡献，应进一步阐述企业在节能减排方面的参与情况，包括所制定的减排战略规划、所采取的具体措施，以及若存在超排现象，则需明确超排的具体数量及其成因，以全面展现企业在环境保护领域的努力与成效。

为了准确反映企业碳排放配额的变动情况，企业需将当前配额的增减变动与上期数据进行对比分析，并在财务报表附注中提供详尽的披露信息。为了更全面地揭示配额使用状况，企业应清晰列示期初与期末无偿获取的配额量，以及通过购买或其他途径获取的配额余额，并统一采用标准化的披露格式，以确保信息的一致性和可比性。

为了进一步提升信息披露的透明度和可信度，企业可建立碳排放清单年度报告制度，并委托第三方机构进行核查，出具独立的核查报告，以确保披露信息的准确性和可靠性。碳配额变动情况如表 7-3 所示。

表 7-3　碳配额变动情况　　　　　　　　　　　单位：吨，元

	本年度		上年度	
	数量	金额	数量	金额
1. 本期期初碳排放配额				
（1）免费分配的配额				
（2）购入的配额				
（3）其他方式取得的配额				
2. 本期增加的碳排放配额				
（1）免费分配取得的配额				
（2）购入取得的配额				
（3）其他方式取得增加的配额				
3. 本期减少的碳排放配额				
（1）履约使用的配额				
（2）出售的配额				
（3）其他方式取得减少的配额				
4. 本期期末碳排放配额				
（1）免费分配的配额余额				
（2）购入的配额余额				
（3）其他方式取得的余额				

【例 7-2，接例 7-1】　根据 A 石化有限责任公司 2023 年碳排放权交易数据编制碳排放配额变动情况如表 7-4 所示。

表7-4 碳排放配额变动情况

项目		数量（吨）	金额（元）
1. 本期期初碳排放配额	无偿取得的配额	0	—
	购买的配额	500	7 500
2. 本期增加的碳排放配额			
（1）免费分配取得的配额		14 000	
（2）购入取得的配额		6 000	90 000
（3）其他方式增加的配额			
3. 本期减少的碳排放配额			
（1）履约使用的配额	无偿取得的配额	13 400	—
	购买的配额	5 600	84 000
（2）出售的配额	无偿取得的配额	550	33 000
	购买的配额	850	51 000
（3）自愿注销的配额	无偿取得的配额	50	—
	购买的配额	30	450
4. 本期期末碳排放配额	无偿取得的配额	0	—
	购买的配额	20	300

在低碳经济的背景下，为确保温室气体减排的有效管理，除推行碳排放交易外，企业还需积极投入减排环保项目，并加大对碳排放的控制力度，将减排战略深度融入企业发展规划中。为达成这一目标，企业披露的碳排放信息不仅要服务于内部环保工作的需求，还需为外部寻求购买碳排放权的机构提供关键的参考数据。

鉴于当前环保形势的紧迫性，企业应在财务报表体系中专门设立碳排放权相关会计项目，以全面反映其环保责任与行动。在编制资产负债表时，企业需明确列示当前持有的碳排放权数量，并预测和披露未来环境保护相关的预期投资成本。

为增强财务报表的详细性与透明度，企业应进一步拓展关于碳排放权的信息披露内容。具体而言，应包含碳排放权的有效期限、获取方式（如政府配额或市场采购）、相关成本、期初期末余额的变动详情、变动的具体原因、碳排放权的实际使用状况、是否存在超额或剩余配额的情况，以及基于业务需求是否需额外采购碳排放权等关键信息。

这样的披露有助于外部利益相关者更全面地了解企业的环保绩效与承诺。这种信息披露策略能更全面地反映企业的温室气体排放状况、控制成效、相关支出与收益，以及碳排放权的交易动态，为外部利益相关者提供更为详尽和准确的参考信息。

 课后习题

一、思考题

（1）公司在财务报表中如何确认和计量碳排放权的价值？

（2）碳排放权是否被视为资产或负债，并且如何影响公司的财务状况？

（3）碳市场的变化对碳排放权的价值和财务状况的影响是什么？

（4）在环境管理会计中，如何考虑和处理与碳市场合规性相关的问题？

（5）公司在碳排放权交易中的环境成本包括哪些方面？如何将这些环境成本纳入会计核算，以确保全面反映公司的环境责任？

二、案例分析题

M 公司的碳排放权

M 公司是一家大型钢铁企业，属于重点排污企业的范围，2023 年主要发生的碳排放权业务具体如下：① M 公司于 2023 年初获得了碳排放配额 600 万吨，其中，200 万吨是政府免费分配的配额，400 万吨是 M 公司以 30 元 / 吨的价格在碳排放权交易市场上购买取得；② M 公司在该年实际排放二氧化碳 400 万吨，其中，100 万吨通过政府无偿取得，300 万吨是在市场有偿购买的；③该年中，M 公司将剩余购买的配额出售 80 万吨，无偿取得的配额出售 50 万吨，售价为 32 元 / 吨，收到银行存款 4160 万元；④该年末，M 公司将剩余的碳排放配额全部注销。假设年初碳排放配额为零。

（1）请做出相关业务的会计处理。

（2）请编制 M 公司 2023 年的碳排放配额变动情况表。

（3）思考企业在实际履约时如何合理区分无偿取得部分与有偿购买部分？

第8章
ESG 报告

🎯 学习目标

（1）熟悉 ESG 报告的披露内容和披露标准。

（2）理解 ESG 实践以及披露 ESG 信息对于企业的重要性。

（3）了解 ESG 评级、类型及指标体系。

（4）掌握 ESG 表现对企业价值的影响，掌握 ESG 报告的具体应用。

💬 案例引导

ESG 是环境（Environmental）、社会（Social）和公司治理（Governance）的英文简称，通常指企业在三个非财务维度上的表现和价值，也延伸出企业环境、社会、治理责任履行的核心框架和绩效评估体系。2004 年，首次在联合国全球契约组织（UNGC）和联合国环境规划署金融倡议组织（UNEP FI）共同发布的报告《在乎者赢》（Who Cares Wins）中提出，彰显的是企业长远利益和整个社会可持续发展的理念。近年来，随着实现"碳达峰"与"碳中和"目标和可持续发展理念的推广普及，ESG 也成为监管机构和企业屡屡提出的热点话题。随着对环境保护意识的提高，众多公司开始重视绿色和低碳的增长模式。它们通过发布报告，主动对环境保护、社会责任和公司治理等关键领域做出承诺，并全面投身于实现碳达峰和碳中和的全球性目标。

因此，加强社会责任、提升 ESG 能力已成为互联网行业价值成长、获取社会认同、保持可持续竞争力的新型发展逻辑及有效路径。蚂蚁集团 CEO 指出："全面引入 ESG 框架，升级公司可持续发展治理体系，引领蚂蚁的价值创造和行稳致远，既是我们对'让天下没有难做的生意'的使命传承，也是我们对更好的未来的郑重承诺和行动。"蚂蚁集团将 ESG 作为一个完整的可持续发展治理框架，通过深入的内部研讨、广泛的外部调研，并参考国内外领先实

践，确定了"数字普惠""绿色低碳""科技创新"和"开发生态"四位一体的
ESG 可持续发展战略，确定了四大方向是蚂蚁集团面向未来、担当责任、实
现可持续发展最重要也是最迫切的课题，是蚂蚁核心战略的一部分。ESG 可持
续发展战略所引领的社会价值的实现，将进一步夯实公司的业务发展，让蚂蚁
集团的商业价值更加可持续。

本章从 ESG 报告、ESG 评级、ESG 表现对企业价值的影响以及具体企业
ESG 报告分析进行展开。

大华股份 ESG 报告介绍　　　四川长虹 2023ESG 报告

8.1　ESG 报告内容及标准

随着政府、监管机构、投资者等利益相关方对企业披露的 ESG 信息越发
重视，对企业的 ESG 信息披露也有着更高的要求，越来越多的公司开始主动
公开其在这些领域的进展和成就。它们通过透明的报告机制，展示其在 ESG
实践上的积极步伐，以此满足和超越各方利益相关者的期望，并建立起积极的
沟通和互动。载有 ESG 信息的报告并非只有一种，如可持续发展报告，企业
社会责任报告（CSR），还有环境、社会与公司治理（ESG）报告等。尽管报
告名称各不相同，但实质上都是对企业在生产经营中非财务信息的披露。

8.1.1　ESG 报告的目标

环境、社会与公司治理报告（ESG 报告）是一类具有规范性的，披露非财
务信息的报告，报告主要用于实现以下目标：

（1）确保遵守证券交易所对上市公司年度环境、社会与公司治理（ESG）
信息公开的建议或规定，以便投资者能够利用这些信息评估公司的 ESG 风险
和表现。

（2）反映上市公司全面管理的循环体系，展示公司在环境保护、员工福
祉、客户关系、社区公益以及公司治理等方面的经营成果。

（3）作为标准化、可复用的沟通工具，上市公司可用此与投资者、政府、

客户、媒体等利益相关方交流，帮助公司积累社会资源、构建品牌形象。

8.1.2 ESG 报告的内容

因此，完整的 ESG 报告应当具备以下部分：公司业务与组织结构、ESG 管理、反映报告期间企业 ESG 开展情况（即公司治理、环境责任、员工责任、客户责任、社会贡献等）、ESG 关键定量绩效表、报告编制说明以及其他 ESG 报告相关信息（如报告标准索引、第三方审计意见等）。

8.1.2.1 公司业务与组织

该结构部分可以披露：组织名称、组织结构、组织规模、组织所提供的活动、品牌、产品和服务、服务的市场、所有权与法律形式等。

8.1.2.2 ESG 管理

ESG 管理章节中一般包含 ESG 战略规划与目标、ESG 管理理念和管理模型、对实质性的议题分析与回应。

8.1.2.3 报告期间企业 ESG 开展情况

该部分的主要内容为环境保护、员工福祉、客户关系、社区公益以及公司治理等。在此部分中，公司对报告参考体系中的主题、议题和关键绩效以及对公司重要的实质性议题进行回应和披露。

8.1.2.4 ESG 关键定量绩效表

企业在进行 ESG 报告编制时还应包含 ESG 关键定量绩效表，对报告中的关键定量指标进行集中回应，一般包括经济绩效、环境绩效和社会绩效。关键定量绩效表中按类别和指标披露数据统计口径和绩效数据。

8.1.2.5 报告编制说明

报告编制说明应包括报告范围、报告发布周期、报告编制依据、数据说明以及报告发布与联系五个部分内容。

8.1.3 ESG 报告的披露标准

自 20 世纪 90 年代以来，全球范围内涌现了众多专注于 ESG 议题的组织，它们相继推出了各自的信息披露准则。其中，GRI 的《可持续发展报告标准》、SASB 的准则以及 ISO26000 标准等成为 ESG 信息披露的典型标准。在中国，企业广泛采纳了这些国际 ESG 标准，为国内上市公司编制和发布报告提供了参照框架，这不仅增强了企业报告的规范性、可比性与可信度，也促进了国内 ESG 实践的整体进步。

8.1.3.1 GRI《可持续发展报告标准》

《可持续性发展报告标准》由全球报告倡议组织（Global Reporting Initiative,

GRI）负责制定和发布。2000 年，GRI 首次推出了第一版指南（G1），标志着全球可持续报告框架的诞生。随后，GRI 在 2002 年、2006 年和 2013 年分别更新了 G2、G3 和 G4 版指南。2016 年，GRI 迈向了新的发展阶段，开始制定并推出了全球首个专注于可持续发展的报告标准。此后，GRI 持续对这些标准进行更新和完善，如在 2019 年增加了关于税收的专项标准，2020 年增加了关于废弃物的专项标准，2021 年增加了行业标准并对通用标准进行了调整。最新版的 GRI 标准体系自 2023 年起正式实施，该体系被划分为三个主要部分：GRI 通用标准、行业特定标准以及议题特定标准。

【可持续发展报告指南】

其中，通用标准规定了所有组织在参照 GRI 标准编制报告时的使用要求与原则、披露项以及确定实质性议题的方法。行业标准主要是 GRI 根据不同的行业特征，针对 40 个行业制定相应的标准，以便行业更有针对性的遵循 GRI 标准。截至目前，GRI 已经公布了一系列针对特定行业的标准，其中包括 2021 年针对石油和天然气行业的规范，以及 2022 年针对煤炭行业和农业、水产养殖与渔业的规范。GRI 的议题标准则被划分为三个主要领域：GRI 200 涉及经济议题、GRI 300 关注环境议题，而 GRI 400 则涵盖社会议题。具体的议题细节如表 8-1 所示。

表 8-1　GRI 专项议题

GRI 专项 议题标准	议题内容	
GRI 200： 经济议题	GRI 201 经济绩效	GRI 202 市场表现
	GRI 203 间接经济影响	GRI 204 采购实践
	GRI 205 反腐败	GRI 206 反不正当竞争
	GRI 207 税务	
GRI 300： 环境议题	GRI 301 物料	GRI 302 能源
	GRI 303 水资源	GRI 304 生物多样性
	GRI 305 排放	GRI 306 污水和废弃物
	GRI 308 供应商环境评估	

续表

GRI 专项 议题标准	议题内容	
GRI 400： 社会议题	GRI 401 雇佣	GRI 402 劳资关系
	GRI 403 职业健康与安全	GRI 404 培训与教育
	GRI 405 多元化与平等机会	GRI 406 反歧视
	GRI 407 结社自由与集体谈判	GRI 408 童工
	GRI 409 强迫或强制劳动	GRI 410 安保实践
	GRI 411 原住民权利	GRI 413 当地社区
	GRI 414 供应商社会评估	GRI 415 公共政策
	GRI 416 客户健康与安全	GRI 417 客户隐私

8.1.3.2 SASB 准则

SASB 准则是可持续发展会计准则委员会基金会（Sustainability Accounting Standards Board，SASB）针对特定行业的特点发布的准则，在全世界范围内适用。在传统的行业分类基础上，SASB 根据不同企业的业务类型、资源强度、可持续影响力以及可持续创新潜力制定的一种新的行业分类方式，即可持续工业分类系统（Sustainability Industry Classification System，SICS）。SASB 标准将企业分成 11 个领域 77 个行业，具体行业分类如表 8-2 所示。

表 8-2　SICS 行业分类

领　域	行　　业
消费品	服装配件与鞋类、家电制造业、建筑产品与家具、电子商务、家庭和个人用品、多行业与专业零售商和分销商、玩具与运动用品
食品和饮料	农产品、酒精饮料、食品零售商和分销商、肉类家禽和乳制品、非酒精饮料、加工食品、餐饮、烟草
资源转化	航空航天与国防、化学物质、容器与包装、电气与电子设备、工业机械与货物
萃取物和矿物加工物	煤炭业务、建筑材料、钢铁生产商、金属与矿业、油气勘探与生产、油气 - 中游、油气炼制与销售、油气服务
卫生保健	生物技术与医药、药物零售商、医疗服务提供、医疗分销商、管理式医疗、医疗设备及用品
服务	广告与营销、赌场与博彩、教育、酒店与住宿、休闲设施、媒体娱乐、专业与商业服务

续表

领　域	行　业
金融	资产管理与托管活动、商业银行、消费金融、保险、投资银行和经纪业、抵押贷款融资、证券与商品交易所
基础设施	电力设施与发电机、工程与建筑服务、燃气设施与分销商、住宅建筑商、房地产、房地产服务
技术和通信	电子制造服务与原始设计制造、硬件、互联网媒体与服务、半导体、软件与 IT 服务、电信服务
可再生资源和替代能源	生物燃料、林业管理、燃料电池与工业电池、纸浆与纸制品、太阳能技术与项目开发商、风能技术与项目开发商
交通运输	空运与物流、航空公司、汽车零部件、汽车、汽车租赁、邮轮公司、海洋运输、铁路运输、公路运输

　　SASB 准则包含环境、社会资本、人力资本、商业模式和创新、领导力与管治 5 个可持续主题，下设 26 个议题，选取与 77 个行业最相关的议题编制行业披露标准，企业可从中选择与其相关的指标和议题进行披露，如图 8-3 所示。

表 8-3　SASB 准则议题及指标

议　题	指　标
环境	温室气体排放、空气质量、能源管理、水及废水管理、废弃及有害物管理、生态影响
社会资本	人权和社区关系、顾客隐私、数据安全、可及性和可负担性、产品质量和安全、顾客权益、销售实践和产品标志
人力资本	劳工实践、员工健康与安全、员工参与以及多元化和共融
商业模式和创新	产品设计和生命周期管理、商业模式弹性、供应链管理、材料采购与效率、气候变化的物理影响
领导力与管治	商业道德、竞争行为、环境合法合规管理、重大事故风险管理、系统化风险管理

8.1.3.3　ISO26000 标准

【ISO26000 英文版】

　　ISO26000 作为国际标准化组织（ISO）所制定的《社会责任指南：ISO26000（第一版）》的编号简称，汇集了来自 42 个不同国际机构、99 个国家以及 450 位专家的智慧结晶。自 2010 年 10 月 1 日正式推出以来，这一标准迅速在全球范围内得到广泛采纳和实施。ISO26000 对社会责任定义为：组织采取行动或者进行决策前，应充分考虑到其做法可能对社会、整体环境造成的影响，进而承担因行为或决策带来的社会责任。ISO26000 认为，社会责任应是全面性的、普遍性的，其范围还需要尽可能地扩大，需要具备指导性的作用。因此，在 ISO26000 标准的指导下，企业应积极地承担自身应承担的社会责任，并且需要全面深入地考虑如何在社会责任指引的框架内实现高质量的可持续发展。

　　ISO26000 标准由七个主题章节和两个附录构成，形成了一套全面的理论基础。前四章涵盖了社会责任的组织类型、关键术语、定义和原则，为标准文件奠定了理论基础。后三章正文作为标准的核心，明确了社会责任的两大实践途径，界定了组织社会责任的主题，并提供了六大实践指南，以促进社会责任在组织中的深入融合。各章节内容概要如表 8-4 所示。

表 8-4　ISO26000 标准的主要内容

章节	标题	内容描述
第一章	范围	规定 ISO26000 的适用范围、限制和除外情况
第二章	术语和定义	ISO26000 标准详细解释了 27 个核心术语及其定义，旨在帮助各类组织更深入地理解社会责任的概念。主要术语有社会责任、利益相关方、可持续发展、担责、组织治理等
第三章	理解社会责任	阐述了社会责任所涉及的广泛的社会期望、各利益相关者在履行社会责任中的作用、社会责任理念整合进组织的实践方式、社会责任与可持续发展之间的紧密联系，以及国家与社会责任等方面的基本特征
第四章	社会责任的原则	介绍和阐述了社会责任七项基本原则：担责原则、透明度原则、组织道德行为原则、尊重利益相关方的利益原则、尊重法制、尊重国际行为规范和尊重人权
第五章	认识社会责任和利益相关方参与	阐述了社会责任的两大基本实践：组织对其社会责任的认识，利益相关方的识别和参与

续表

章节	标题	内容描述
第六章	社会责任核心主题	界定了组织社会责任的范围，确定了组织治理、人权、劳工实践、环境、公平运营实践、消费者问题、社区参与和发展这七大核心主题。针对每一个核心主题阐述其范围、与社会责任的关系、相关原则与考虑，提供指导以帮助组织履行其社会责任
第七章	社会责任融入整个组织	提供的六大指南，协助组织将社会责任融入其运营之中。本章包括：理解组织的社会责任，将社会责任融入整个组织，社会责任沟通，提升组织的社会责任可信度，评价进展、提高绩效，以及评估自愿性社会责任倡议
附录 A	自愿性倡议和社会责任工具举例	介绍了一套非全面的社会责任自愿性倡议和工具，这些倡议和工具针对一个或多个关键议题，以及社会责任在组织中的整合问题
附录 B	缩略术语	包括 ISO26000 使用的缩略术语

8.1.3.4　港交所《环境、社会及管治报告指引》

港交所，或称香港联交所，全称为香港交易及结算所有限公司（Hong Kong Exchanges and Clearing Limited，HKEX），是全球重要的证券交易所之一。自 2012 年起，HKEX 开始推行《环境、社会及管治报告指引》，最初作为对上市公司的自愿性信息披露建议。2016 年起，港交所将部分建议上升至半强制披露层面，实施"不遵守就解释"规则。2019 年 5 月发布了《环境、社会及管治报告指引》修订建议的咨询文件。2024 年 4 月，港交所确认了新版《环境、社会及管治报告指引》的内容，新版指引扩大了强制性披露的范围，并将之前的建议性披露转变为"若不遵循则需解释"的规则，以此不断提高香港上市公司在 ESG 信息披露上的标准。同时，港交所在该文件中详细说明了对管制架构、汇报原则、汇报范围等关键内容的要求。港交所《环境、社会及管治报告指引》的披露体系如表 8-5 所示。

【港交所《环境、社会及管治报告指引》】

表 8-5　港交所《环境、社会及管治报告指引》的披露体系

披露要求	维度	主要范畴	
强制披露	管制架构（G）	披露董事会对环境、社会及管治事宜的监管	
		董事会的环境、社会及管制的管理方针及策略，包括对环境、社会、管治相关重要事宜的管理过程、评估过程、优序排列	
		董事会采取何种方法来评估其在环境、社会及公司治理（ESG）方面的目标实现情况，并阐明这些目标是如何与发行人业务有关联的	
不遵守就解释	环境（E）	排放物	
		资源使用	
		环境及天然资源	
		气候变化	
	社会（S）	雇佣及劳工常规	雇佣
			健康与安全
			发展及培训
			劳工准则
		营运惯例	供应链管理
			产品责任
			反贪污
			社区投资

8.1.3.5　ESG 披露指南

【企业 ESG 披露指南】

　　2022 年，国内权威机构中国企业改革与发展研究会联合首都经济贸易大学主导制定的《企业 ESG 披露指南》正式对外公布，并自同年 6 月起正式执行。该指南依托国家现行的法律法规与标准，充分考虑国内实际情况，从环境、社会和公司治理三个关键维度出发，构建了一套企业 ESG 信息披露的指标体系。它为企业进行 ESG 信息披露提供了一个基本的框架，旨在推动

企业在追求经济价值的同时，也能够实现社会价值。作为中国首个关于企业 ESG 信息披露的团体标准，它允许企业根据自身所在行业和不同的发展阶段，选择性地披露全部或部分指标。该指南的指标体系不仅与全球标准接轨，还特别强调了符合中国特色的议题。《企业 ESG 披露指南》指标体系如表 8-6 所示。

表 8-6　《企业 ESG 披露指南》指标体系

一级指标	二级指标	三级指标
环境	资源消耗	水资源
		物料
		能源
		其他自然资源
	污染防治	废水
		废气
		固体废物
		其他污染物
	气候变化	温室气体排放
		减排管理
社会	员工权益	员工招聘与就业
		员工保障
		员工健康与安全
		员工发展
	产品责任	生产规范
		产品安全与质量
		客户服务与权益
	供应链管理	供应商管理
		供应链环节管理
	社会响应	社区关系管理
		公民责任

续表

一级指标	二级指标	三级指标
治理	治理结构	股东（大）会
		董事会
		监事会
		高级管理层
		其他最高治理机构
	治理机制	合规管理
		风险管理
		监督管理
		信息披露
		高管激励
		商业道德
	治理效能	战略与文化
		创新发展
		可持续发展

8.2　ESG 评级

企业在 ESG 方面的表现需经过全面而深入的评估，这通常依赖于具有公信力的第三方评估机构。市场上存在众多评级机构，它们各自建立了不同的评价体系。据不完全统计，全球有超过 600 家 ESG 评级机构，这些机构包括专业的评级公司和非营利组织。其中，明晟（MSCI）、彭博（Bloomberg）、富时罗素（FTSE Russell）、汤森路透（Thomson Reuters）和道琼斯（DJSI）等在全球范围内具有显著的影响力。在中国，主流的 ESG 评级机构有商道融绿、Wind、华证以及润灵环球等。

8.2.1　明晟（MSCI）

明晟（Morgan Stanley Capital International，MSCI），又直译为摩根士丹利资本国

际公司，作为全球领先的投资决策支持服务提供者，明晟于 2010 年 5 月收购了 Risk Metrics，并成立了 MSCI ESG Research 机构。该公司基于 IVA 模型创建了自己的评级系统，即 MSCI ESG 评级，旨在用指标评估企业对社会责任投资（SRI）和 ESG 标准的长期承诺，能为利益相关者的投资决策提供有力支持。

ESG 百问：什么是 MSCI ESG 评级？

2018 年 6 月，MSCI 将中国内地的 A 股市场正式纳入其新兴市场指数及全球指数。2019 年 3 月，MSCI 宣布将逐步提高中国 A 股在其全球指数中的比重，从 5% 增至 20%。截至 2020 年 6 月，MSCI ESG 评级已经涵盖了全球约 8 500 家上市公司（含子公司共 13 500 个发行人），以及超过 68 万个全球股票和固定收益证券产品。

MSCI 的 ESG 评价体系在广泛研究的基础上建立，关注企业在环境、社会和公司治理三个领域的 10 大主题下的 35 个关键指标，全面评估企业的表现。具体评价指标如表 8-7 所示。

表 8-7 MSCI ESG 评级关键指标框架

指标	主题	关键指标
环境	气候变化	碳排放、环保投入、产品碳足迹、气候变化脆弱性
	自然资源	对水资源的压力、生物多样性及土地使用、原材料采购
	污染和废弃物	有毒物质排放及废弃物、电子废弃物、包装材料及废弃物
	环境机遇	清洁技术的机遇、绿色建筑的机遇、可再生能源的机遇
社会	人力资源	人力资源管理、人力资本开发、健康与安全、供应链员工标准
	产品责任	产品安全与质量、化学品安全、金融产品安全、数据安全与隐私、负责任投资、健康与人口风险
	与利益相关方是否存在冲突	有争议的采购事件、社区关系
	社会机遇	获得医疗服务的途径、融资途径、营养与健康的机遇

续表

指标	主题	关键指标
治理	公司治理	董事会、薪酬福利、控制权、会计与审计
	商业行为	商业道德、税务透明度

MSCI ESG 评级旨在评估公司如何管理与财务相关的环境、社会和治理（ESG）风险和机遇。该评级系统根据公司在全球同行业中的表现，对关键议题的风险暴露和风险管理进行评估及打分。评级过程中会根据企业所在行业的不同，而赋予各个指标不同的权重，以确保评级的准确性。评级结果将企业ESG 表现划分为从"AAA"（最高等级）到"CCC"（最低等级）的七个不同等级。其中，"AAA"和"AA"属于行业领导者，"A"、"BBB"和"BB"属于行业平均者，"B"和"CCC"属于行业落后者。如图 8-1 所示。

图 8-1 MSCI ESG 评等级划分

资料来源：MSCI 官网。

8.2.2 商道融绿

商道融绿，作为中国在绿色金融和负责任投资领域的领先机构，提供包括 ESG 评级、信息咨询、绿色债券评估认证以及绿色金融咨询服务。该公司依托其在 ESG 领域的深入研究和市场洞察，结合全球标准和本土市场特性，于 2015 年开发了其独有的 ESG 评级系统，并创建了国内首个上市公司ESG 数据库。该评级系统全面覆盖了中国内地上市公司、港股通涵盖的香港上市公司以及主要债券发行者，其 ESG 数据不仅包含企业层面，也扩展至行业和宏观经济层面。商道融绿提供的评级结果和详尽的 ESG 数据，为投资决策、风险控制、政策制定以及可持续金融产品的创新和研发提供了重要的参考依据。

商道融绿 ESG 信息评估体系，在每个评级周期（年）对评估对象在环境、社会和公司治理三个维度的管理水平和风险暴露程度进行评估。商道融绿的 ESG 评级框架包括现阶段影响中国公司运营的 14 项 ESG 议题，包括环境议题 5 项，社会议题 6 项，以及治理议题 3 项，每个议题下设有关键评分指标。ESG 分析团队通过对近 700 个数据点进行数据采集后，对近 200 个 ESG 指标进行打分。商道融绿 ESG 指标体系如表 8-8 所示。

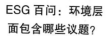
ESG 百问：环境层面包含哪些议题？

ESG 百问：社会层面包含哪些议题？

ESG 百问：公司治理层面包含哪些议题

表 8-8　商道融绿 ESG 指标体系

指标	ESG 议题	关键指标
环境（E）	E1 环境政策	环境管理体系、环境管理目标、节能和节水政策、绿色采购政策等
	E2 能源与资源消耗	能源消耗、节能、节水、能源使用监控等
	E3 污染物排放	污水排放、废气排放、固体废弃物排放等
	E4 应对气候变化	温室气体排放、碳强度、气候变化管理体系等
	E5 生物多样性	生物多样性保护目标与措施等
社会（S）	S1 员工发展	员工发展、劳动安全、员工权益等
	S2 供应链管理	供应链责任管理、供应链监督体系等
	S3 客户权益	客户关系管理、客户信息保密等
	S4 产品管理	质量管理体系认证、产品 / 服务质量管理等
	S5 数据安全	数据安全管理政策
	S6 社区	促进社区就业、捐赠等
公司治理（G）	G1 治理结构	信息披露、董事会独立性、高管薪酬、审计独立性等
	G2 商业道德	反腐败与贿赂、举报制度、纳税透明度
	G3 合规管理	合规管理、风险管理等

同时，商道融绿设立了 51 个行业模型，模型内包括该行业的 ESG 指标和指标权重。ESG 评级总分由 ESG 主动管理总得分和 ESG 风险暴露总得分相加构成，由环境、社会和治理三个一级指标分数加总构成。通过行业模型，最终得到每家公司的 ESG 得分（0~100）及 ESG 评级（A+ 至 D，共 10 等级）。如图 8-2 所示。

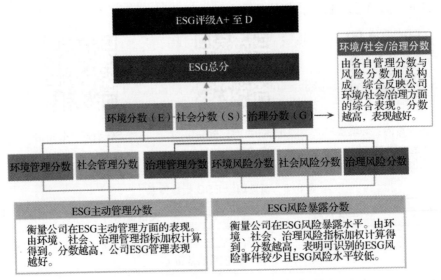

图 8-2　商道融绿 ESG 评级分数的构成

资料来源：商道融绿官网。

商道融绿通过聚类分析对所有参与评估的上市公司的 ESG 评级分数进行分类，从而确定从 A+ 至 D 的 10 个不同评级级别，并为每个级别赋予了具体的含义。商道融绿 ESG 评级结果及含义如表 8-9 所示。

表 8-9　商道融绿 ESG 评级结果及含义

评级结果	含 义
A+、A	企业具有优秀的 ESC 综合管理水平，过去三年几乎未出现 ESG 风险事件；或仅出现个别轻微风险事件，总体表现稳健
A-、B+	企业 ESG 综合管理水平良好，过去三年出现过少数有轻微影响的 ESG 风险事件，ESG 风险较低
B、B-、C+	企业 ESG 综合管理水平一般，过去三年出现过一些有中等影响的或少数较严重的风险事件，尚未构成系统性 ESG 风险
C、C-	企业在 ESG 综合管理水平薄弱，过去三年出现过较多中等影响的 ESG 风险事件；或一些较严重的风险事件，ESG 风险较高

续表

评级结果	含 义
D	企业近期出现了重大的 ESG 风险事件，对企业有重大的负面影响，具有较高的 ESG 风险

8.3 ESG 表现对企业价值的影响

8.3.1 环境绩效对企业价值的影响

可持续发展理论强调在促进经济增长的同时，必须兼顾环境保护和社会的持续进步，以实现三者的平衡发展。该理论鼓励企业采取减少环境污染、推动技术革新和促进经营活动循环性的策略。在社会舆论监督和企业自我发展需求的双重作用下，即便是那些历史上因污染问题而备受争议的企业，其管理层也日益认识到生产活动对生态环境的影响，并开始积极履行其在环境保护方面的责任。

现有研究的主要观点认为，企业进行环境信息披露，可以向公众传递企业业绩良好且企业社会责任意识强的积极信号，环境绩效的提高可以有效降低公司债务成本，提高企业价值。虽然提升环境表现可能会增加企业的运营成本，但这种成本增加实际上是一种隐性投资。根据利益相关者理论，改善环境表现不仅可以作为企业应对外部压力的有效手段，也是塑造企业声誉的重要途径。企业通过建立良好的环保形象，有助于塑造绿色品牌，传播其文化理念，并通过提高消费者满意度来提升品牌知名度和市场竞争力，从而避免被贴上负面的"环境问题"标签。这样，企业可以在不损害环境的前提下实现可持续发展。一些学者进一步指出，尽管环保投资能够带来经济效益，但这种效益可能不会立即显现，而存在一定的时间滞后，企业的环保投入可能在较长时间内逐渐显现其长期的正面效应。

然而，一些学者持有相反的看法，他们认为环境绩效与企业价值间可能存在负相关性。这些学者指出，增加的环境管理成本可能会减少企业的边际利润，并且严格的环境法规可能会削弱企业的市场竞争力。因此，企业在提升环境绩效方面的努力可能会对其财务表现产生不利影响。

8.3.2 社会责任对企业价值的影响

已有研究对企业社会责任与企业价值间的关系提出了不同的看法，其中大多数研究者倾向于认为两者之间存在正相关关系。支持这一观点的学者指出，企业在履行社会责任方面的积极行动能够提升其在公众心目中的形象，增强社会认同感，建立更加正面的企业形象，并与利益相关者保持良好的关系。这些因素共同作用，能够增强潜在投资者对企业的信心，并为企业未来的融资活动打下坚实的基础，助力企业实现长期可持续发展，增强竞争优势以及缓解运营风险等。此外，研究表明，对社会责任感较强的消费者更倾向于选择那些展现出强烈社会责任感的企业所提供的产品。这种消费者选择上的倾向性可以推动企业产品的销售增长，并增强其在市场上的表现。同时，企业履行社会责任能够更多地吸引企业发展所必备的人才、资本以及市场资源，发挥社会责任的"虹吸效应"，能够促进企业在产品创新方面的能力提升，进而提高其财务表现和整体价值。因此，可以看出，企业在社会责任方面的积极作为对于提升其市场价值是有益的。

然而，有一部分学者不赞同这种说法。一方面，从追求企业利润最大化的角度出发，有观点认为企业承担社会责任可能与其核心目标相悖，可能会导致股东利益受损，不利于企业价值的增长；另一方面，根据"粉饰理论"，一些学者将企业的社会责任报告视为一种策略，用于塑造企业作为"良好企业公民"的形象。他们认为，这种社会责任报告未必能提升企业的财务信息质量，反而可能激发企业进行盈余管理的倾向。此外，虽然企业的社会责任报告有助于塑造其积极的公众形象，但这种做法也可能伴随着监管、合法性和声誉方面的风险。这些风险的存在可能对企业的财务报告透明度和可靠性造成损害，从而使企业在社会责任方面的表现与其财务报告所呈现的不一致。如果这种不一致性被市场和利益相关者所察觉，可能会对企业的市场评价和整体价值造成不利影响。

8.3.3 公司治理对企业价值的影响

公司治理表现指公司在管理层面所采取的措施和制度，以及这些措施和制度在实际操作中的执行效果。加强公司 ESG 管理体系，可以促进企业可持续发展，包括但不限于完善公司治理结构、制定灵活高效的运作机制、进行反腐败与反贪污管理、与投资者建立良好关系等。公司治理对于企业价值的影响，学者普遍认为公司治理水平的提高，会提高公司绩效，并对公司治理中的单个或多个因素与企业价值之间的关系进行了分析。

首先，在股权结构方面，大多数现有研究都认可股权集中度和公司的财务绩效之间存在显著的正相关关系。当股权集中在少数大股东手中时，这些股东更有动力并且拥有更多资源监督管理层，这有助于提高公司的财务表现。

其次，董事会的规模对于公司治理同样至关重要，普遍观点认为，较大的董事会规模有助于提升决策的公正性和科学性，并且更有利于公司内部监督和规章制度的严格执行，这些都是促进企业积极履行社会责任的关键因素。同时，设立监事会是推动企业社会责任履行的一个重要环节，监事会的监督作用对于保障利益相关者的利益至关重要。

再次，内部控制质量的提高可以提高企业绩效，完善的公司治理结构可以促使企业更好地承担其社会责任，有利于企业价值的最大化。

最后，内部控制的质量直接影响着企业的运营效率。一个高效的内部控制体系和完善的公司治理结构不仅能够提高企业的运营表现，还能促进企业更好地履行其社会责任，进而为企业价值的最大化发挥作用。

8.3.4　ESG 评级对企业价值的影响

随着 ESG 理念逐渐被应用到企业投资决策和发展战略中，国内外的学者对企业 ESG 表现与企业价值间关系的研究已取得了较为丰硕的成果，大多数研究的结论认为，企业 ESG 表现有助于提升企业价值，意味着企业可持续发展能力提升，并获得了竞争优势。

第一，较好的 ESG 表现可以帮助企业树立更好的品牌形象，向客户传递企业良好信誉和积极担责的信号，使公司产品更容易获得客户信任。当企业遭遇负面事件冲击时，ESG 表现所积累的社会资本可以作为降低风险损失的"保险"机制，降低企业的诉讼风险和资金成本。同时，良好的 ESG 评级情况可以降低企业代理成本和缓解融资约束，使企业获得更多外源融资，从而提高企业投资效率。

第二，企业在 ESG 方面的卓越表现在劳动市场上传递出积极信号，吸引顶尖人才，从而积累了优质的人力资本。依据效率工资理论，这些企业通过提供更佳的员工福利和工作环境，有效降低了员工的怠工和离职率，同时激发了员工的积极性和创造力。此外，当企业与员工共享目标和价值观时，员工的归属感和认同感得到加强，进而提高了工作投入度，增强了员工的忠诚度和主动性。

第三，企业的 ESG 绩效是提高信息透明度的关键因素，缓解了企业与利益相关者之间的信息不对称问题，从而使投资者能够更密切地监控企业活动。ESG 所涵盖的非财务指标为企业提供了一个关于其未来运营状况的指引，使投资者能够更深入地了解企业的综合情况，这对于他们的投资决策至关重要。那些特别关注 ESG 的投资者可能会从绿色资产和企业声誉中获得效用，从而要求较低的资本报酬率。对于 ESG 表现优异的企业来说，可以预期得到更低的股权和债务融资成本。

第四，企业在 ESG 方面的优秀表现通常与其合法合规的投资运营体系紧密相关。比如，这些企业往往倾向于主动识别和管理环境风险，其管理层展现出较强的环境保护意识。在决策过程中，管理者和股东会基于企业的长期发展战略来考虑问题，这有助于降低委托代理风险。同时，ESG 表现良好的企业，其约束机制更完善，能够促使高管更加勤勉尽责，从而减少委托代理风险。

当然，也有部分学者持不同意见，新古典经济学派的学者主张，企业的核心经营宗旨在于实现股东利益的最大化。他们认为，企业在经济外部性项目上的过度投资可能会消耗宝贵的企业资源，从而对企业价值造成侵蚀，增加财务风险，并可能对企业的运营效率产生负面影响，最终导致企业价值下降。另外，有学者提出，管理层进行 ESG 投资是在为自身树立良好的负责任形象，属于管理层自利行为。当监管力度不足时，管理者可能假借承担社会责任的名义，为自身谋取利益，这会进一步加剧委托代理问题，影响企业价值。

总之，ESG 评级对企业价值的影响目前尚无定论，但大多数学者倾向于认为 ESG 表现良好的企业会提升企业价值，从而推动企业向着可持续发展方向前行，实现社会、经济、环境的平衡发展与互利共赢。

8.4 东阿阿胶 ESG 报告案例分析

8.4.1 东阿阿胶公司简介

东阿阿胶股份有限公司（以下简称东阿阿胶），作为专注于阿胶系列产品的制造商，不仅被国家认定为高新技术企业，同时是创新型企业的典范。该公司还承担着非物质文化遗产的传承重任，作为东阿阿胶制作技艺的代表性传承企业，公司致力于中医药文化的宣传教育，成为健康旅游的示范基地，推动了相关领域的发展。自 1952 年成立以来，东阿阿胶经历了从国有企业到股份制企业的转变，并在 1996 年成功登陆深圳证券交易所。目前，公司拥有超过 3800 名员工，总资产达到 116 亿元，业务涵盖中成药、保健品和生物药三大领域，品牌估值高达 208.46 亿元。

在履行社会责任方面，东阿阿胶每年捐赠超过百万元用于慈善事业，并通过设立慈善基金和冠名基金，支持老年人福利、儿童援助、教育支持和贫困救助等项目，专注于为社会中的弱势群体提供帮助。围绕共建"一带一路"倡议，东阿阿胶相继投入超过 3.3 亿元，在 10 个省份建设 20 个养驴基地，配合政府出台养驴专项扶持政策，精准扶贫增加农民收入。

在绿色生产方面，东阿阿胶始终积极贯彻落实国家有关节能减排工作的总体部署和要求，公司将环境保护和可持续性发展作为核心原则，致力于实现清洁、高效、节能和减排的绿色生产模式。通过这样的承诺，东阿阿胶展现了其对生态责任和长期发展战略的承担。

8.4.2　东阿阿胶 ESG 报告披露形式

2008 年，东阿阿胶首次发布了《企业社会责任报告》，并坚持更新年度社会责任报告至今。2023 年 3 月 25 日，东阿阿胶发布了 2022 年度的 ESG 报告，这是东阿阿胶披露社会责任相关信息的第 15 年，也是从这一年起，报告名称从《企业社会责任报告》更改为《环境、社会及管治报告》。

图 8-3　东阿阿胶环境、社会及管治报告封面

纵向比较东阿阿胶公司 2018~2022 年报告披露形式可以发现，除了报告名称有所变化，报告的篇幅大大增加（见表 8-10）。2020 年以及 2021 年《社会责任报告》的页数分别为 22 页和 28 页。2022 年的《环境、社会及管治报告》共有 74 页，在这份报告中，东阿阿胶首次明确指出了报告编制的参考标准。2022 年的《环境、社会及管治报告》是在多方面的指导和影响下编制的，包括深圳证券交易所发布的《上市公司社会责任指引》，香港联合交易所的《环境、社会及管治报告指引》，全球可持续发展标准委员会（GSSB）的《GRI 可持续发展报告标准》（GRI Standard），以及联合国的可持续发展目标（SDGs）。这些框架和指引为东阿阿胶的报告提供了结构和内容上的指导，确保了报告的全面性和深度。

表 8-10 东阿阿胶 2018~2022 年报告对比

项目	2018 年	2019 年	2020 年	2021 年	2022 年
报告名称	社会责任报告	社会责任报告	社会责任报告	社会责任报告	环境、社会及管制报告
报告篇幅	35	28	22	28	74
发布方式	独立发布	独立发布	独立发布	独立发布	独立发布
编制依据	无	无	无	无	本报告参照深圳证券交易所《上市公司社会责任指引》，参考香港联合交易所《环境、社会及管治报告指引》、全球可持续发展标准委员会（GSSB）《GRI 可持续发展报告标准》（GRI Standard）和联合国可持续发展目标（SDGs）编制而成
是否经过第三方审验	否	否	否	否	否

8.4.3 东阿阿胶 ESG 报告披露内容

东阿阿胶的 ESG 报告内容广泛，其结构和信息主要围绕关键部分展开。

第一部分，报告的开篇部分详细介绍了公司的基本情况，涵盖公司的概况、主要产品、组织结构、企业文化、发展里程和获得的荣誉等关键信息。

第二部分为公司治理信息，包含公司管治、风险管控、商业道德与反腐败以及 ESG 管理等内容。东阿阿胶以依法治企为指引，围绕"依法合规、优化治理、风险防控、权益维护"的原则进行管理。2022 年末公司总资产为 1 263 138.24 万元，总营业收入达到 404 181.83 万元，利润总额为 91 201.09 万元。

第三部分为产品信息，包括产品质量安全、质量管理体系、客户权益以及售后服务等内容。公司夯实质量基础，构建以 ISO 9001、GMP 为核心多体系整合的质量管理体系，全面防控质量风险，打造匠心产品，提供优质服务，保障客户权益，传播中医药文化。

第四部分为产品研发创新信息，包含研发与创新体系、行业协同合作以及供应链管理等内容。

第五部分为环境治理信息，涵盖环境管理、排放物管理、资源使用、应对气候变化以及环境保护等内容。

第六部分为企业团队建设和社会关怀信息，包括员工概览、员工权益保护、员工发展培训、员工健康安全管理、员工关爱、公益慈善等内容。

第七部分为附录部分，主要包含关键绩效表、联交所和 GRI 标准指标索引。此部分为 2022 年东阿阿胶 ESG 报告的新增内容。

8.4.3.1　环境层面

ESG 报告环境信息主要分布于报告的 43~49 页，以定量数据披露为主。具体而言，东阿阿胶在此部分着重对废弃物排放及资源使用的相关内容进行披露，与以往年度的社会责任报告对比，不仅篇幅大大增加，内容也更加详尽。

在废弃物排放方面，以往年度多以文字描述为主，内容较少。东阿阿胶 2022 年的 ESG 报告具体描述了废水管理、废气管理以及废弃物管理三个方面信息，并增加了颗粒物、有害废弃物、废弃电子产品、毛渣、药渣、污泥、包装材料、废水等废弃物的具体排放数据。东阿阿胶 2022 年 ESG 报告披露排放情况如表 8-11 所示。

表 8-11　东阿阿胶 2022 年 ESG 报告披露排放情况

指标名称	数据	单位
颗粒物	0.34	吨
有害废弃物排放量	3.15	吨
有害废弃物排放密度	0.000 008 5	吨 / 万元

续表

指标名称	数据	单位
废弃电子产品总量	0.50	吨
无害废弃物排放量	2 586.90	吨
无害废弃物排放密度	0.007	吨 / 万元
毛渣排放量	352.97	吨
药渣排放量	1 658.40	吨
污泥排放量	575.53	立方米
包装材料消耗量	25 187	吨
包装材料消耗密度	0.69	吨 / 万元
废水排放量	76.85	万吨

在资源使用方面，东阿阿胶 2022 年的 ESG 报告按过去三年的惯例，对用电量、用水量、天然气消耗量、外购蒸汽量、柴油消耗量、综合能源消耗量、万元产值综合能耗以及用水密度等数据进行披露。东阿阿胶 2022 年 ESG 报告披露资源使用情况如表 8-12 所示。

表 8-12　东阿阿胶 2022 年 ESG 报告披露资源使用情况

指标名称	数据	单位
综合能源消耗量	10 235.11	吨标准煤
万元产值综合能耗	0.027 5	吨标准煤 / 万元
用水量	101.66	万吨
用水密度	2.73	吨 / 万元
用电量	2 321.04	万千瓦时
柴油消耗量	17.565	公升
天然气消耗量	477.02	万立方米
外购蒸汽量	15 680	吨

在碳排放管理方面，2018~2022 年的社会责任报告及 ESG 报告均显示其对于应对气候变化、实施降污减排方面比较重视。当然，这种重视程度也在逐渐提升。2018 年的社会责任报告仅对减排二氧化碳和二氧化硫的数值概括说明，从 2019 年开始，东阿阿胶在其发布的社会责任报告中，逐步包含了对当年实施的减排行动和项目的详细说明。2022 年，公司发布的 ESG 报告进一步

细化了这些信息，不仅对减排措施进行了深入阐述，还新增了直接温室气体排放量及其排放密度、间接温室气体排放量及其排放密度等关键指标的统计数据。东阿阿胶 2022 年 ESG 报告披露碳排放情况如表 8-13 所示。

表 8-13　东阿阿胶 2022 年 ESG 报告披露碳排放情况

指标名称	数据	单位
二氧化碳排放总量	37 357.32	吨二氧化碳当量
直接（范围 1）温室气体排放量	10 493.95	吨二氧化碳当量
直接（范围 1）温室气体排放密度	0.028	吨二氧化碳当量 / 万元
间接（范围 2）温室气体排放量	26 863.37	吨二氧化碳当量
间接（范围 2）温室气体排放密度	0.072	吨二氧化碳当量 / 万元

东阿阿胶 2022 年发布的《环境、社会及管治报告》相较于以往，在篇幅和指标的详尽程度上都有了显著提升。然而，报告在提供可参照性方面尚显不足。缺乏环境规制标准、行业总体情况等参考。由于报告的受众不单单是环境领域的专家，还有其他利益相关者，那么单一的环境指标披露可能不足以帮助非专业读者深入理解数据背后的深层含义，难以对企业环境治理水平有直观的了解。

8.4.3.2　社会层面

东阿阿胶 2022 年 ESG 报告社会信息部分主要通过定性描述来呈现，同时辅以定量数据的简要说明，且定量披露内容相对简单。为了使报告内容更加均衡，东阿阿胶采用了图文结合的方式展示信息，以帮助读者更直观地抓住重点。

在 ESG 报告中涉及员工责任方面，东阿阿胶提供了详尽的信息。报告中对员工的招聘分类、员工流失率、健康与安全政策、员工培训和发展计划等关键领域进行了透明化披露。同时，公司还展示了其在促进平等、多元化、反歧视以及遵守劳工标准方面的积极作为。报告进一步强调了公司对员工关怀的具体措施和对工作场所安全风险的审查工作，彰显了东阿阿胶对提升员工福祉和保障工作场所安全的承诺。东阿阿胶 ESG 报告披露员工责任方面情况如图 8-4 所示。

在供应链管理方面，东阿阿胶的报告详细介绍了公司针对供应链中潜在的环境和社会风险所采取的管理政策。这包括对供应商进行分类管理、规范聘用规则、监管原材料采购，以及对供应链的各个环节进行风险识别和评估。

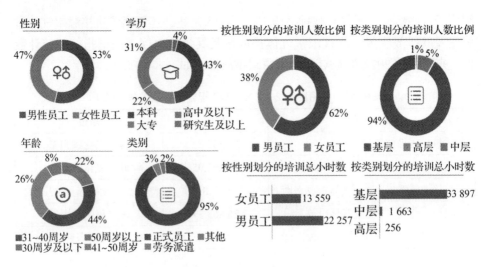

图 8-4　东阿阿胶 ESG 报告披露员工责任方面情况

在产品责任方面，东阿阿胶披露了其对原材料品质的严格把控、生产过程中的检验程序、客户服务中的投诉处理和产品召回流程，以及为确保产品质量而采取的措施。此外，公司还介绍了其在产品营销、知识产权保护和消费者隐私政策方面的实践。报告特别强调了公司对研发创新的重视，包括研发投资、项目管理、专利成果以及研发目标的短期和长期规划，并概述了公司核心产品的简介和市场表现。

在商业道德和反腐败方面，东阿阿胶的主要措施是建立党风廉政建设和反腐败工作领导小组，落实《东阿阿胶股份有限公司纪检机构信访办理和监督执纪工作管理办法》，公开邮箱、电话、信箱等举报渠道。在处理举报信息时，东阿阿胶遵循既定流程，确保举报人的隐私得到严格保护，并防止任何形式的报复行为发生。

在社区投资方面主要介绍企业的公益事业方面，对 2022 年东阿阿胶的公益投入以及员工参与志愿者活动的人次及时长进行了报告。

东阿阿胶的 ESG 报告在社会层面的披露内容广泛，涵盖多个方面，基本上满足了信息披露的要求。但是，报告中对某些指标的描述需要更加详尽和具体。例如，在供应链管理方面，可以对各环节可能遇到的环境和社会风险进行更深入的分析及说明。同样，在"消费者数据保护和隐私政策"以及"反腐败措施"等方面，报告可以提供更多的细节，以增强信息的透明度和深度，从而在确保报告内容丰富的同时，提升了披露的深度和质量。

8.4.3.3　治理层面

东阿阿胶的 ESG 报告在治理方面的信息较为简略，主要通过文字描述的方式进行信息公开，主要内容为公司治理架构、风险管控以及网络信息安全管理。

东阿阿胶的董事会结构包括战略、提名、薪酬与考核以及审计等专门委员会。2022 年，公司组织了 3 次股东大会、9 次董事会会议和 4 次监事会会议，共同审议了 94 项议题，确保了公司治理的规范性和稳定性。目前，董事会由 9 名成员组成，其中包括 3 名独立董事。

在风险管理方面，东阿阿胶重视内部控制体系的构建，确立了包括内控机构设置、风险管理、控制活动、信息沟通以及监督评价等关键要素，规范公司风险内控管理，定期组织开展重大风险监测与评估工作，通过总结分析公司重大风险监测指标变化情况，识别确认公司风险事项清单。

在网络及信息安全管理方面，从组织保障、制度建设、意识提升、技术加固、预案演练、数据资产等方面全面提升网络安全防御能力。

此外，东阿阿胶在 2022 年 ESG 报告中增加了 ESG 管理部分，此部分着重对重要性议题的识别与分析进行了阐述。公司综合考虑国家政策制度、行业发展趋势、资本市场关注、国内外标准等维度，通过开展同业对标、调研访谈、利益相关方问卷调查等方式，识别筛选出东阿阿胶 2022 年 ESG 重要性议题，用以更好回应利益相关方的关切与期望。重大性议题的判定流程为：识别议题、议题调研、议题排序以及议题审核。

首先，通过分析国内外标准和发展趋势，开展同业对标研究，结合公司自身实际和业务布局，筛选出 22 项重大性议题。其次，公司对内外部利益相关者进行了广泛的问卷调查，包括员工、政府和监管机构、股东与投资者、客户与消费者、社区成员以及供应商和合作伙伴，总共收集到 683 份有效的问卷反馈。再次，基于问卷调研结果，从"对东阿阿胶发展的重要性"和"对利益相关方的重要性"两个维度出发，对议题进行优先级次序排列，形成重大性议题矩阵。最后，经过公司管理层和外部专家的共同审核，确定了议题的筛选结果。这些议题根据其重要性被纳入报告，并对外进行了公开披露。

最终结论为，产品质量与安全、风险管控、环境管理、研发与创新、稳健合规经营、推动行业发展、商业道德与反腐败、供应链管理、保障员工权益以及知识产权保护 10 个议题属于高度重要的议题；倡导健康生活、中医药文化宣传、排放物管理、保障客户合法权益、员工培训与发展、职业健康与安全、资源使用、员工薪酬与福利、员工关爱以及应对气候变化 10 个议题属于比较重要的议题；公司慈善和动物福利属于一般重要的议题。得到的 2022 年东阿阿胶 ESG 议题重要性分析矩阵如图 8-5 所示。

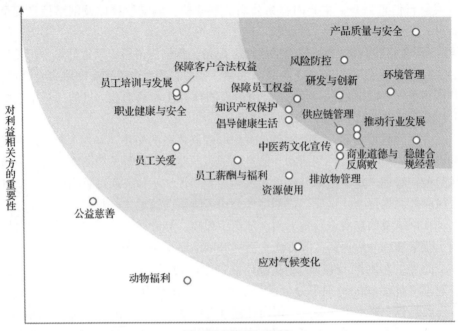

图 8-5　东阿阿胶 ESG 议题重要性分析矩阵

资料来源：东阿阿胶 2022 年 ESG 报告。

8.4.4　东阿阿胶 ESG 报告问题分析

8.4.4.1　缺少负面信息披露

东阿阿胶的 ESG 报告作为其 ESG 表现的主要输出工具，肩负着令各方利益相关者全面了解东阿阿胶 ESG 表现的责任。ESG 表现是衡量企业在非财务领域表现的统称，它应该全面反映企业的正面情况和负面情况。然而，东阿阿胶的 ESG 报告似乎倾向于突出积极的方面，而对可能不利于公司形象的负面信息披露较少。报告中包含了大量的正面描述和难以核实的信息，对那些具有潜在负面影响的具体数据和事件则往往避而不谈。这种做法使得报告在某种程度上更像一份企业的宣传材料，而不是一个全面反映企业 ESG 表现的工具。

虽然在现行的披露规则下，这种做法是可接受的，但从 ESG 的本意看，它可能会限制投资者对企业 ESG 表现的全面了解，影响他们评估企业可持续经营的能力。因此，尽管报告可能在形式上符合要求，但在实质上可能无法充分发挥其应有的作用。

8.4.4.2　信息缺乏可比性

东阿阿胶披露的 2022 年《环境、社会及管治报告》与往年的《社会责任报告》，在披露形式、披露内容以及编制依据等各个方面都存在着差异，某些信息的披露缺乏连贯性，只有当年的数据，没有与往年的数据对比，也不存在行业水平的相关信息，这可能会使得报告的阅读者在进行信息对比分析时遇到困难，进而影响他们做出准确的判断。

东阿阿胶在未来的 ESG 报告编制过程中，可以采取一些改进措施，如设立一个标准化的模块展示每年例行公布的信息，并引入与历年数据的对比分析，从而让信息使用者能够更加便捷地进行时间序列上的纵向比较。同时，东阿阿胶在披露 ESG 信息时应该更加具有行业针对性，可以增加各个指标与行业平均水平或行业领先水平的对比分析内容。

8.4.4.3　未经过第三方审验

东阿阿胶的 ESG 报告作为一项独立的企业文件，与公司的财务报表享有同等重要性，它提供了对公司过去一年非财务经营活动的详细展示，是对外公开的企业信息。但是，东阿阿胶过去发布的社会责任报告和 ESG 报告尚未经过第三方的审验，这可能会影响到报告的可信度。为了提高报告的公信力，东阿阿胶可以在发布 ESG 报告之前，将其提交给第三方机构，如专业事务所或研究中心，进行独立的外部审核。这些机构在审计领域的专业性和独立性能增加公众对企业报告的信任，从而辅助企业塑造良好的社会形象和品牌声誉。

《支撑 ESG 的三大　　　《ESG 理念与公司　　　《ESG 报告的"漂绿"
　理论支柱》　　　　　　报告重构》　　　　　　与反"漂绿"》

　　课后习题　　

一、思考题

当前，越来越多的企业积极履行 ESG 责任，并借助 ESG 报告、社会责任报告或可持续发展报告等，宣传自身低碳绿色环保的形象。但有部分企业只是披着"绿色外衣"，夸大其 ESG 投入，进行虚假性或误导性宣传，实际上却并

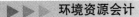

未做到，这种行为也被称为"漂绿"行为，请结合自己的理解，对以下问题进行思考：

（1）"漂绿"行为可能会带来哪些负面影响？

（2）作为投资者，如何辨别企业的 ESG 报告是否存在"漂绿"行为，确保自己的投资决策是基于真实、可靠的 ESG 信息？

（3）请结合实际谈一谈，对于 ESG 信息"漂绿"，如何有效遏制这种行为，促进资本市场健康发展？

二、案例分析题

宝钢的 ESG 管理

宝山钢铁股份有限公司（以下简称宝钢股份）是中国最现代化的特大型钢铁联合企业，也是国际领先的世界级钢铁联合企业。2022 年，其母公司中国宝武集团首次挺进《财富》世界 500 强前 50 行列。在实现高质量发展和业绩稳健增速的同时，宝钢股份也将可持续发展注入企业动力源泉，助力城市转型创新，促进区域生态共建，融入城市美好生活。公司深入领会创新、协调、绿色、开放、共享理念，立足于城市的资源环境现状与规划发展要求，着力并持续提升绿色制造水平，改善区域环境质量，以钢铁企业的能源转换、资源循环利用两大功能为重要抓手，积极参与城市共享技术与资源、助力城市产业发展。同时，积极承担企业社会责任，投入城市公益慈善事业和社区建设，实现企业与社会的良性互动。

近年来，应对气候变化作为当前全球重要的议题之一。宝钢股份深刻意识到全球变暖及其潜在影响已成为全人类共同面临的战略性议题，全社会实现碳中和已成为全球发展大势。作为中国钢铁行业的重要参与者和引领者，公司勇担使命，积极拥抱行业转型趋势，推进钢铁行业绿色低碳发展，逐步实施绿色转型，通过绿色技术创新提升自身绿色发展水平，以适应变化中的经济环境。2016 年，宝钢股份更新了"城市钢厂"建设规划，强调从经济、环境、社会三个维度出发，促进企业与区域、城市的高效互动，推动双方协同发展，实现共同进步。截至 2022 年 4 月，宝钢股份再次更新可持续发展管理内容，特别强调在 ESG 管理中与利益相关方的密切沟通，凸显了经济及管治、社会和环境对利益相关方的关键重要性议题。从 ESG 评级机构商道融绿出具的评级结果看，宝钢股份 2022 年的 ESG 评级由 B+ 上升至 A-，在行业内处于领先地位，意味着企业 ESG 综合管理水平良好，展现了其在可持续发展方面的积极实践和卓越表现，为其他企业树立了良好的榜样。

为了更深入了解宝钢股份的 ESG 实践情况，请同学们课后自行查阅宝钢股份近三年发布的可持续发展报告（即 ESG 报告），并解答以下问题：

（1）请自主选择一种或多种 ESG 报告披露标准，对宝钢股份 ESG 报告的披露形式、披露内容等进行具体分析。

（2）在对宝钢股份的 ESG 报告进行阅读分析后，你认为该企业在 ESG 实践中存在哪些优势或不足。

（3）请根据实际情况，对如何优化宝钢股份 ESG 报告编制以及 ESG 信息披露提出合理建议。

参考文献

［1］蔡群起，梁培金，林雯茹等．我国碳排放权交易市场存在的问题、国际经验借鉴及改进建议［J］．西部金融，2022（12）：79–84.

［2］陈波，高思怡，吴彦超等．"双碳"目标背景下碳排放权交易的会计计量及信息披露［J］．商业会计，2023（23）：111–114.

［3］陈敏圭．环境会计和报告的第一份国际指南［J］．会计研究，1998（5）：3–4.

［4］陈小珍，陈丽霖．"双碳"目标导向下ESG表现对企业价值的影响研究［J］．金融经济，2023（5）：54–64.

［5］陈智颖，许林，钱崇秀．碳排放权交易与碳泄漏：促进抑或遏制？［J］．中央财经大学学报，2023（12）：3–20.

［6］程隆云．企业环境成本核算若干问题的思考［J］．北京理工大学学报，2005（2）：7–9.

［7］崔晨．环境、社会责任和公司治理（ESG）对企业价值评估的影响分析［J］．中国资产评估，2022（7）：64–67.

［8］董江春，孙维章，陈智．国际ESG标准制定：进展、问题与建议［J］．财会通讯，2022（19）：147–153+161.

［9］杜剑．柔性税收征管、企业社会责任与企业价值［J］．会计之友，2020（18）：2–10.

［10］冯巧根．基于环境经营的物料流量成本会计及应用［J］．会计研究，2008（12）：69–76.

［11］葛家澍，李若山．90年代西方会计理论的一个新潮思想——绿色会计理论［J］．会计研究，1992（5）：3–4.

［12］顾志维 . 公司治理、企业社会责任与企业价值［D］. 西南财经大学硕士学位论文，2021.

［13］郭复初，郑亚光 . 经济可持续发展财务论［M］. 北京：中国经济出版社，2006.

［14］郭晓梅 . 环境管理会计研究：将环境因素纳入管理决策中［M］. 厦门：厦门大学出版社，2003.

［15］国际会计师联合会 . 环境管理会计（EMA）国际指南［S］. 2005.

［16］过孝民，於方，赵越 . 环境污染成本评估理论与方法［M］. 北京：中国环境科学出版社，2000.

［17］韩沚清，韩瑞雪 . 我国环境管理会计研究综述［J］. 财会月刊，2018（21）：119-126.

［18］胡嵩 . 环境绩效评价概述及探讨［J］. 北方经贸，2006（1）：45-46.

［19］黄绍军 . "双碳"目标下我国碳排放权市场交易制度优化路径研究［J］. 西南金融，2023（6）：30-41.

［20］黄世忠 . 支撑 ESG 的三大理论支柱［J］. 财会月刊，2021（19）：3-10.

［21］季绍武，徐长城 . 政府在环保产业发展中的地位和作用［J］. 资源开发与市场，2004（1）：38.

［22］姜洪涛，王满 . 环境不确定性、管理会计工具整合与企业绩效［J］. 华东经济管理，2018，32（2）：130-138.

［23］揭晓 . 上市公司 ESG 信息披露制度研究［J］. 技术与市场，2023，30（10）：143-145.

［24］颉茂华 . 企业环境成本核算与管理模式研究［M］. 北京：经济管理出版社，2011.

［25］金友良，彭满如 . 资源价值流会计在园区的扩展研究——废弃物资源化视角［J］. 会计研究，2018（9）：17-24.

［26］经济合作与发展组织 . 环境管理中的经济手段［M］. 北京：中国环境科学出版社，1996.

［27］雷淑琴 . 基于期权理论的实物期权价值分析［J］. 财会通讯，2011（6）：7-9.

［28］李成威，财政部财政科学研究所课题组 . 我国水环境保护政府投资问题研究［J］. 经济研究参考，2011（1）：1-2.

［29］李化，吴耀宏 . 多层次模糊综合评判法在交通投资项目社会评价中的运

用［J］.工业技术经济，2007（10）：94-96.

［30］李军.环境会计要素的确认及计量研究［J］.商业会计,2009（16）：3-4.

［31］李梦娜.循环经济理论研究［J］.山西农经，2018，237（21）：12-13.

［32］李敏."双碳"背景下 ESG 表现对企业价值的影响——基于中国 A 股上市企业的实证研究［J］.现代金融，2023（4）：49-57.

［33］李晓蹊，胡杨璘，史伟.我国 ESG 报告顶层制度设计初探［J］.证券市场导报，2022（4）：35-44.

［34］李云龙.工业项目经济评价三种状态综合分析方法的运用［J］.中国工程咨询，2001（6）：20.

［35］李芸达，温素彬.管理会计工具及应用案例——BSC 在项目绩效评价中的应用［J］.会计之友，2016（23）：130-133.

［36］林萍，林梦婷，林伯强."双碳"背景下碳排放交易制度与企业价值研究［J］.会计与经济研究，2023，37（1）：135-147.

［37］林万祥，肖序等.环境成本管理论［M］.北京：中国财政经济出版社，2006.

［38］刘伯伦.简论绿色供应链中物质流成本会计的应用［J］.中国企业管理与科技，2018（3）：21-22.

［39］刘丽娜，赵迎新.碳信息披露质量、碳排放权交易与企业绿色创新——来自我国高碳行业上市公司的经验证据［J］.会计之友，2023（17）：27-34.

［40］刘庆.山东省环境保护投资运行效率评价研究［D］.山东农业大学硕士学位论文，2014.

［41］美国环保局.环境会计导论：主要概念和术语［R］.1995.

［42］孟祥柔，杨颖红.化工行业上市公司环境会计信息披露问题研究——以HF 公司为例［J］.江苏商论，2023（8）：11-13.

［43］苗栩飒.社会责任与企业价值［D］.东北财经大学硕士学位论文，2022.

［44］聂正标，莫兰.发展和完善碳排放权交易市场［J］.中国金融，2023（14）：73.

［45］聂正标."双碳"目标下促进碳排放权交易市场高质量发展［J］.宏观经济管理，2022（11）：37-44.

［46］钱丽媛.ESG 表现对企业价值的影响及其影响机制研究［D］.内蒙古财经大学硕士学位论文，2023.

［47］乔世震.论结合式的环境会计账户设置［J］.广西会计，2001（11）：7–8.

［48］邱牧远，殷红.生态文明建设背景下企业 ESG 表现与融资成本［J］.数量经济技术经济研究，2019，36（3）：108–123.

［49］全球报告倡议组织.可持续发展报告指南（G4 中文版）［A］.2013.

［50］日本环境省.日本环境会计指南［R］.2005.

［51］宋启红，曹明才.环境管理会计工具的分类及其应用研究［J］.现代商业，2016（25）：155–156.

［52］苏泽鹏."双碳"目标背景下碳排放治理路径研究［J］.环境科学与管理，2023，48（1）：46–50.

［53］粟微.考虑 GRI 标准的可持续食品物流网络设计研究［D］.西南交通大学硕士学位论文，2021.

［54］孙梅，李健源.ESG 合法性理论的研究框架构建［J］.财会月刊，2020（1）：1–8.

［55］唐将伟，黄燕芬，张祎.国内碳排放权交易市场价格机制存在的问题、成因与对策［J］.价格月刊，2019（1）：1–13.

［56］王丛虎，骆飞.中国碳排放权交易政策的理论基础、演进逻辑及创新发展［J］.中共天津市委党校学报，2023，25（1）：43–53.

［57］王立彦.环境成本核算与环境会计体系［J］.经济科学，1998（6）：5–6.

［58］王立彦，蒋洪强.环境会计［M］.北京：中国环境出版社，2014.

［59］王禄禹.海洋潮汐能的环境收益核算及对区域经济的影响研究［D］.吉林大学硕士学位论文，2023.

［60］王珮，黄珊，王瑶等.碳排放权交易对企业碳绩效的影响研究［J］.科研管理，2023，44（12）：158–169.

［61］王达蕴，肖妮，肖序.资源价值流会计标准化研究［J］.会计研究，2017（9）：12–19.

［62］王文兵，马德培，干胜道.国际 ESG 信息披露及其对中国的启示［J］.财会月刊，2023，44（11）：135–142.

［63］温素彬，曹歆辰.管理会计工具及应用案例——GRI 环境绩效评价工具及应用［J］.会计之友，2016（17）：132–136.

［64］向跃霖.基于企业效益的环保投资对策研究［J］.环境与开发，1999（1）：21–23.

［65］史迪芬·肖特嘉，罗杰·布里特.现代环境会计［M］.肖华，李建发

译.大连：东北财经大学出版，2004.

［66］肖天文.ESG 理念下电力企业低碳绩效评价研究——以华润电力为例［D］.成都理工大学硕士学位论文，2023.

［67］肖序，曾辉祥.环境管理会计"物质流—价值流—组织"三维模型研究［J］.会计研究，2017（1）：15–22.

［68］肖序，曾辉祥.资源价值流会计三维分析框架探析［J］.会计之友，2017（16）：2–7.

［69］肖序，金友良.论资源价值流会计的构建——以流程制造企业循环经济为例［J］.财经研究，2008，34（10）：122–132.

［70］肖序，李震.资源价值流会计：理论框架与应用模式［J］.财会月刊，2018（1）：16–20.

［71］肖序，刘三红.基于"元素流—价值流"分析的环境管理会计研究［J］.会计研究，2014（3）：78–87.

［72］肖序，熊菲.环境管理会计的 PDCA 循环研究［J］.会计研究，2015（4）：62–69.

［73］肖序，李成，曾辉祥.MFCA 的生命周期视角扩展：机理、方法与案例［J］.系统工程理论与实践，2016（12）：3–4.

［74］肖序，周志芳·国外环境财务会计发展评述［J］.会计研究，2010（1）：7–9.

［75］胥树凡.当前发展环保产业需要重新认识的几个问题［J］.中国环保产业，2000（4）：23.

［76］徐泓.环境会计理论与实务研究［M］.北京：中国人民大学出版社，1998.

［77］徐玖平，蒋洪强.制造型企业环境成本的核算与控制［M］.北京：清华大学出版社，2006.

［78］许策，孔凡婕，韩生生.国际生态碳汇参与碳市场交易发展经验及对中国的启示［J］.自然资源情报，2023（3）：51–57.

［79］许家林，孟凡利.环境会计［M］.上海：上海财经大学出版社，2004.

［80］许家林.资源会计学［M］.大连：东北财经大学出版社，2000.

［81］许讯安.基于资源价值流的企业碳成本核算分析［J］.财会通讯，2020（22）：132–135.

［82］颜杰.ESG 评价对企业价值的影响研究［D］.长沙理工大学硕士学位论

文，2021.

［83］也尔森·也尔肯.我国碳排放权会计处理问题研究［J］.企业改革与管理，2022（16）：3-5.

［84］尹希果.环保投资运行效率的评价与实证研究［J］.当代财经，2005（7）：89-92.

［85］袁广达，洪燕云.重要性原则导向下独立式企业环境会计报告设计［J］.财会月刊，2016（4）：3-6.

［86］袁广达，孙薇.环境财务绩效与环境管理绩效评价研究［J］.环境保护，2008，404（18）：12-14.

［87］袁广达.循环经济资源价值流的环境成本控制模式［J］.会计之友，2018（11）：7-12.

［88］袁广达.环境管理会计［M］.北京：经济科学出版社，2016.

［89］袁广达.会计视角的资源环境核算与管理［M］.北京：经济科学出版社，2017.

［90］张彩平，郭溯源.谈基于"碳素流—价值流"的碳成本核算［J］.财会月刊，2019（23）：8-14.

［91］张彩平，贺婷，刘梅娟.基于碳素价值流视角的造纸企业碳绩效评价研究［J］.大连理工大学学报（社会科学版），2021，42（2）：50-60.

［92］张彩平，黄昱茹.基于"碳素流—价值流"二维分析的企业碳成本控制研究［J］.南方经济，2023（2）：130-145.

［93］张彩平，詹金辉.循环经济"物质流—碳素流—价值流"三维分析框架构建及应用研究［J］.南华大学学报（社会科学版），2023，24（4）：19-30.

［94］张红，陈敬林.论碳交易市场中的碳排放权［J］.贵州师范大学学报（社会科学版），2023（3）：113-122.

［95］张经强，夏恩君.实物期权定价理论研究综述［J］.生产力研究，2009（3）：3-4.

［96］张嫚.环境规制约束下的企业行为［M］.北京：经济科学出版社，2006.

［97］张松滨，宋静.环境项目投资优化选择的密切值法［J］.贵州环保科技，2003（1）：22.

［98］张晓燕，殷子涵，李志勇.欧盟碳排放权交易市场的发展经验与启示［J］.清华金融评论，2023（2）：28-31.

［99］ 张雪梅.我国资源环境治理投资机制及决策——兼评矿业城市环境投资问题［D］.中国地质大学（北京）博士学位论文，2009.

［100］ 张长江，许一青.企业可持续发展报告研究述评——基于 GRI《可持续发展报告指南》发布后的文献［J］.财务与金融，2015（2）：92-95.

［101］ 赵建辉.公司社会责任影响企业价值的实证研究——以信息技术行业为例［J］.金融经济，2023（5）：3-14.

［102］ 赵日磊.绩效管理再认识［J］.企业管理，2011（4）：26-27.

［103］ 赵馨竹.上市公司 ESG 表现与企业绿色创新和企业价值关系的实证研究［J］.企业改革与管理，2023（8）：15-17.

［104］ 中国环境规划院.中国环境成本核算指南框架（意见稿）［S］.2013.

［105］ 中国环境规划院，中国环境会计专业委员会.中国环境会计指南［S］.2012.

［106］ 周龙，方锐.美、德国家环境资产核算比较及其对我国的启示——基于 SEEA2012 中心框架的理论分析［J］.会计之友，2018（2）：24-30.

［107］ 周艳爽.企业 ESG 表现、碳信息披露质量与企业价值［J］.生产力研究，2023（3）：145-151.

［108］ 周远祺，杨金强.低碳经济规划下企业节能减排项目投资决策——实物期权视角［M］.武汉：中国地质大学出版社，2016.

［109］ 朱纪红.企业环境成本与收益的确认及其对经营成果的影响［J］.审计与经济研究，2006（5）：2-3.

［110］ 朱磊，范英，魏一鸣.基于实物期权理论的矿产资源最优投资策略模型［J］.中国管理科学，2009（2）：5-6.

［111］ Abd Alwahed Dagestani, Lingli Qing, Mohamad Abou Houran. What Remains Unsolved in Sub-African Environmental Exposure Information Disclosure: A Review［J］.Journal of Risk and Financial Management, 2022, 15（487）：487-491.

［112］ Bond S, Harhoff D, Reenen J V. Investment, R&D and Financial Constraints in Britain and Germany［J］. IFS Working Papers, 1999（1）：7-14.

［113］ Earnhart D. Panel Data Analysis of Regulatory Factors Shaping Environmental Performance［J］. British Accounting Review, 2017（4）：5-15.

［114］ FASB. Accounting for Environment Liabilities［R］. EITF, 1993.

［115］ Floyd A Beams, Paul E Fertig. Pollution Control through Social Cost Conversion［J］.The Journal of Accountancy, 1971（11）: 37–42.

［116］ International Organization for Standardization.ISO14031: 2013 Environmental Management—Environmental Performance Evaluation—Guideline［A］.2013.

［117］ ISO. ISO14031: 2021 Environmental Management—Environmental Performance Evaluation—Guidelines.［EB/OL］. https: //www.iso.org/standard/81453.html.

［118］ ISO/TC 207 N856 Annex B/Material Flow Cost Accounting（MFCA）and Environmental Management Accounting（EMA）［R］.2021.

［119］ Jan Bebbington, Carlos Larrinaga-Gonzalez. Carbon Trading: Accounting and Reporting Issues［J］. European Accounting Review, 2008（1）: 9–15.

［120］ METI（Japan Ministry of Economy, Trade and Industry）, Guide for Material Flow Accounting［Z］. 2007.

［121］ Schmidt D, et al. Synthesis of 1–phosphinophospholes and Their Tungsten Pentacarbonyl Complexes［J］. Journal of Organometallic Chemistry, 1997, 529（1）: 197–203.

［122］ Tsang, Albert, Frost, Tracie, Cao, Huijuan. Environmental, Social, and Governance（ESG）Disclosure: A Literature Review［J］.British Accounting Review, 2023, 55（1）: 7–14.

［123］ Villamor Gamponia, Robert Mendelsohn. The Taxation of Exhaustible Resources［J］. The Quarterly Journal of Economics, 1985（1）: 165 –181.

［124］ Weng Ruixue, Tang Yuan, Zheng Jiayu. Environmental Accounting Information Disclosure in China: A Review of Research［J］.Academic Journal of Business & Management, 2022, 4（15）: 107–111.

［125］ Yu S W, Gao S W, Sun H. A Dynamic Programming Model for Environmental Investment Decision–Making in Coal Mining［J］. Applied Energy, 2016, 166（15）: 273–281.